中国国土景观研究书系

王向荣 主编

宁夏平原传统地域景观研究

段诗乐 林箐 王向荣 著

"十四五"时期国家重点出版物出版专项规划项目

中国建筑工业出版社

图书在版编目（CIP）数据

宁夏平原传统地域景观研究/段诗乐，林箐，王向荣著. -- 北京：中国建筑工业出版社，2025.3. （中国国土景观研究书系/王向荣）. -- ISBN 978-7-112-30964-1

Ⅰ. TU983

中国国家版本馆CIP数据核字第20253TF359号

责任编辑：杜　洁　李玲洁
责任校对：张　颖

中国国土景观研究书系
王向荣　主编

宁夏平原传统地域景观研究

段诗乐　林　箐　王向荣　著

*

中国建筑工业出版社出版、发行（北京海淀三里河路9号）
各地新华书店、建筑书店经销
北京锋尚制版有限公司制版
北京富诚彩色印刷有限公司印刷

*

开本：787毫米×1092毫米　1/16　印张：20½　字数：293千字
2025年4月第一版　　2025年4月第一次印刷
定价：**99.00元**
ISBN 978-7-112-30964-1
（44430）

版权所有　翻印必究
如有内容及印装质量问题，请与本社读者服务中心联系
电话：（010）58337283　　QQ：2885381756
（地址：北京海淀三里河路9号中国建筑工业出版社604室　邮政编码：100037）

总序

国土视野下的中国景观

地球的表面有两种类型的景观。一种是天然的景观（Landscape of Nature），包括山脉、峡谷、河流、湖泊、沼泽、森林、草原、戈壁、荒漠、冰原等，它们是各种自然要素相互联系形成的自然综合体。这类景观是天然形成的，并基于地质、水文、气候、植物生长和动物活动等自然因素而演变。另一种是人类的景观（Landscape of Man），是人类为了生产、生活、精神、宗教和审美等需要不断改造自然，对自然施加影响，或者建造各种设施和构筑物后形成的景观，包括人工与自然相互依托、互相影响、互相叠加形成的农田、果园、牧场、水库、运河、园林绿地等景观，也包括完全人工建造的景观，如城市和一些基础设施等。

一个国家领土范围内地表景观的综合构成了国土景观。中国幅员辽阔、历史悠久，多样的自然条件与源远流长的人文历史共同塑造了中国的国土景观，使得中国成为世界上景观极为独特的国家，也是景观多样性最为丰富的国家之一。这样的国土景观不仅代表了丰富多样的栖居环境和地域文化，也影响了中国人的哲学、思想、文化、艺术、行为和价值观。

对于任何从事国土景观的规划、设计和建设行为的人来说，本应如医者了解人体结构组织一般对国土景观有充分的认知，并以此作为执业的基本前提。然而遗憾的是，迄今国内对于这一议题的关注只局限于少数的学术团体之内，并且未能形成系统的和有说服力的研究成果，而人数众多的从业者大多对此茫然不知，甚至没有意识到有了解的必要。自多年前在大量不同尺度的规划设计实践中，不断地接触到不同地区独特的水网格局、水利系统、农田肌理、聚落形态和城镇结构，我们逐渐意识到这些土地上的肌理并非天然产生，而是与不同地区的自然环境和该地区人们不同的土地利用方式相关。我们持续地进行了一系列探索性的研究，在不断的思考中逐渐梳理出该课题大致的研究方向和思路：中国的国土被开发了几千年，只要有生存条件的地方，都有人们居住。因此人类开发、改造后的景观，体现了人类活动在自然之上的叠加，更具有地域性和文化的独特性，比起纯粹的自然景观，更能代表中国国土景观的历史和特征。

中国人对土地的开发利用是从农业开始的。农业最早在河洛地区、关中平原、汾河平原和成都平原得到发展。及汉代，黄河下游、汉水和淮河流域亦成为重要的农业区。隋唐以后，农业的中心从黄河流域转移到了长江流域，此时，江南水网低地和沿海三角洲得到开发。宋朝尤其是南宋时期，大量北方移民南迁，不仅巩固了江南的经济地位，还促进了南方河谷盆地和丘陵梯田的开发。从总的趋势来看，中国国土的大规模农业开发是从位于二级阶地上的河谷盆地发源，逐渐向低海拔的一级阶地上的冲积平原发展，最后扩展到滨海地区，与此同时还伴随着偏远边疆地区的局部开发；从流域来看，是从大河的主要支流流域，发展到河流的主干周边，然后迫于人口的压力，又深入到各细小支流的上游地区，进行山地农业的开发。

古代农业的发展离不开水利的支撑。中国的自然降水过程与农作物生长需水周期并不合拍，依靠自然降水无法满足农业生产的需要。此外，广泛采用的稻作农业需要人工的水分管理。因此，伴随着不同地区的农业开发，人们垦荒耕种，改变了地表的形态和植被的类型；修筑堤坝，蓄水引流，调整了大地上水流的方向和水面的大小。不同的自然环境由此被改造成半自然半人工的环境，以适应农业发展和人类定居的需要，国土景观也随之演变。

中国的主要农业区域具有不同的地理环境。几千年来，中国人运用智慧，针对各自的自然条件，因地制宜，通过人工改造，尤其是修建各种水利设施，将其建设为富饶的土地。如在河谷盆地采用堰渠灌溉系统，利用水的重力，自流灌溉河谷肥沃的土地；在山前平原修建陂塘汇集山间溪流和汇水，调蓄水资源并引渠为低处农田灌溉；在低地沼泽采用圩田和塘浦系统，于水泽之中开辟出万顷良田；在滨海冲积平原，拒咸蓄淡的堰闸与灌渠系统，以及抵御海潮的海塘系统共同保证了农业的顺利开展和人居环境的安全。

农业的开发促进了经济的发展，带来商品流通和物资运输的需求。在军事、政治和经济目的驱使下，古代中国开挖了大量人工运河。这些运河以南北方向为主，沟通了东西向不同的自然水系，以减少航程，提供更安全的航道。除了交通功能，这些运河普遍也具有灌溉的作用。运河的开凿改变了国土上的自然河流系统，形成了一个水运网络。同时，运河沿途的闸坝、管理机构、转运仓库的设置也催生出了大量新的城镇，运河带来的商机也使得一些城市发展为当时的繁华都会。为保证漕运的稳定，运河有时会从附近的自然河流或湖泊调水，还有就是修建运河水柜，即用于调节运河用水、解决运河水量不均等问题的蓄水库。这些又都需要一整套渠、闸系统来实现。

并非所有的地区都能依靠水路联系起来，陆上交通仍然是大部分地区人员往来和商品交换的主要方式，为此建立了四通八达的驿道网络，而这些驿道网络和沿途的驿站同时也承担着经济、军事和邮政的功能。驿道穿山越岭，占据了地理环境中的咽喉要道，串联起城邑、关隘、军堡、津渡等重要节点。

农业的繁荣带来了人口的增加，促进了聚落的发展，作为地区政治、经济和管理机构的城邑也随之设立。大多数城市都位于农业发达的河谷、平原和浅丘陵地区。这些地区原有的山水环境、农业格局和水利系统就成为城市建立的基础，并影响了交通路线以及市镇体系的布局及发展。

中国古代的营城实践始终是在广阔的区域视野下进行的。古人将山水环境视为城市营造的基础，并以风水学说为山水建立起一定的秩序，统领人工与自然的关系。风水学说也影响了城邑选址、城市结构和建筑方位。有时为了满足风水的要求，还通过人工处理，譬如挖湖和堆山，在一定程度上改善了城市山水结构，密切了城市与山水之间的联系；或者通过在自然山水环境的关键地段营建标志性构筑物，强化山水形势。这些都使城市与区域山水环境更紧密地融合在一起。

在城市尺度上，古代每一座城市的格局都受到了区域水利设施的巨大影响。穿城而过的运河和塘河为城市提供了便捷的水运通道，也维系着城市的繁荣和发展；城市内外的陂塘和渠系闸坝成为城市供水、蓄水及排水的基础设施，也形成了宜人的风景。水利设施不仅保障了城市的安全，还在一定程度上构建了贯穿城市内外的完整的自然系统，将城内的山水与区域的山水体系连为一体，并提供了可供游憩的风景资源。在此基础上的城市景观体系营建，进一步塑造了每个城市的鲜明个性，加上文人墨客的人文点染，外化的物质景观获得了内在的诗情画意，城市景观得以升华。

在过去的几千年中，在广袤的国土空间上，从区域尺度的基于实用目的的土地开发，到城市尺度的基于经济、社会、文化基础的人工营建和景观提升，中国不同地区的景观一直以相似但又有差别的方式不断地被塑造、被改变，形成了独特而多样的国土景观。它是我们国家的自然与文化特质的体现，是自然与文化演变的反映，同时也是国土生态安全的基础。

工业革命以后，在自然力和人力的作用下，全球地表景观的演变呈现出日益加速的趋势。天然景观的比重不断减少，人类景观的比重不断增加；低强度人工影响的景观不断减少，高强度人工影响的景观不断增加。由于工业化、现代化带来的技术手段和实施方式的趋同，在全球范围内景观的异质性在不断减弱，景观的多样性在不断降低。

这些趋势在中国国土景观的演变中表现得更加突出。近30年来，在经济高速发展和快速城市化过程中，中国大量的土地已经或正在改变原有的使用方式，景观面貌也随之变化。以"现代化"的名义实施的大规模工程化整治和相似的土地利用模式使不同地区丰富多样的国土景观逐步陷入趋同的窘境。如果这一趋势得不到有效控制，必然导致中国国土景观地域性、独特性和时空连续性的消失以及地域文化的断裂，甚至中国独特的哲学、文化和艺术也会失去依托的载体。

景观在不同的尺度上，赋予了个人、地方、区域和国家以身份感和认同感。如何协调好城乡快速发展与国土景观多样性维护之间的矛盾是我们必须面对的重要课题。而首先，我们应该搞明白中国的国土景观是怎样形成的，不同地区的特征是什么，又是如何演变的，地区差异性的原因是什么……这也是我们这一代与土地规划和设计相关的学人的责任和使命。

经过多年的努力，我们在这个方向上终于有了一些初步的成果，并会以丛书的形式不断奉献在读者面前。这套丛书命名为"中国国土景观研究书系"，研究团队成员包括北京林业大学园林学院的几位教师和历年的一些博士及硕士研究生。其中有些书稿是在博士论文基础上修改而成，有些是基于硕博论文和其他研究成果综合而成。无论是基于怎样的研究基础，都是大家日积月累埋首钻研的成果，代表了我们试图从国土的角度探究中国景观的地域独特性和差异性的研究方向。

虽然我们有一个总体和宏观的关于中国国土景观的研究思路和研究计划，但是我们也清醒地认识到，要达成这样的目标并避免流于浅薄，最佳的方法是从区域入手，着眼于不同类型的典型区域，采取多学科融合的研究方法，从不同地区自然环境、农业发展、水利设施、城邑营建等方面，深入探究特定区域的国土景观形成、发展、演变的历史及动因，并以此形成对该地区景观的总体认知。整体只能通过区域而存在，通过区域来表达，现阶段对不同区域的深入研究，在未来终将逐渐汇聚成中国国土景观的整体轮廓。当然，在对个案的具体研究中，我们仍然保持着对于国土景观的整体认知和宏观视野，在比较中保持客观的判断和有深度的思考。

这套丛书最引人注目的特点之一，就是大量的田野考察、古代文献研究和现代图像学分析方法的综合。这样的工作，不仅是对地区景观遗产和文化线索的抢救，并且，我们相信，在此基础上建立并发展起来的卓有成效的国土景观研究思路和方法，是中国国土景观研究区别于其他国家相关研究的重要的学术基础。这也是这套丛书在学术上的创新所在。

希望这套丛书的出版，能够成为风景园林视野的一次新的扩展，并引发对中国本土景观的关注和重视；同时，也希望我们的工作能够参与到一个更大的学术共同体共同关注的问题中去。本套丛书所反映的研究方向和研究方法，实际上从许多不同学科的前辈学者的研究成果中获益良多，同时，研究的内容与历史地理、城市史、农业史、水利史等相关学科交叉颇多，这令我们意识到，无论现在还是将来，多学科共同合作，应该是更加深刻地解读中国国土景观的关键所在。

2021年7月

前言

中国多样的自然条件与悠久深厚的人文历史共同塑造了绚烂多姿的国土景观。在这片美丽的国土上，只要具备生存条件，就有人的居住。其中，很大一部分的"家园"并非天赐，而是来自我们的祖先筚路蓝缕的水土改造和人居建设。几千年来，各地人们持续不断的地表活动，造就了无数独特的地域景观，这是人地关系和历史文化的隐性"符号"，也深刻影响着中国人的认知、思维和价值观念。

国土的改造之路从农业开始，而围绕大江大河的支流与主干开展的农业生产，是中华农耕文明的起源。黄河流域是人类最早开始农业活动的区域之一，面对不同的地理环境，中国人运用智慧修筑了各类水利设施、发展多种灌溉农业，建设起若干个富饶的传统灌区。传统灌区将水利农业社会与自然环境的和谐互动作为建设核心，其层积的地域景观深刻地折射出人对自然环境的适应、改造、调适与人文化的过程。宁夏平原是黄河干流上的传统灌区之一，自古有"塞上江南"之誉，是干旱地区人地和谐的典范，集中展示了西北大型灌区改善地表水土条件、营建边疆城乡环境、塑造山河区域风景的独特探索之路。

本书是"中国国土景观研究书系"中的一册，在我们持续开展国土景观研究的大框架下，探讨了西北边疆制度与地域文化影响下宁夏平原传统地域景观的形成机制和营建特征。全书共分为四个部分。导论简要阐释了制度文化与空间营建的交互作用以及从连续时段、多重尺度探究灌区地域景观的必要性与突破性，概述了学界相关研究成果，并确定了本研究的探索方向。上篇以历时性结合共时性的研究为线索，一方面通过梳理地区人居发展历程并剖析人居演进因素，从时间维度上阐释古灌区地域景观演化的基本规律；另一方面，以历时性研究为依据，提取了"自然基底、灌溉水利、农业生产、水陆交通、军事防御、城乡聚落"六大景观子系统，通过探究各子系统的空间结构并明确其空间耦合关联，从空间维度上探究了宁夏平原传统地域景观的形成机制。中篇构建了灌区城市景观的研究框架，以城景营建与区域环境的互动为切入点，通过山水环境、灌区水网及城内景观三方面的多层次综合解析，挖掘了宁夏平原传统城景的营建内涵，全面展现了城景体系营建中山水坐标、灌区水网与城市景观的相互影响，总结了宁夏平原传统城邑的重要景观特征。下篇从传统经验与现代科学价值互补的角度，提出了宁夏平原传统地域景观保护与发展的四个主要途径。结语作为本研究的延伸，探讨了宁夏平原传统地域景观所折射的和谐人地关系、生态智慧结晶以及在发展导向下深入历史景观研究的现实意义。

地域景观系统，是人在自然山水环境中生产与栖居之际，通过山川风物的自我观照，在凝练了生命与哲学的思考后，营建形成的自然景观与人文景观交融共生的综合体，充分彰显了尊重土地、人与自然和谐共生的思想，这一思想指引人们成功地塑造了中国特有的山水田居相依的栖居环境。然而，在快速城市化的影响下，传统的地域景观正发生剧烈的变化，许多区域在大规模的城镇建设与土地改造后，其地域景观由各具特色变成同质单一，国土景观的独特性与多样性不断减弱。希望有关国土景观的研究，能帮助我们真正地回归土地，回望先贤探索与创造的生态智慧，反思当代人居环境建设的诸多困境，重寻人与天调、尊重土地的发展之路。

目录

导论　01

第一节　聚焦空间研究，探索地域景观的文化转向　02

第二节　整合历史资料，新释西北灌区的传统景观　03

第三节　综选多重视角，解读宁夏平原的传统地域景观　04

上篇　宁夏平原的传统地域景观　09

第一章　宁夏平原的人居演进　13

第一节　史前至西戎　13

第二节　秦汉　17

第三节　南北朝至隋唐五代　23

第四节　西夏　27

第五节　元明清至民国　32

第六节　宁夏平原人居演进特点　40

第二章　山屏河带的自然基底　50

第一节　地形地貌　50

第二节　河流湖泊　56

第三节　气候土壤　60

第三章　系统均和的灌溉水利　64

　　第一节　引灌系统：无坝引水，因地制宜　66
　　第二节　排水系统：沟渠并重，湖沟相通　71
　　第三节　水利管理：分级治理，多县统筹　75
　　第四节　典型水利工程　82

第四章　因灌而兴的农业生产　93

　　第一节　农田类型：水浇田广布，肌理各异　93
　　第二节　作物经营：麦稻兼营，种植多样　96

第五章　四方通贯的水陆交通　100

　　第一节　跨区交通：跨接西域，连通中原　102
　　第二节　区内交通：车道通贯，桥渡众多　105

第六章　环列层设的军事防御　110

　　第一节　军防分区：圈层布设，分层分路　112
　　第二节　防御结构：点线结合，网状联络　115

第七章　多因利导的城乡聚居　122

　　第一节　城邑体系：曲折演变，依山傍河　122

　　　　第二节　乡村体系：屯堡为主，村寨遍布　125

　　第八章　宁夏平原传统地域景观形成机制　139

中篇　宁夏平原的典型传统城邑景观　145

　　第九章　塞上湖城——银川　147
　　　　第一节　"一迁七筑"的区域中心　147
　　　　第二节　银川城的城内景观　153
　　　　第三节　城水相融、敛收风物的近郊景观　163
　　　　第四节　山屏河带、耸壮观瞻的远郊景观　174
　　　　第五节　银川城的"八景"意象体系　184

　　第十章　平原西塞——中卫　190
　　　　第一节　屡次展筑的军事重邑　190
　　　　第二节　中卫城的城内景观　192
　　　　第三节　八渠环绕、沙水相映的近郊景观　195
　　　　第四节　山丘环峙、揽摄形胜的远郊景观　201
　　　　第五节　中卫城的"八景"意象体系　208

第十一章　襟河古邑——灵州　213

第一节　从"居河之中"到"阻河而城"　213

第二节　灵州城的城内景观　217

第三节　渠湖映带、以水全形的近郊景观　220

第四节　遥揖远峰、寺宇凝边的远郊景观　226

第五节　灵州城的"八景"意象体系　231

第十二章　北关锁钥——平罗　235

第一节　从边关所城到商贸门户　235

第二节　平罗城的城内景观　238

第三节　三渠布列、安固民生的近郊景观　240

第四节　锦岭西屏、秀谷藏幽的远郊景观　244

第五节　平罗城的"八景"意象体系　248

第十三章　宁夏平原传统城邑景观特征　252

下篇　宁夏平原传统地域景观的保护与发展　267

第十四章　宁夏平原传统地域景观的当代变迁　269

第一节　生态环境改变　269

第二节　水利系统变更　271

　　　　第三节　城市规模扩张　　276
　　　　第四节　传统景观消隐　　280

第十五章　宁夏平原传统地域景观的保护发展路径　　283
　　　　第一节　存变协同，保护山水生态环境　　283
　　　　第二节　活态保护，强化灌区复合功能　　285
　　　　第三节　重拾秩序，延续山水融城景观　　287
　　　　第四节　立足地域，重塑城郊一体风景　　290

结语　　293
　　　　第一节　时空维度下区域景观的嬗变与层累　　293
　　　　第二节　地域视野下城郊一体的城景营建智慧　　296
　　　　第三节　立足当代发展的历史景观研究　　298

参考文献　　300

后记　　308

导论

　　古代中国是农业大国,在幅员辽阔的国土之上,以水利农业社会与自然环境互动关系为核心的传统灌区,是众多生产聚居区中的重要一类。现代考古表明,早在6000年前,黄河流域已有农业聚落起源,并在此后发展出灿烂的农耕文明。然而,要在善徙、善决的黄河之畔开展稳定的农业生产并不容易。历史上,能稳定运行的古灌区大多集中在黄河中上游的宁蒙晋陕四省,但这些地区干旱少雨,生态环境十分脆弱,就农业生产而言,自然环境并不优越。即便在相对贫瘠的自然基底上,古人仍然依靠卓越的营建智慧,重新整合水土资源,将一处处草原荒漠转变为一片片阡陌纵横。古人在广大精细的灌溉水网之上精耕农田、营建城市、开辟交通、修筑防御、塑造风景,将黄河流域的平原营建为若干个水利农业社会与自然环境高度和谐的人居单元。

　　黄河流域古灌区的传统地域景观,既包括西北自然环境演替形成的山水景观,也包括长时序下人居营建所造就的人工景观。地域景观的形成也深受特殊的边疆制度与地域文化的影响。灌区的地域景观深刻地折射了时空维度下的人地关系,反映了人对环境的适应、改造、调适和人文化的过程,其中所凝结的科学理性、生态智慧与审美价值，可为当今的地区人居环境高质量发展提供理论支撑。

本书将开展三方面的工作：一，构建西北水利人居单元的传统地域景观研究框架，关注文化与制度影响下的空间与场所，探索古代边疆的地域景观研究视角；二，整合历史、地理、生态、社会、水利、考古、城乡规划、建筑等相关学科的研究成果与研究思路，梳理并融汇传统地域景观研究的丰硕成果；三，选取宁夏平原这一黄河流域的典型古灌区，考察水利农业人居单元中地域景观的营建方式与重要特征。

第一节 聚焦空间研究，探索地域景观的文化转向

一方面，地域景观发生、发展的过程是人地关系演变的过程，因而地域景观本质上是地区的文化景观。传统地域景观研究，不只关注物质环境，还应关注人在环境中的作用，将地域景观置于社会、政治、文化的环境中加以解读。人在尊重自然规律的前提下采用制度、技术的力量管理自然资源，将自然环境转变为"自然—人工"交融的、便于管控调适的人居环境。景观的文化转向，需要从深层的哲学、观念、制度、风俗、禁忌等方面深入探析地域景观的演变规律与空间范式。

另一方面，"社会文化与空间现象是相互关联的"[1]，地域景观的研究离不开空间的研究。因而，本书关注长时序下特殊的文化环境在自然环境上的投影过程及其结果，遵循"传统地域景观演变规律—传统地域景观空间特征—传统地域景观营建智慧"的递进研究思路，将文化过程融入地域空间中，提出了针对西北水利人居单元的传统地域景观研究框架。本书从地区自然环境与社会环境中各类要素交互作用的角度出发，以物质空间为载体，探究传统地域景观的产生、演变、变迁规律以及基本格局，以期总结历史规律，资鉴当代。

第二节　整合历史资料，新释西北灌区的传统景观

西北大山大川的地理格局，造就了得天独厚的环境基底与资源禀赋。西北地区位于欧亚大陆的核心，是连接东西文化的大陆桥，特殊的地理位置赋予该地区特殊的政治、军事和经济功能。历代王朝在此着力经营，所谓"一部中国历史，在通海以前，与西北之关系最多，同时开发西北亦用力最宏"[2]，依靠特殊的制度机制，西北地区具备了中西交融、兼容并蓄的优势。西北灌区传统地域景观的研究，既包含自然、生产、生活等物质空间的营造，也包含营造背后丰富的传统观念与文化内涵。针对西北灌区传统地域景观的研究，涉及三个问题：一是研究视角的选定，二是研究层次的拓展，三是研究材料的取用。

一，研究视角的选定。在研究视角上，既往有关西北传统地域景观的研究，或单独从历史、水利、农业等角度论述，或只对单体城市景观营建展开研究，缺少综合视角下的多尺度研究。本书对西北传统地域景观的综合研究，将独立的地理单元放置于时空二元的背景之下，将研究视角从一定时段、单一尺度转变为连续时段、多重尺度，在长时序视角下观察地域景观的变迁特征与内在机制，也在多重尺度视角下补充连续的地域景观断面，全面提取其空间特征。这将有助于从复杂有机的时空联动与多元耦合中，完善西北传统地域景观的研究成果。

二，研究层次的拓展。在研究层次上，目前有关传统地域景观的研究，基本遵循"自然山水—水利农田—城乡聚落"的研究层级。本书在此基础上，根据西北地区特殊的地缘结构与制度文化，补充政治军事对地域空间演变的影响，在研究内容上增加了"水陆交通"与"军事防御"两个景观子系统的空间分析，从而丰富了西北灌区传统地域景观的层次与内涵。

三，研究材料的取用。在研究材料上，黄河流域古灌区的开发历史较为悠久，所积累的文献资料丰富，便于本书从政治、文化、经济、宗教和管理等多元视角做出综合性解读。在研究中，水利、

聚落相关材料的收集与选用最为关键；且由于地区水利与聚落的总体结构、分布特征仍延续至今，可通过实地考察辅助历史性的推测与论证。

本书借助多种空间分析方法来实现对研究材料的价值挖掘，如以ArcGIS为主的数字技术辅助的图解分析法和图示法等。以历史舆图、近代测绘图为基础，复原各历史时期的灌区规模、形态、要素、格局等；以此为依据，进而展开对城乡山水格局、水利系统结构与布局、城市结构和形态以及各类历史遗址现状的研究。此外，通过分析流域、灌区、城市、风景和地块的空间组织逻辑，对地域景观演进过程进行可视化研究，从而挖掘地域景观的空间特征与营建逻辑，寻找本土地域景观之范式。

本书试图基于"制度文化—自然环境"的历史背景、采用"时空二元—多维尺度"的研究视角、选取"区域景观—城市景观"的研究范围、应用"分层解析—耦合关联"的研究框架，来整合西北地区的传统地域景观。这一研究路径的价值在于四个方面：一，能够综合制度文化、山水文化、生产方式、地域文化等研究材料；二，能够较全面地反映地区营建活动在空间上的作用过程及结果；三，有助于从连续的空间上认知传统地域景观的系统组成与结构特点；四，以"认知—解构—重组"的视角观察西北灌区的传统地域景观，有助于同其他传统灌区景观做横向对比，寻找相似性与差异性。

第三节　综选多重视角，解读宁夏平原的传统地域景观

黄河流域的古灌区中，宁夏平原最具代表性，自古有"天下黄河富宁夏""塞上江南"之赞誉。宁夏平原这一上万平方千米的人工绿洲作为黄河流域生态战略格局的重要一环，阻断了沙漠的汇聚，从而保证了黄河下游流域及西北、华北地区的生态安全，从生产方式、居住方式到文化意识形态，这里都具有特殊的地域性，其中的哲学、美学、科学、社会和生态价值独一无二。

两千多年来，宁夏平原的人民进行了长期且艰巨的人居营建活

动。基于引黄灌溉水利工程的古灌区孕育了众多壮观的城市、村镇、市集和通衢，大量环境宜人的山水城市、传统村落、地区风景经历了长期的演化与完善，无论在工程实践方面，还是在文化建设方面，均积累了深厚的实践经验，遗存有众多的人居"原创理念与发展方式"[3]，是宝贵的民族财富。

历史学家、地理学家最先关注宁夏平原的区域环境与人地关系。陈育宁、王天顺开展地方通史研究，综合分析宁夏平原的社会、经济、文化、军事、城市和水利环境[4-5]；李范文、钟侃等聚焦于西夏时期的宁夏平原社会环境与区域环境[6-7]，全面解读党项族在地区建设中的举措；鲁人勇、吴忠礼等考据了宁夏平原历代行政区、山川、河流、城市、聚落等[8-9]；张维慎对古代宁夏平原的水利与农牧业发展趋势进行了纵向研究，认为农牧业活动是影响地区环境变迁的重要因素[10]；汪一鸣在宁夏平原自然与人文环境变迁研究的基础上，对灌区开发、城市规划建设和地区风景营建等方面提出诸多策略[11-12]。此外，历史学家还注意到了区域的交通建设与军事防御情况。宁夏回族自治区交通厅梳理了先秦至民国的平原交通路径，重点关注了唐代、西夏和明清至民国时期的交通类型，认为清代大车道奠定了近代平原的交通格局[13]；严耕望、乐玲等考证了古丝绸之路灵州道的走向，认为其对宁夏平原后续的交通发展和聚落分布产生了影响[14-15]；许成等探讨了宁夏境内各时期长城的分布，特别对明长城的结构加以分解、研究，并拍摄了大量珍贵的图像资料[16]。

水利与农业的学者关注宁夏平原的水利与农田建设。卢德明等学者及宁夏回族自治区水利厅先后出版著作、水利志书，梳理了宁夏引黄灌区的水利开发历史，认为水利系统持续开发的动因是自然环境、政治制度和人工治理的综合结果[17-18]；杨新才梳理了宁夏的农业发展历史，兼论牧业、林业与园艺业的特色，认为清代是地区农业发展高峰，灌溉在其中扮演重要角色[19]。

城乡规划、历史地理和风景园林的学者着重关注宁夏平原的城镇选址、城市布局与结构、聚落形态及其特征以及城市景观等。

李陇堂、赵鹏对宁夏平原城镇兴起与选址的地理基础进行探究，认为城镇兴起与黄河以及引黄灌溉关系密切[20-21]；岳霄云聚焦于清至民国时期引黄灌区水利开发对环境的影响，从水利建设的角度展示了宁夏平原的人居发展水平[22]。对单体城市的研究则集中于银川市。洪梅香梳理了银川市的起源与演化过程，对各时期的城市规模、城市布局、城市景观做了推测[23]；颜廷真、潘静对不同时期银川古城的空间结构进行研究，挖掘了古城的风水格局、空间布局模式[24-25]；王刚从骨架、轴线、中心、标志和景致五个方面归纳了银川市聚落形态的演变及其特征[26]；王引萍、王薇等分别基于明代诗词和清代志书，对明清两代宁夏平原的景观展开研究，探讨"八景"的空间分布与基本属性[27-28]；王超琼、韩志强则探究了银川古典园林的空间特征与植物景观特色[29-30]。

地方志书、历史舆图、民国测绘图、卫星影像数据、民国时期考察报告、旧照片以及考古资料为宁夏平原传统地域景观的研究提供了丰富的素材。在志书方面，除了明清方志外，近现代的地名志、区志、村镇志极大地扩充了传统人居的研究范畴与史志资料。在历史图像方面，由台湾省人社中心地理资讯数据库提供的6幅民国县域测绘图及1幅银川城测绘图记录了平原城镇、村落分布的总体情况；由宁夏图书馆提供的几十幅民国水利测绘地图，则以现代测绘和制图方式详细记录了民国时期宁夏平原的渠网系统、湖泊湿地及排水沟的分布情况，是开展灌溉水利系统空间研究的重要依据；美国地质调查局（United States Geological Survey，简称USGS）的地球探索者平台提供的20世纪70年代卫星黑白航拍图，可作为分辨城市的城墙、渠系以及村寨分布的参考。在考察报告方面，《宁夏省考察记》[31]《调查河套报告书》[32]《宁夏纪要》[33]《十年来宁夏省政述要》[34]《宁夏省夏朔平金灵卫宁农田清丈登记总报告》[35]《中国的西北角》[36]等详细记载了民国时期宁夏平原的灌区发展水平，对了解清末民初的灌区结构、地区开发情况大有助益。在考古资料方面，宁夏文物考古研究所编著的《宁夏文物考古研究所丛刊》系列以及许成[37]、陈炳应[38]、牛达生[39]等人长期的考古研究，一定程度上弥补了人居史料不完备带来的研究困难，为研究提供了可靠的证据。

综上，宁夏平原的历史资料较为翔实，其整理与研究工作也已取得了很大进展。在人居环境的相关研究方面，现有研究集中在区域规划与人地关系、区域城镇分布研究以及城市景观研究方面。结合前人研究，从研究视角、研究内容和研究对象与范围三方面突破，探索传统地域景观的形成机制、多尺度景观特征等，呈现较为系统化的研究成果。

本书的内容分作上、中、下三个篇章。上篇，梳理宁夏平原的人居发展史，总结人居演进特点，阐释引黄灌区的形成与发展过程；在此基础上，提取"自然基底、灌溉水利、农业生产、水陆交通、军事防御、城乡聚落"6个地域景观子系统，探究各子系统的发展历程与空间结构，明确各子系统之间的空间耦合关联，总结宁夏平原区域景观的形成机制。中篇，选取4座典型的历史城市，以城邑景观营建与区域环境的互动为切入点，从山水环境、灌区水网及城内景观三个方面解析传统城景的营建内涵，并明确宁夏平原传统城邑景观特征。下篇，为宁夏平原传统地域景观的保护与发展提出建议。

参考文献

[1] 凯文·林奇. 城市形态[M]. 林庆怡, 陈朝辉, 邓华, 译. 北京: 华夏出版社, 2001.
[2] 李烛尘. 西北历程[M]. 兰州: 甘肃人民出版社, 2003.
[3] 吴良镛. 学术前沿议人居[J]. 城市规划, 2012, 36（5）: 9-12.
[4] 陈育宁. 宁夏通史·古代卷[M]. 银川: 宁夏人民出版社, 1998.
[5] 王天顺. 河套史[M]. 北京: 人民出版社, 2006.
[6] 李范文. 西夏通史[M]. 银川: 宁夏人民出版社, 2005.
[7] 钟侃, 吴峰云, 李范文. 西夏简史[M]. 银川: 宁夏人民出版社, 2005.
[8] 鲁人勇, 吴忠礼, 徐庄. 宁夏历史地理考[M]. 银川: 宁夏人民出版社, 1993.
[9] 吴忠礼, 鲁人勇, 吴晓红. 宁夏历史地理变迁[M]. 银川: 宁夏人民出版社, 2008.
[10] 张维慎. 宁夏农牧业发展与环境

[11] 汪一鸣. 宁夏人地关系演化研究[M]. 银川：宁夏人民出版社，2005.
[12] 汪一鸣. 不发达地区国土开发整治研究[M]. 银川：宁夏人民出版社，1994.
[13] 宁夏回族自治区交通厅编写组. 宁夏交通史：先秦—中华民国[M]. 银川：宁夏人民出版社，1988.
[14] 严耕望. 唐代交通图考：第一卷 京都关内区[M]. 上海：上海古籍出版社，2007.
[15] 乐玲，张萍. GIS技术支持下的北宋初期丝路要道灵州道复原研究[J]. 云南大学学报（社会科学版），2017，16（5）：55-62.
[16] 许成，马建军. 宁夏古长城[M]. 南京：江苏凤凰科技出版社，2014.
[17] 卢德明. 宁夏引黄灌溉小史[M]. 北京：水利水电出版社，1987.
[18] 《宁夏水利志》编撰委员会. 宁夏水利志[M]. 银川：宁夏人民出版社，1993.
[19] 杨新才. 宁夏农业史[M]. 北京：中国农业出版社，1998.
[20] 李陇堂. 黄河在宁夏城镇形成和分布中的作用[J]. 宁夏大学学报（自然科学版），2003，24（2）：134-137.
[21] 赵鹏. 明清时期宁夏中北部地区城镇地理研究[D]. 兰州：西北师范大学，2012.
[22] 岳云霄. 清至民国时期宁夏平原的水利开发与环境变迁[D]. 上海：复旦大学，2013.
[23] 洪梅香. 银川建城史研究[M]. 银川：宁夏人民出版社，2010.
[24] 颜廷真，陈喜波，曹小曙. 略论西夏兴庆府城规划布局对中原风水文化的继承和发展[J]. 地域研究与开发，2009，28（2）：75-78.
[25] 潘静. 银川古城历史形态的演变特点及保护对策[D]. 西安：西安建筑科技大学，2007.
[26] 王刚. 银川平原人居环境发展演变及其聚落形态研究[D]. 绵阳：西南科技大学，2012.
[27] 王引萍，袁琳. 明代宁夏诗词与宁夏景观[J]. 兰州文理学院学报（社会科学版），2016，32（3）：1-5.
[28] 王薇，冯柯. 清代"宁夏八景"中的景观构成特征与价值研究[J]. 建筑史，2018，53（12）：178-187.
[29] 王超琼，董丽. 明代宁夏镇园林植物景观特色研究[J]. 中国园林，2016，32（3）：90-93.
[30] 韩志强. 试论银川古典园林的特色[J]. 中国园林，1988，4（9）：16-17，23.
[31] 傅作霖. 宁夏省考察记[M]. 南京：正中书局，1933.
[32] 冯际隆. 调查河套报告书[M]. 台北：文海出版社，1971.
[33] 叶祖灏. 宁夏纪要[M]. 南京：正论出版社，1947.
[34] 翦敦道，等. 十年来宁夏省政述要[M]. 宁夏省政府秘书处，1942.
[35] 宁夏省地政局编. 宁夏省夏朔平金灵卫宁农田清丈登记总报告[M]. 宁夏省地政局，1940.
[36] 范长江. 中国的西北角[M]. 北京：新华出版社，1980.
[37] 许成，韩小忙. 宁夏四十年考古发现与研究[M]. 银川：宁夏人民出版社，1992.
[38] 陈炳应. 西夏文物研究[M]. 银川：宁夏人民出版社，1985.
[39] 牛达生，许成. 贺兰山文物古迹考察与研究[M]. 银川：宁夏人民出版社，1988.

上篇 宁夏平原的传统地域景观

宁夏平原传统地域景观是长时序、多要素耦合互动的结果。本篇在梳理宁夏平原人居历史的基础上，从自然基底、灌溉水利、农业生产、水陆交通、军事防御和城乡聚居六个层面对宁夏平原的地域景观展开系统研究，解析各系统的空间分布与结构特征，并探讨各系统的耦合关系，寻找宁夏平原传统地域景观的形成逻辑。

从流域视角而言，宁夏平原地处黄河流域上游，其西、北、东三面被腾格里沙漠、乌兰布和沙漠和库布齐沙漠所包围，是西北半荒漠地区受黄河滋养而形成的一处灌溉绿洲。从区域视角而言，宁夏平原位于今宁夏回族自治区北部，西靠贺兰山，东临鄂尔多斯台地，南北以黑山峡与石嘴山为界，面积近18000km²。

本书对宁夏平原的空间范围划定以相对独立的地理单元为界，区域范围与地区历史城乡建置范围高度重合，包含了本地区地域景观营建的主要内容。核心研究范围为宁夏平原的引黄古灌区，根据民国《宁夏省水利专刊》中有关引黄灌区的范围界定，确定古灌区范围：

> "当河入宁属中卫之境，水遂平铺，开渠灌田……得水利者共八县：中卫县（今中卫市沙坡头区）、中宁县、灵武县（今灵武市）、金积县（划入今吴忠市利通区）、宁朔县（划入今青铜峡市与银川市永宁县）、宁夏县（今银川市贺兰县）、平罗县（今石嘴山市平罗县）、惠农县（今石嘴山市惠农区）。"[1]

引黄古灌区大致包含了今银川、吴忠、中卫和石嘴山4市6县的区域。宁夏平原以青铜峡为界，分为卫宁灌区与青铜峡灌区：卫宁灌区长105km，宽10~20km，面积约2218km²；青铜峡灌区长170km，宽10~50km，面积约9761km² [2]。

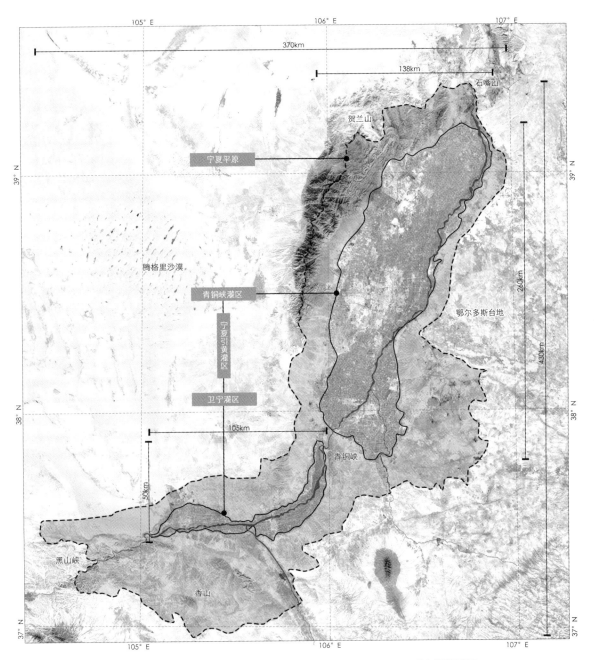

研究范围示意图

[图片来源：作者自绘]

参考文献

[1] （民国）宁夏省政府建设厅. 宁夏省水利专刊[M]. 北京：北平中华印书局，1936.

[2] 宁夏通志编纂委员会. 宁夏通志·地理环境卷（上）[M]. 北京：方志出版社，2008.

第一章 宁夏平原的人居演进

宁夏平原在较长时期内属于我国的边疆地区，具有特殊的制度环境，也衍生了与之相适的生产形态和人居环境，这对地域景观的形成与演变产生了深远影响。本章以历时性视角解读宁夏平原的人居发展进程，剖析宁夏平原各时期的环境、制度、政令、技术、文化对人居演进的综合影响，将人居环境的发展划分为5个阶段：史前至西戎的萌芽期、秦汉的初探期、南北朝至隋唐五代的曲折发展期、西夏的繁荣期和元明清至民国的稳定发展期。受人类活动的影响，宁夏平原的人居环境产生了广泛而深刻的变迁，表现为水利开发、经济建设、地景格局和人居营建的持续演进。

第一节 史前至西戎

从文明萌芽到方国鼎立

早在3万年前，宁夏平原的先民们就已在银川平原与灵盐台地交接处的水洞沟盆地内繁衍生息。水洞沟位于鄂尔多斯台地的西南边缘，西距黄河18km，其西部为马鞍山低山丘陵带（图1-1）。考古研究表明，数万年前，随着地形的发育，水洞沟盆地形成了浅湖，

图1-1 水洞沟区位图及剖面示意图
[图片来源：图（a）自绘；图（b）改绘自《水洞沟：2003—2007年度考古发掘与研究报告》[1]]

水资源丰富；湖边生长着榆、柳、栎等乔木，湖外是广袤的疏林草原，水草丰美的自然环境为野生动物提供了生存条件[1]；盆地附近的冲沟和高阶地里有大量岩石，可用于制作石器。丰富的水源、动植物资源和石器制作原料为此地先民的生活提供了充分的物质基础。

水洞沟先民们能制作分类细致、器形稳定的石器，学会了加工和利用动植物，并能使用"石烹法"来结束茹毛饮血的生活；遗址中还发现了用骨锥、鸵鸟蛋壳制作的环状装饰品等，部分有染色[1]。以上考古发现表明，水洞沟先民们不仅对资源环境有较强的认知和利用能力，还对艺术有初步探索。贺兰县贺兰口、施家窑、张家窑、中卫市孟家湾等处发现的旧石器遗址点的文化面貌与水洞沟遗址相近，可见，旧石器时代人类的生活足迹已迈出水洞沟的范围，向宁夏平原的沿黄地带探索。

距今1.2万年前，以细石器工艺为特征的畜牧业生产逐渐占据了宁夏平原人类社会的重要位置，鸽子山遗址是其典型代表。这一时期，宁夏平原的中部平原区仍充斥着大量沼泽，人类只能选择灵盐台地边缘或贺兰山洪积地带居住，如青铜峡的鸽子山遗址，广武的新田遗址[2]，中卫的一碗泉、长流水遗址[3]以及灵盐台地边缘的高仁镇遗址和贺兰山台地的暖泉遗址等（图1-2）。

公元前21世纪前后，宁夏平原以血缘为纽带的氏族部落内部发生了较大的变化，逐渐形成了以地域关系为联结的部落组织，并发

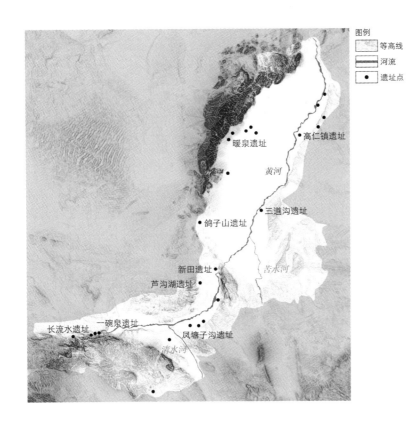

图1-2 宁夏平原新石器时代遗址分布图
[图片来源：根据《中国文物地图集·宁夏回族自治区分册》[4]绘制]

展为独立分散的小方国，较强大的有义渠戎、犬戎、乌氏戎、朐衍戎和大荔戎等，统称西戎[5]。西戎各方国是游牧民族，他们充分利用宁夏地区水草丰美的自然环境优势，大力发展畜牧业，势力日益强大。

西戎与中原的社会发展差异很大，史料记载："诸戎饮食衣服不与华同，贽币不通，言语不达"[6]。质朴、粗犷是西戎的文化特点，宁夏地区出土了西戎时期的青铜器、骨器、金器，其上雕刻了许多逼真威猛的动物，展现了游牧社会粗犷的审美倾向。在贺兰山的贺兰口、大武口以及卫宁北山中，有大量以太阳神和羊、马、牛、鹿、骆驼等动物为表现对象的岩画（图1-3）。岩画表现高度简化、符号化和原型化，生动地展现了西戎各国狩猎、放牧、骑射、乘车等社会生活与宗教祭祀场景，并展现出其以自然、动物为崇拜对象的本土精神信仰[7]。

图1-3 贺兰山岩画中的太阳神像、人画像和动物像
[图片来源：引自《贺兰山岩画研究》[7]]

依水群居的原始聚落

宁夏平原的聚落起源于2.5万年前，现在的水洞沟遗址是可考证的起源地。从史前至西戎时期，地区聚落的发展分三个阶段[5]：第一阶段是以灵盐台地边缘的水洞沟为代表的旧石器时期聚落；第二阶段是以细石器文化为代表、广布于卫宁平原西北和贺兰山东麓地带的新石器时期聚落；第三阶段则是西戎各方国的游牧聚落。西戎各国大多逐水草而居，少数小方国相对定居，能修筑城郭，如义渠等国"筑城数十，皆自称王"[8]，但目前缺少这些城郭的文献记载与考古发现。

结合考古发掘，前两阶段的原始聚落主要分布在临近泉、湖、河的台地上。水洞沟遗址集中在中心区小盆地内，盆地中有带状湖泊[1]，这为先民生存提供了水源。20余处新石器时代聚落则大多分布在宁夏平原历史上的水源之畔[5]：位于湖水或泉水充沛的区域，近水傍河，如暖泉遗址、鸽子山遗址和一碗泉遗址等；面向黄河，可直接从河中取水，如高仁镇遗址、新田遗址、临河遗址等；靠近黄河支流，如营盘水遗址、长流水遗址和凤塘子沟遗址[9]等。

开放式的大本营是水洞沟遗址常见的聚落形式。聚落通常以火塘为中心，半径在1.8m左右，内部有打制石器、制作工具、加工植物、烧烤食物等功能分区[1]。进入新石器时代，聚落多采取半地下穴居的住宅形式。先民使用简单材料构筑半地下居室，室中心有供取暖、炊事所用的圆形火塘[9]。

史前至西戎时期，宁夏平原仍是湖沼众多、植被葱郁的草原景观。先民们无力开发平原中部的湖沼区，只能选择近水的台地边缘定居。西戎少数民族逐水草而居，对环境的影响小，平原基本保持了原始的自然风貌。

第二节 秦汉

抵御匈奴，徙民屯田

西周后期，西戎不断强盛，与相邻之秦国的矛盾日益尖锐。秦穆公三十七年（公元前623年），秦国"千里开地，遂霸西戎"[10]，西戎十二国被并入秦国版图，而义渠尚未被彻底剿灭。此后，秦国与义渠相持了几百年，直至秦昭襄王时期，义渠才被彻底剪灭，从此，宁夏平原完全融入秦国版图。战国后期，匈奴南下进入河套地区[5]。秦始皇三十二年（公元前215年），蒙恬北伐匈奴夺取"河南地"[11]（今河套地区）；秦始皇三十三年（公元前214年），"西北斥逐匈奴，自榆中并河以东，属之阴山，以为四十四县，城河上为塞"[11]，后又"渡河取高阙、阳山、北假中，筑亭障以逐戎人。徙谪，实之初县"[11]。总之，为了巩固秦朝北部边防，秦始皇在"河南地"设郡县、建城池、制关障、徙谪戍、驻军队、筑军防，将包含宁夏平原在内的河套地区纳入秦朝统一开发的进程中。

秦末，匈奴势力再次崛起，并重新占领河套地区。西汉武帝时期，汉匈战争频繁。西汉元朔二年（公元前127年）、元狩二年（公元前121年）、元狩四年（公元前119年），汉廷三次征伐匈奴，"遂取河南地，筑朔方，复缮故秦时蒙恬所为塞，因河为固"[12]。为了巩固地区统治，汉廷募民屯田，将数万民众迁入宁夏平原。短时期内，地区人口数量大幅增加，根据《汉书》计算，西汉元始二年（2年），宁夏平原的人口数量在5万人以上[13]。大量移民的涌入对当地发展农业提出了迫切要求，也为宁夏平原灌溉水利的建设提供了充足的劳动力。

水利初兴，灌区开发

秦代，宁夏平原可能已建设了小型的水利设施，如水井、桔槔和辘轳等[14]。地区生产形式为小规模的旱作农业，可能集中在河东地区的军事要塞附近[15]。在地下水丰富的区域，采用穿井汲水与辘轳提灌的方式灌溉农作物；而在靠近黄河的区域，则用瓦罐和木桶提水灌溉[14]。小型水利设施的成功运用，为后续开挖干渠、梳理渠道积累了经验。

地区大型的灌溉水利工程建设开始于西汉武帝时期。《史记》记载，"自朔方以西至令居，往往通渠，置田官"[12]，即今内蒙古包头以西至甘肃兰州间的黄河冲积平原，均开渠发展灌溉农业。西汉元封二年（公元前109年），全国开发水利之风盛行[16]，"朔方、西河、河西、酒泉皆引河及川以溉田"[17]，唐代史学家杜佑考证，其中的"河西"，泛指北地郡富平县（今宁夏吴忠市关马湖一带）至朔方郡临戎县（今内蒙古磴口县）的黄河以西地区，可见当时的宁夏平原也是西汉新兴的灌区之一。后汉顺帝永建四年（129年），尚书仆射虞诩上书描述西汉时安定郡（今甘肃东南部至宁夏西南部地区）、北地郡（今宁夏吴忠地区至甘肃宁县地区）和上郡（今陕西北部地区）的农业发展情况，印证了西汉时期宁夏平原灌溉农业的发展史实：

> "厥田惟上，且沃野千里，谷稼殷积……因渠以溉，水舂河漕，用功省少，而军粮饶足"[18]。

因史料记述不详，西汉时期宁夏平原的灌渠数量、规模和位置尚存争议。西汉开渠技术有限，倾向于选择地面坡度较大、引排水条件良好的地段开凿灌渠，因而历史与水利方面的学者普遍认为，西汉引黄灌渠集中在银川平原南部和卫宁平原[14, 16]。综合上述论断并结合史料记载，推测汉代开凿的主要干渠至少有7条，包括河东地区的光禄渠和七级渠，河西地区的汉渠、尚书渠和高渠以及卫宁平原的七星渠和蜘蛛渠（表1-1）。西汉政府开凿的干渠打造了宁夏平原引黄灌区的水利骨架，影响了此后历代的水利建设，开创了此地兴修水利、发展灌溉农业的土地利用模式。

灌溉农业发展，牧业主导

秦代，旱作农业在宁夏平原萌芽。西汉时期，随着引黄灌溉设施的建设，灌溉农业生产得到较快发展。根据西汉的修渠情况推测，两汉时期宁夏平原已至少形成了河东、河西两个子灌区，灌溉面积

汉代宁夏平原主要灌溉干渠分布位置推测　　表1-1

干渠名称	分布位置	史料来源
七级渠	秦家渠（秦渠）前身	《新唐书·代宗本纪》
光禄渠	汉伯渠前身	《旧唐书·李晟传》《宁夏新志》
汉渠（源渠）	汉延渠上游段前身	《新唐书·吐蕃下》
尚书渠	汉延渠上游段前身	同上
高渠	艾山渠、昊王渠、今西干渠前身	《魏书·刁雍传》
七星渠	今七星渠原始渠道上段	《水经注》
蜘蛛渠	今美利渠原始渠道上段	同上

［资料来源：根据文献[19]–[23]整理］

在330km^{2}左右[24]。西汉政府还在宁夏平原大力推广先进的农业技术并改进农具，以促进农业生产："代田法"广泛传播，多处汉墓出土的铁犁铧、二牛抬杠图也说明铁制农具、牛耕都已普及。秦汉时期，宁夏平原"饶谷"，主要生产糜、粟等旱地作物[25]。

在畜牧业经营上，此地具有适宜的自然条件和悠久的经营历史。秦汉时期，畜牧业是该地区的主要经济产业。西汉政府十分重视官营畜牧业的发展，为了养殖优良的战马，提倡"造苑马以广用"[26]，在黄河的河心洲上设立河奇苑和号非苑两个牧师苑，还在水草丰美之地设立了若干个官营牧场，养殖大量牛羊。此外，西汉政府也十分鼓励民间养殖业的发展。经过几十年的经营，此地畜牧业较西戎时期又有较大发展，形成"牛马成群，农夫以马耕载，而民莫不骑乘"[27]之景象。

两汉时期，该地区农牧业的发展相互促进。一方面，牛耕技术的推广刺激了养殖业的发展；另一方面，牲畜数量充足也保证了农业的高效生产。灌区内实行农牧混合经营的模式：灌溉条件良好之地发展农业，无灌溉条件之地放牧养殖，军屯士兵与地区移民农牧并举，耕种与养殖并重[28]。

平原地景的首次变迁

随着灌溉农业的发展，宁夏平原的整体地景发生了较大变化。

人们在平原上开凿灌渠、种植作物，一定程度上改变了秦以前此地的疏林草原景观。与此同时，秦汉政府多次发布造林政令，号召民众栽植"桑果之属"，宁夏平原作为秦汉的新兴经济区，林地必然也有一定规模，这从同处河套地区的内蒙古和林格尔地区的壁画中可得到验证。和林格尔东汉墓壁画中的大量果树、桑树说明东汉时期桑果在边郡地带已十分普及，其中的《庄园图》生动地描绘了放牧、农耕、园圃、运粮、采桑、沤麻、制曲、碓舂、酿造等劳动场面以及城市、官署、庄园、集市、仓廪等建筑物[29]，真实地记录了河套地区农牧并重的社会图景（图1-4），展现了北部边疆地区独特的地域景观。宁夏平原与河套地区的自然气候相似，在相同的秦汉政令下，两地的社会面貌与地域景观应大致相仿。

防御为先的边疆人居建设

秦汉政府十分重视河套地区的开发，在大一统的制度下开展了以防御和屯田为导向的地区人居建设。秦朝通过外御强敌、内行教

图1-4　和林格尔东汉墓壁画《庄园图》
[图片来源：引自《和林格尔汉墓壁画》[29]]

化，建立了天下新秩序，于是，大一统实践下的营城范式也在边疆地区大力推广。在秦朝郡县制的影响下，宁夏平原迅速出现了明确的城市建制，并营造了与中原地区高度相似的城池。汉承秦制，随着灌溉农业的发展，出现成熟的"城居"形态，城市具有深重的中原文明烙印。

秦时，宁夏平原隶属北地郡。秦王朝设立富平县，管理移民和地区军事；并在平原南北地势险要处设神泉障和浑怀障，两障城借依山势或台地，守卫水路要塞。西汉改郡县制为郡国制，宁夏平原被划归于北地郡与安定郡管辖，分隶朔方和凉州刺史部。为了适应移民人口的激增，宁夏平原的县级行政单位增加至5个，除富平县外，新增了灵州、灵武、廉和昫卷4县[13]。此外，为了管理屯田事务，西汉政府还在平原中部的黄河西岸设立了南典农城、上河城和北典农城[30]3座仓城，作为粮食的集散与仓储中心。秦汉所建城邑大多集中于水土条件优良的黄河以东的平原南部，并形成了以富平县城为核心的地区城邑体系（表1-2）。

秦汉时期宁夏平原城市建置情况　　　　　表1-2

类型	名称	建城年代	位置	后续沿革
政治、军事复合型城堡	富平县城	秦代	大致位于今吴忠市关马湖农场一带	沿用至东汉
	灵州县城	汉代	位于黄河主河道（西河）与枝津围合形成的洲岛上，大致位于今吴忠市陈袁滩一带	后为北魏至唐宋的灵州城
	灵武县城	汉代	大致位于今青铜峡市邵刚堡西	后为北魏胡城
	廉县城	汉代	位于今平罗县崇岗镇暖泉村三队附近	沿用至东汉
	昫卷县城	汉代	大致位于今中宁县宁安镇古城子村一带	后为鸣沙州城
军事城堡	浑怀障	秦代	平罗县马太沟镇	—
	神泉障	秦代	吴忠市西至青铜峡峡口	—
屯田管理聚落	上河城	西汉	永宁县西南[21]	—
	南典农城	西汉	与灵武县城同治一地[21]	—
	北典农城	西汉	大致位于银川市掌政乡洼路村一带[22]	后为唐宋怀远城

[资料来源：根据《宁夏历史地理考》[31]《银川建城史研究》[32]整理]

依据少量考古资料和图像资料来看，秦汉时期宁夏平原的城邑营建有以下两个主要特点。（1）从宁夏平原及河套地区遗存的秦汉县城城址来看，秦汉边地城池的军事防御色彩较为鲜明。县城形态多为规则的方形或长方形，周长在1000~1500m范围以内，通常开2~3门。双重城垣是秦汉边郡独特的营城格局[33]，多数县城设内城，内城靠近外城一角或居中呈"回"字形。和林格尔汉墓壁画中的《繁阳城图》与《宁城图》十分清晰地描绘了双层城墙、衙署、民居、道路、祠庙、仓廪、树木等城市构成要素，突出了东汉时期河套地区县城的基本形制和主要城市意象（图1-5）。（2）城市设施较为完善。中卫、吴忠、贺兰等市县发现的汉代城址遗迹内均有建筑砖瓦、井圈和陶水管等[34]，表明两汉时期，宁夏平原的城市中已使用与中原相同的建筑材料，并建设了相对完善的城市供排水设施。

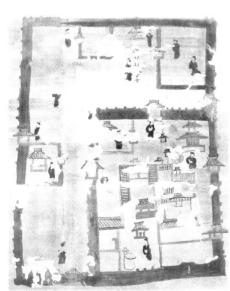
（a）《繁阳城图》

（b）《宁城图》

图1-5 东汉《繁阳城图》和《宁城图》
[图片来源：引自《和林格尔汉墓壁画》[29]]

第三节 南北朝至隋唐五代

曲折发展，民族融合

三国至西晋，宁夏平原先后被匈奴、鲜卑、羌等少数民族占据[5]，各部落展开割据战，多个政权先后短暂地统治了宁夏平原，其中，以匈奴铁弗部赫连勃勃建立的大夏政权最有影响力。

北魏结束了北方地区漫长的割据战争，恢复了北方的社会秩序。北魏政府移民实边，还将归降的少数民族安置在宁夏平原，使得地区人口数量激增。在此基础上，逐步恢复地区水利，发展农牧业。北魏后期，政权分立东西，宁夏平原划属西魏统治。此后，西魏又被北周所替代。在西魏、北周统治期间，宁夏平原又有大量人口迁入，行政建置单位随之增多，管辖范围向平原中部扩展。

历隋至唐，宁夏平原迎来了第二次开发高峰。隋唐时期，为防御突厥，政府通过屯田生产和设立军镇等举措推动地区发展。随着社会环境的安定，地区人口大幅增加，有大批回鹘、党项等少数民族到此定居，宁夏平原成为多民族交流融合的重要地区之一。

水利曲折变迁，河西灌区北拓

魏晋十六国两百余年的战乱使两汉时期建立的地区引黄灌溉系统濒于崩溃。北魏太平真君五年（444年），刁雍提出恢复平原灌溉水利的建议，认为"此土乏雨，正以引河为用"[22]，整修水利可扩大屯田生产。在刁雍的主持下，西汉高渠以北八里处开凿一条新渠——艾山渠。为增加艾山渠进水，刁雍命人在黄河西汉河与其河心洲间修筑了雍水坝（图1-6），使"小河之水，尽入新渠"[22]，水大时则从坝顶溢出。艾山渠建成后，取得了良好的灌溉效益。刁雍称："水则充足，溉官私田四万余顷。一旬之间，则水一遍；水凡四溉，谷得成实。官课常充，民亦丰赡"[22]。

隋政府对两汉、北魏时期的旧渠加以疏浚，初步恢复了地区的灌溉系统。唐政府一方面组织军民彻底疏浚前朝旧渠，恢复灌区基本面积；另一方面还在河西地区陆续开挖新渠，至唐中期，宁夏平原中南部已形成了由汉渠、七级渠、光禄渠、薄骨律渠、特进渠5条

图1-6 北魏艾山渠渠首平面示意图
[图片来源：作者自绘]

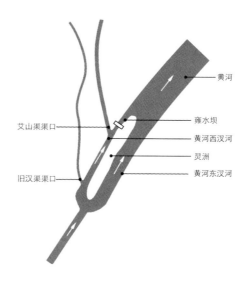

干渠贯通南北、支渠纵横连通的灌溉系统[25]（表1-3），这一灌溉系统已延伸至平原中部的怀远镇（今银川市）一带。

唐代疏浚和延长的汉渠是今唐徕渠的前身。由史料记载可知，唐代汉渠的渠系结构与今唐徕渠差异较大：汉渠北行四十余里处有一大湖，称为千金陂，"长五十里，阔十里"[34]，汉渠注入千金陂，再向下游放水灌溉，形成陂渠串联的水利结构；汉渠两侧还开胡渠、御史、百家等8条大支渠，构成了以汉渠为主干的灌溉网络，极大地促进了河西灌区的农业发展。

唐代宁夏平原主要灌溉干渠基本情况　　　　　表1-3

所属灌区	名称	大致位置	渠道描述	历史沿革
河东灌区	七级渠	回乐县南	—	西汉旧渠，今秦渠前身
	光禄渠	灵武县境内	—	西汉高渠疏浚延长而成
	薄骨律渠	回乐县南六十里	位于汉渠以西，"经（灵武）县西南四十五里"	以西汉高渠上游段为基础向东北开挖形成的新干渠
河西灌区	汉渠	灵武县南五十里	"从汉渠北流四十余里始为千金大陂""其左右又有胡渠、御史、百家等八渠"	北魏艾山渠旧渠道整修而成，今唐徕渠前身
	特进渠	待考	"长庆四年诏开，溉田六百顷"	可能为今汉延渠前身

[资料来源：根据《旧唐书》[20]《新唐书》[21]整理]

农牧消长与"塞北江南"

北魏几十年的水利建设，使屯田生产初具规模。史料记载，宁夏平原所产粮食不仅供给当地军需，还"运屯谷五十万斛付沃野镇，以供军粮"[22]；太平真君九年（448年），刁雍上书"求造城储谷，置兵备守"[22]，足见当时的粮食产量十分充裕。北周时期，大量南方人口迁入，带来了先进的水稻种植技术，带动了当地水稻的种植。隋唐时期，宁夏平原的气候处于温暖期[35]，有利于作物生长，且经过北魏、北周的经营，平原的农业生产继两汉之后再一次迎来高峰。唐代，平原农田规模与农作物产量有所提升，农业发展更为精深广布。此外，因地区的自然环境变化、农耕技术的提升、河西灌溉水利系统的发展，水稻种植逐渐普及。

不同于农业的时兴时废，畜牧业的发展更为持续稳定。经历了北魏半农半牧的经营模式，至隋唐时期，"多畜牧"仍是地区经济生产的显著特征，但官营畜牧业的重心已被转移至宁夏固原一带，平原区则以私人饲养马匹、家畜为主。畜牧业结构的调整意味着平原上牧场的减少，这对平原整体生态环境与地景格局产生了较大影响。

隋唐时期，随着河西、河东灌区内的渠道加密，大量灌溉余水在渠尾处汇集成湖泊，加上平原北部大面积的自然湖泊，构成了渠道纵横、湖泊美池、农田阡陌的水乡之景，唐代诗人韦蟾对此盛赞："贺兰山下果园成，塞北江南旧有名"[36]。《武经总要》亦记载了平原中部怀远郡的景观：

"有水田果园……置堰，分河水溉田，号为塞北江南"[37]。

林木系统重建，地景再次变迁

这一时期内，宁夏平原的环境变迁分作两个阶段：魏晋南北朝至十六国时期，社会混乱，军事活动与粗放的畜牧业生产对当地的生态环境造成严重破坏；北魏至隋唐时期，随着社会的安定与灌溉水利系统的重建，农牧业发展更为均衡，林木系统得以重建。

赫连大夏国重视桑、榆、果为主的平原林木栽种[38]。北魏政府更详细规定了农田内部植树的品种、数量等,二十亩(约666.66m²)的农田内需"种桑五十树,枣五株,榆三根"[39],并限定在三年内种完,北魏对林木资源的保护与再生策略使魏晋时期遭受破坏的平原林木系统得到迅速恢复。唐代,地区气候转暖,降雨增多,植被生长茂盛,贺兰山"树木清白,望如驳马"[34],连原本干旱的台地也有"绿杨著水草如烟"[36]的草木隆盛之景,加之唐政府要求农户广植榆、枣、槐等[40],这一时期,宁夏平原植被葱郁,绿意盎然。

以灵州为中心的郡县人居体系营建

北魏在宁夏平原设立了军政合一的薄骨律军镇,后改称灵州。北周时期,为了安置南方移民,宁夏平原增设普乐郡(治回乐县)、怀远郡(治怀远县)、历城郡(治建安县,原秦汉浑怀障城)和临河郡(治临河县),四郡辖区北至今平罗,南至今吴忠,包含了银川平原的大部分地区。隋代,宁夏平原隶属灵武郡管辖,下设7县——回乐县、弘静县、怀远县、灵武县、建安县、鸣沙县和丰安县[41]。唐承隋制,宁夏平原属关内道灵州治地,下辖6县,其中的回乐、灵武、怀远、保静、鸣沙5县都位于平原地区;此外,灵州总领黄河中游,唐政府在此并置了北方军事机构——朔方节度使,统领七军府,其中的经略军、丰安军和定远军屯驻于平原上。唐代宁夏平原的城市建置如表1-4所示。

唐代宁夏平原城市建置情况　　　　表1-4

类别	名称	级别	所属行政单位	位置
地方行政	回乐	州城	关内道灵州	今吴忠市利通区古城湾村西
	灵武	县城		今青铜峡邵刚堡西
	怀远	县城		今银川市掌政镇镇河堡
	保静	县城		今永宁县南望洪镇附近
	鸣沙	县城		今中宁县鸣沙镇
军事机构	经略军	军府	朔方节度使	今吴忠市利通区古城湾村
	丰安军	军府		今中宁县石空堡附近
	定远军	军府		今平罗县南姚伏镇附近

[资料来源:作者绘制]

南北朝至隋唐五代时期，宁夏平原以灵州回乐城为区域中心，管理4~6个县城和军城。隋唐时期，卫宁平原新设立鸣沙、丰安两城，银川平原中北部则成为中原移民的主要聚居区，城邑数量也有所增加。

隋唐时期，地区的中心城邑灵州不再以军事防御为单一职能，其景观与文化功能逐渐凸显。唐末，丝绸之路从原州（今固原市）改道灵州（今吴忠市利通区）后，唐政府在灵州一带设立了"互市"的边关市场，灵州作为丝绸之路要道上的新兴贸易城市，成为中西商旅和僧人往来的频繁之地。从当时中原和西域人口往来停驻的需求推测，灵州城内应设立坊市、楼铺等，商贸得到一定发展。且随着佛教的传入，灵州城内外相继建造多座寺庙、石窟[42]，宗教文化繁盛。此外，灵州道上还设有大量的商贸集散点，后续逐渐发展为城镇，如中宁、中卫等。

第四节 西夏

党项立国，偏居西隅

两宋政治经济重心南移，西北地区的军政地位下降，西北大部分地区动荡不定、发展缓慢，而宁夏平原在党项西夏政权的统治下，仍保持了相对安定的社会环境与稳定发展的农牧经济。

西夏与北宋的立国时间接近，然而党项族早在唐中后期至五代时期就已崛起。党项是古西羌族的一支，生活在"古析支之地"[43]，后历经多次部落更迭，形成以拓跋部为核心的八个部落[44]。唐代，党项各部归附中央，唐政府先将其安置于静边州（今甘肃省庆阳市），后迁移至夏州、银州之地（今陕西省靖边县、米脂县）[45]。由于长期与汉族进行经济和文化接触，党项族的生产技术和劳动经验得到提高，财富渐有积累[44]。在唐末黄巢起义战争中，党项拓跋部首领拓跋思恭协助唐军镇压起义军，并借平叛之功获封"夏国公"[46]，统辖夏、绥、银、宥四州。五代十国时期，唐末的藩镇割据，党项拓跋部采取"保存实力"的策略，持续发展。

北宋太宗时期,中央政权特别注意削弱地方割据势力。在此背景下,党项拓跋部首领李继捧主动献出四州之地,其族弟李继迁则反对附宋,带领部分党项人逃离至地斤泽(今内蒙古自治区巴彦淖尔)。此后的几十年中,李继迁与北宋朝廷展开多次战争,最终以武力收回了夏、绥、银、宥四州之地。公元1002年,李继迁率兵攻占了灵州[47],又"缮城浚壕,练兵积粟"[48],以图自立。李继迁之子李德明与北宋交好,一方面,采取休养生息的政策,大力发展农牧业,境内出现"有耕无战,禾黍云合"[49]的兴盛景象;另一方面,李德明向西控制了河西走廊,扩大属地,并将政治中心从灵州迁往了区位更优的怀远镇,改称兴州[28]。经过两代的经营,李德明之子李元昊具备了拥地自立的资本,他支持党项族的生产生活方式和文化习俗,积极吸收汉文化并借鉴北宋制度,营建都邑、大兴宫室、新订官制、创立文字、设立蕃学。最终于公元1038年,建立大白高国(史称西夏),定都兴州并改称其为兴庆府(今银川市兴庆区)[28]。在此后近190年的时间里,宁夏平原作为西夏京畿之地得到了稳定的开发。

灌渠稳定运行,三大灌区形成

西夏"地方万余里"[50],但国土大部分是草原与荒漠,可供农耕的"膏腴之地"十分稀少。为扩大农业生产,西夏政府着力经营平原灌溉水利,不仅疏浚恢复了汉唐旧渠,还在贺兰山东麓开凿了长150km、宽66m的昊王渠,确保了平原"灌溉之利,岁无旱涝之虞"[51]。

现存的西夏史料稀少,从《元史》中可探究西夏水利的建设情况。元代水利专家郭守敬到宁夏修浚旧渠时记载了当地古渠的基本状况:

> "西夏濒河五州,皆有古渠,其在中兴州者,一名唐来(徕),长袤四百里;一名汉延,长袤二百五十里。其余四州,又有正渠十,长袤各二百里,支渠大小共六十八"[52]。

元初，平原水利尚未恢复，郭守敬所见的12条干渠与68条支渠基本上就是西夏时期的灌溉水利系统。根据宋代文献[51]与明代方志考证[53]，西夏的12条干渠大致是河西灌区的唐徕渠、汉延渠、昊王渠，河东灌区的七级渠（又称秦渠）、汉伯渠（又称汉渠）和卫宁灌区的蜘蛛渠、石空渠、白渠、枣园渠、中渠、七星渠和羚羊渠。可见，西夏时期，宁夏平原的三大子灌区已基本形成：河东、河西灌区的渠系密集，卫宁灌区的渠系数量也有所增加。

西夏政府十分重视灌溉水利系统的维护，不仅精细地疏浚维护渠道，还设立完整的水利职官体系、制定成熟的管水用水制度，并通过立法严格保证灌溉制度的执行。在西夏中期发行的《天盛改旧新定律令》中，涉及水利管理的条例主要有"春开渠事""纳冬草条""渠水""园子"和"地水杂罪"5门40多条[54]。从这部律令可知，西夏渠系管理实行分级制度，对渠口、渠身、闸口等处进行分段管理，且在开渠、放水、岁修、派夫、用料等专项上皆有法可依，切实保证了水利系统的稳定运行。

兴农重牧，藩汉并蓄

经过几百年的发展，党项族已由游牧转为定居，并且在与汉族接触的过程中，不断学习农业生产技术。西夏立国后，统治者实行兴农重牧的发展方针，区域内的农业与畜牧业得到较快发展。

农业方面，西夏政府采取疏浚旧渠、开垦荒地、推广牛耕[25]、制定律令的策略，使灌区向北扩大，形成了以兴、灵二州为中心的灌溉农业区，《宋史》记载了西夏的灌溉农业发展状况："有古渠曰唐来，曰汉源，皆支引黄河"[51]。西夏的农业生产较为精细，灌区内运用了粮食作物分区种植的方法。在"地尽其利"原则的指导下，西夏人民根据平原的土壤性质、水资源优劣情况合理划分了耕种区：

> "麦一种，灵武郡人当交纳。大麦一种，保静县人当交纳……秋一种，临河县人当交纳。……糜一种，定远、怀远二县人当交纳"[54]。

分区种植引导粮食生产向专业化、区域化的布局转变，便于形成有序的用水制度，提高农作物产量。分区种植也使平原整体的农业肌理产生了较大的变化。

牧业方面，在法律与蓄养技术的支持下，西夏畜牧业持续发展，占据着国家经济结构的较大比重。《天盛改旧新定律令》中有7.3%的法令都与畜牧业有关[56]，这些条例严格而具体地保证了畜牧业生产的秩序。引黄灌区水草丰美，能为牲畜提供充足的饲料。在大面积阡陌纵横的农田中，也多有畜牧业生产，"畜兽多居，四畜中宜马，多产驹"，湖沼地中亦有"畜类饶益"[55]。庆历和议后，宋夏边界设立了专供贸易的榷场与和市[44]，在双边的商贸中，西夏出口的畜牧业产品占据多数，大量马匹、毡毯等被运至关中、陕北和陇东地区销售，足见地区畜牧业之盛。

地景格局延续，生态环境良好

西夏时期，宁夏平原的气候转为干凉，旱灾频发[56]，地区农牧业与植被生长受到一定影响。但贺兰山"冬夏降雪，日照不化"[55]，山地生态环境仍然良好，山谷"种林丛、树果、芫荑及药草；藏有虎豹鹿獐"[56]，山中多泉水、溪流，草木茂盛，山中也放养牦牛、羊等牲畜[57]。依托于优良的山林环境，西夏统治者在贺兰口、苏峪口等山谷处营建离宫、皇室狩猎区和皇家佛寺[58]。

平原的开发仍然延续农牧结合、粮草并重的模式，引黄灌区中，农田与牧场相间分布。西夏政府还十分重视植被保护，将造林写入法律条文，规定"沿唐徕、汉延诸官渠等租户、官私家主地方所至处，当沿所属渠段植柳、柏、杨、榆及其他……令其成材"[54]。为了满足水利与城池的建设需求且防止林木被过度砍伐，政府按照土地亩数向农夫征集木料。在此律令下，民众大多会自觉地在租地附近栽种"自属树草""于屋地旁建园地苗圃"[54]。

中心北移、格局初定的城邑发展

西夏政权在地区人居建设上不仅保留本民族特色，还借鉴唐宋文化，在城池营建和人居景观上表现出蕃汉并蓄的特点。西夏立国后，设立都城及各级州城，多座城邑稳定地发展了190余年，这使得宁夏平原的城市开发建设达到了前所未有的高度，同时也开启了新的城市发展格局。

西夏地方行政建置有府、州、军、郡、县，其中，府是最高级行政单位，州次府一级，郡为番夷聚居地区的特殊建置，军是拱卫京畿的军事建置[56]。兴庆府为国都，西平府灵州为陪都，另设州22个，位于宁夏平原的有静、顺、定、怀、永5州[56]（表1-5）。西夏的行政建置改变了一直以来黄河两岸东重西轻的军事、政治以及经济文化布局[59]，兴庆府代替军事重镇灵州成了区域的中心，并在此后近两个世纪中，成为西北地区的经济人文中心。

西夏中期宁夏平原主要城市建置情况　　　表1-5

城市	行政级别	所属行政单位	位置
兴庆府	都城	—	今银川市兴庆区老城
西平府	陪都	—	今吴忠市利通区古城湾
保静	州城	静州	今永宁县东南，州治即为汉代上河城、隋唐保静县
灵武	州城	顺州	今青铜峡东北部，汉代灵武县城、南典农城之地
定远	州城	定州	今平罗县姚伏镇一带，原为唐定远军城，北宋定远镇
怀远	州城	怀州	今银川市兴庆区掌政镇洼路村附近
临河	州城	永州	今永宁县东北部

[资料来源：作者绘制]

为加强畿辅地区的军事管理，西夏政权以都城为中心，排布了12个监军司[56]，构成畿辅防御体系。在国都周边，还有许多为皇家服务的场所，如贺兰山东麓的皇家寺院、陵园和多处皇家林苑、园林、大型宫殿等。此外，西夏全民信奉佛教，大小佛寺、佛塔遍布京畿，构成气势恢宏的佛教建筑群，成为地区的一大特色。在军事防御、游憩需求与精神信仰的驱动下，西夏统治者在宁夏平原建立了以宫城、皇城为中心，以州、县、军镇为护卫，以众多水津陆关为交通枢纽以及以寺院、园林为地标的人居景观圈。

图1-7 西夏省嵬城遗址卫星图
［图片来源：作者自绘］

省嵬城是西夏城池中少数遗址尚存的城邑，从中可一窥西夏军事城池的营建特点。省嵬城是北地中军司驻地，与右厢朝顺军司所驻的克夷门和白马强镇军司所驻的娄博贝形成三足鼎立之势[60]，拱卫于兴庆府之北，防御辽、金的进犯，在京畿平原防御系统中占据重要地位。省嵬城建于天圣二年（1024年）春[61]，位于今石嘴山市惠农区庙台乡省嵬村东南500m处（图1-7），城近方形，总面积约36hm^2，东、南墙各开一门，门前筑瓮城[62]，城四周有宽1m的护城河。田野考古于城门附近发现大量鸱吻、砖瓦、瓷器等，但城内未有砖瓦等建筑构件[44]，这与《宋史》中"夏俗皆土屋，唯有命者，得以瓦覆之"[51]的记载相符。

党项立国后，部分民众仍保持居"族帐"的习俗。"族帐"的形式由游牧时期的易于拆卸式改为了"栋宇"式，木结构上常"织毛罽以覆之"[63]。西夏"所居正寝，常留中一间，以奉鬼神，不敢居之……主人乃坐其傍"[64]。而《天盛改旧新定律令》还规定，官民宅第"不准装饰莲花瓣图案，禁止用红、蓝、绿等色琉璃瓦作房盖"[54]，因此西夏的民居建筑朴实无华，以自然色为主。

第五节　元明清至民国

政治环境稳定，地区职能转变

西夏灭亡前，京畿地区遭受地震、兵乱和屠城，大部分城市沦为废墟[5]，居民逃散，地区水利系统"废坏淤浅"[65]。元初，忽必烈平定了浑都海叛乱后，着手恢复宁夏平原的社会秩序，派遣郭守敬至宁夏平原，修浚了西夏旧渠[52]，开辟新渠，并推广用以调节水量的"牐堰"技术[53]；统治者还大举移民开展军屯，召回原西夏"避乱之民"垦殖土地[66]，基本恢复了地区灌溉农业生产秩序。

元政府通过发展交通加强对全国的统治，宁夏平原的交通系统随之产生较大变化。其一，开通了古丝绸之路的宁夏平原新干线，中亚、西亚的商旅僧人可沿河西走廊进入宁夏省城（今银川市），再经河套、大同和居庸关至大都（今北京）[5]，这条路线代替了盛唐时期经固原至长安的丝绸之路；其二，大力发展平原陆驿与黄河水驿，扩充了驿路规模与驿站数量。交通的发展带动地区商业的兴盛，促进了宁夏平原与外部世界的商贸文化交流，如马可·波罗赞扬宁夏平原的毡制品"为世界最丽之毡"，能远销西方各国[67]，平原的青盐和药材也都被运往中原各地销售[5]。此外，回族居民逐渐在此地形成规模。早在唐中期，一部分阿拉伯与波斯的使臣、商人和工匠就来到宁夏平原定居、繁衍，形成早期的回族先民。13世纪，蒙古大军三次西征后，将大批被征服的中亚、西亚穆斯林编为"探马赤军"，将其中一部分留在宁夏驻屯，他们繁衍生息，成为本地的回族居民[68]；元代，宁夏平原的回族人口数量大幅增加，有"元代回民遍天下，居陕、甘、宁者尤众"之说。在宁夏回族聚居的区域，伊斯兰教也得到广泛的传播。

明代，为对抗蒙古北元，明政府依托长城设立九边重镇，其中的宁夏镇负责管理宁夏平原军务，兼理地方的行政与屯田事务[69]。为发展屯田，明政府"徙五方之民以实之"[70]，兼行军屯与民屯，并引入江南先进的稻作技术；积极疏浚旧渠、改进水利工程，还开凿新渠，扩大了卫宁灌区的面积。以上措施使地区人口数量激增，屯田生产规模创历史新高[25]，农业在平原经济中的占比大幅增加。大规模军事防御设施的营建也强化了西夏以来的平原城邑格局，延续并丰富了宁夏平原的地域景观。

满清入关后，清军平定了边疆少数民族叛乱，彻底解决了长期困扰宁夏平原社会安定与经济发展的民族争端[5]，宁夏平原由以往的北境军镇成为中原腹地，军防职能有所减弱，而经济建设逐渐成为地区发展重点。清政府十分重视地区水利，多次拨款疏浚旧渠，并继汉、唐后第三次新开大干渠[71]，一举奠定了宁夏平原近现代灌溉水利系统的骨架，有效提升了水利系统的均衡性与协调性，使平原灌区面积达到历史最高水平[72]。清代持续的水利建设与屯田开发，加快了地区开发进程，促使平原的经济贸易、城乡建设迈上新台阶。此外，清代，地区人口结构趋于稳定，逐渐形成以汉族为主体，回、蒙、满族聚居的人口构成，稳定的人口有助于地区的稳定发展与地域文化的形成，促使地域景观体系成型。

民国时期，国家多难，地方不宁。初期，宁夏省政府基本延续明清时期的地区开发模式，整修水利并开垦湖滩地，取得了一定成效[73]。然而，民国后期，社会动荡混乱，地区农业生产与经济发展濒于崩溃。

水利持续开发，灌区规模扩大

元中统元年（1260年），朵儿赤率军民"塞黄河九口，开其三流"[74]，恢复了3条较易疏浚的灌渠。随后，郭守敬开启大规模的水利修复，他"因旧谋新，更立堰堨"[75]，以大木制作进水闸，闸"坝桥梁……工作甚精"[75]。至元三年（1266年），郭守敬所浚的西夏古渠"皆复其旧"，灌溉水利重获新生。

从明洪武时期开始，明政府在50余年内对宁夏平原的灌溉水利进行了多次整修。至明宣德末年，除昊王渠外，西夏时期的11条古渠全部恢复灌溉，可溉田12380顷（约760km^2）[76]。明中后期，为了加固唐徕渠、汉延渠、秦渠和汉渠等主要干渠的进水闸，原来的木闸被换为石闸[77]。此外，在卫宁灌区，明政府陆续开凿了贴渠、石灰渠、羚羊角渠、羚羊殿渠、柳青渠、夹河渠和通济渠7条新干渠（表1-6），使水浇地新增了约75km^2，卫宁灌区面积约140km^2 [25]。

明代宁夏平原卫宁灌区新开灌渠情况　　　　表1-6

时间	名称	渠道情况	成效
嘉靖时期	贴渠	黄河北岸中卫市西南，长约27.6km	溉田14.7km²
	石灰渠	卫宁灌区黄河北岸广武堡，长约49km	溉田10km²
	羚羊角渠	卫宁灌区黄河南岸常乐堡附近，长约27.6km	溉田2.7km²
	羚羊殿渠	卫宁灌区黄河南岸永康堡附近，长约26km	溉田17.3km²
	柳青渠	卫宁灌区黄河南岸旧宁安堡一带，长约20km	溉田18.9km²
	夹河渠	长约15.6km	溉田9.3km²
万历四十四年（1616年）	通济渠	自张恩堡之西南三道湖开口，"引水绕堡东流，至高家嘴子入河"，长约23km	溉田1.6km²

[资料来源：根据《万历朔方新志》[76]整理]

清代，统治者充分认识到："宁夏乃甘省要地，渠工乃水利攸关，万姓资生之策莫先于此"[78]。康熙、雍正、乾隆时期，清政府多次发帑银全面整修引黄灌区，尤其重视唐徕、汉延、美利、七星等大型干渠的改造与重建。陆续完成了改建渠口、新建闸坝、拓宽和延长渠道、清淤疏滞、以石甃底、修复暗洞、创建环洞等工程，极大地提升了渠系的灌溉效益。清政府还积极开凿新渠：在银川平原开凿大清渠、惠农渠和昌润渠3条干渠，在卫宁平原新开新北渠、顺水渠等数条干渠。经过清代三朝的大规模水利建设，宁夏平原形成了23条干渠和数百条支渠纵横交错的灌溉水网，广大而精密的人工水利之盛，"未有如斯者也"[78]，至清嘉庆时期，宁夏平原的灌溉农田面积已接近22000顷（约1350km²）[79]。此后，随着清朝国力衰退，由国家组织的水利营建活动大幅减少，转为官督民办的方式，而民力甚微，大型干渠的修浚成效欠佳。

清朝末年至民国初年的几十年间，经过不懈努力，宁夏平原的水利系统基本得以恢复，宁夏省政府还陆续新开了若干规模较小的渠道，如云亭渠、滂渠、复盛渠等，民国初期的灌溉面积达19200顷（约1180km²）[16]。在近代科学技术的支持下，宁夏省政府对宁夏引黄灌区展开测量，首次得到了较为精确的地形图[16]，并重新规划了平原的排水系统[80]。民国时期，宁夏平原的水利管理制度更为完善，各水利管理部门分工明确，各司其职[80]。

农业主导，多样化种植

元代，随着灌溉水利的恢复，屯田逐渐发展。明政府在宁夏平原实行大规模军屯，农田面积大幅增加，至明弘治末年（1505年），屯田面积已达1110km^2，有"天下屯田积谷，宁夏最多"[81]之说。清雍正时期，河西灌区新开惠农、昌润二渠，带动了平原北部的农业开发，平原下游的河滩地——插汉拖辉地区由牧地转为新垦农田；七星渠的疏浚则使卫宁平原的白马滩重垦为农田。至清嘉庆时期，宁夏平原引黄灌区的耕地面积已超1350km^2 [72]，较明代增加240km^2。民国中期，灌区规模又有所扩大，民国二十六年（1937年），宁夏省地政局使用现代测量技术，首次较为准确地测出灌区的农田共计3100km^2 [82]。

明清以来，平原的作物种植类型更为多样化。水稻、小麦、大麦、青稞、糜子、谷子、豌豆、蚕豆和扁豆等粮食作物较为普遍，水稻种植面积进一步扩大，产量颇丰，这从当地"食主稻稷，间以麦"[83]的粮食结构可以看出。当地种植的蔬菜和水果品种也较为丰富。

明清时期，宁夏平原的农业取代畜牧业成为平原经济的支柱产业，牧业的衰落体现在生产重心的转移和牧地面积的缩小。明代，平原上只有灵州草场等少量的湖沼草滩可作畜牧之地，牧场还必须与农区严格区分，"照所分地定立疆界，不许侵越"[84]。明后期，土地兼并严重，平原的草场被开垦为农田，牲畜锐减。清初，清政府为了削弱抗清力量，禁止民间养马[25]，虽鼓励其他牲畜的饲养，但随着大面积水草丰美的滩地、草地被开垦为农田，平原也失去了放牧条件，只能转为舍饲[25]，于是当地人民只能调整畜牧结构，增加羊的养殖，养羊业得到较快发展。

地景再次变迁，生态问题凸显

元初，忽必烈重视林业的发展，规定"每丁岁种桑枣二十株。土性不宜者，听种榆柳等，其数亦如之。种杂果者，每丁十株，皆以生成为数"[85]。在元政府的倡导下，宁夏平原的植被系统保持比较平衡的状态，枣树的种植十分普遍[25]。

明初，明政府重视林木种植并严禁滥伐，平原上有"东西处处人栽树""田间植柳护衡门"[86]的景象。藩王及守边的总兵、将领等拥有大规模的私人果园，园中桃、杏、李、梨、葡萄、樱桃等果树繁茂。但在明中后期，因大量修筑军防工事，灌区内树木被过渡采伐，山地植被也遭到严重破坏。宁夏佥都御史金濂在军事考察时记录："贺兰山……往者林木生翳，骑射碍不可通"，而如今"官校多倚公谋私，深入斩伐，至五六十里无障蔽"[87]，贺兰山东麓森林被破坏的程度可见一斑。至明后期，大规模无序的烧荒与农垦活动，进一步导致了土壤沙化，肥力下降，平原环境逐步恶化。

清政府提倡尽山泽之利，"不独以农事为先务，而兼修园圃、虞衡、薮牧之政"[88]，各州县路旁、水涯和田畔，种植榆、柳、槐、杏等，种植最多之处有"灵州、宁夏（此处指宁夏县，即今贺兰县）、中卫、平罗"[89]。清初近百年间，宁夏平原还大力营植护渠林，各古干渠两侧"沿岸植青杨垂柳，春夏之交，渠流新涨，千株挂绿，翠色涵波"[90]，村庄附近更是"缘村树色青，半坡山影绿"[91]。平原上果林的种植规模也很大，清《宁夏府志》记载"南麓果园……多植林檎，当果熟时，枝头给碧，累累连云，弥望不绝"[91]。此外，宁夏平原中贯黄河，湖泊众多，是发展渔业的良好场所。"各县河渠湖泊及黄河干流，均产鲤鲫，每年三年河冻初解，捕获最盛。"[92]繁盛的渔业生产也构成了一道独特的地域风景，清《宁夏府志》记载了宁夏平原的捕鱼景象："每于浊浪土崖间见蓑笠渔人，苇蓬小艇，举网得鱼"[91]。

明清时期，大规模的农田开垦与人居建设带来若干环境问题。一，加剧土壤沙漠化。北魏时期，宁夏平原就已有局部土地沙化现象，《魏书》记载，"（薄骨律）镇去沃野八百里，道多深沙"[22]。土地沙化在明中后期加剧，植被滥伐、粗放的烧荒、过度的放牧与樵采等[93]，导致灵盐台地的沙地面积越来越大。二，加剧土壤盐渍化。宁夏平原中北部地势低洼，存在原生盐化土壤，唐宋时期，通过开沟排水、种稻洗盐的措施在一定程度上改良了土壤盐渍化。但明清时期，农垦强度增加，土壤盐渍化问题再次凸显。明万历时期，盐渍化土壤达到25%左右；至清乾隆时期，这一比例已超过30%[94]。三，大规模的人居营建导致山区的森林采伐过渡，贺兰山浅山区的林木数量锐减，山地生态系统遭到破坏。

城邑迅速发展，乡居体系稳定

元代设立地方行省，划分路、府、州、县四级行政机构。从元中统二年（1261年）开始，元政府对宁夏平原的建置进行了多番调整，先后划归西夏中兴行省、宣慰司、中兴路、宁夏府路管辖，而"宁夏"之名也首次出现在历史记载中，意为"西夏之地安宁"。宁夏府路下辖5州3县，分别为中兴州（宁夏府路，今银川）、灵州、鸣沙州（今中宁县一带）、应理州（今中卫市一带）和定州（今平罗县一带）以及怀远县、灵武县和河渠县[95]。

明初，朱元璋先在宁夏平原设立宁夏府，后为了加强地区防御，改设为军政合一的宁夏镇。终明一代，宁夏平原实行都司卫所制与总兵镇守制并置的军事制度，在军事的重要位置设卫，次要位置设所[96]。宁夏镇共辖7卫、35千户所[97]，其中，宁夏卫、前卫、左屯卫、右屯卫、中屯卫5卫同驻宁夏镇城（今银川市兴庆区）、中卫驻中卫城（今中卫市沙坡头区）；重要的千户所有灵州守御千户所（今灵武市）、平虏千户所（今平罗县城关镇）等。出于屯田生产需要，平原上还建立了数量众多的基层管理单位——屯堡。屯堡负责军事防御与农业生产组织，构成了宁夏平原历史上较为特殊的居住单元。

清雍正时期，宁夏卫被改立宁夏府，宁夏平原恢复了府、州、县的行政建置。宁夏府设4县1州（表1-7）：明宁夏左屯卫改置宁夏县，明宁夏右屯卫改设宁朔县，明宁夏中卫改为中卫县，明平虏守御千户所改为平罗县，明灵州守御千户所改为灵州[94]。

元明清时期，宁夏平原的城市建置有以下特点：一，城市体系承接西夏，延续了以银川城为中心的城市体系，为近现代宁夏平原的城镇格局奠定了基础；二，灵州建置得以保留并被确立为河东灌区的中心城市；三，县城数量基本维持在5~6个。

清代宁夏平原主要城邑建置情况　　　　表1-7

建置	行政级别	县域范围
宁夏城	府城	今银川市兴庆区
宁夏	县城	今银川市贺兰县
宁朔	县城	今银川市永宁县及青铜峡市
中卫	县城	今中卫市沙坡头区
平罗	县城	今石嘴山市平罗县
灵州	县城（州级）	今灵武市

[资料来源：清《乾隆宁夏府志》[72]]

这一时期，宁夏平原的营城实践与中原地区保持同步，既保留了城市的军事防御职能，又加强了城邑的经济和文化建设。

在经济发展上，明清至民国时期，宁夏平原是甘青宁地区的重要贸易集散地，商贸发展繁荣。明后期，区域的政治环境相对稳定，宁夏平原多地的集市蒸蒸日上，各卫所城内已有坊市出现，如宁夏镇城在明弘治时期已有28坊，后又增加了4坊，坊市内的商品分类明确。至清代，宁夏府城的坊市归并为6坊，主要销售生活、文化用品，城内"人烟辐辏，商贾并集，四衢分列，阛阓南北，藩夷诸货并有"[98]。清末民国时期，平罗、灵武、中卫诸城则"多就通衢贸易"[98]；而距县城较远的村堡，"或以日朝市，或间日、或数日一市，或合数堡共趋一市"[98]，如灵州的花马池、惠安堡，中卫的宁安堡等地，"当孔道，通商贩，其市集之盛，殆与州邑"[98]。此外，宁夏平原的对外贸易也十分繁荣。明政府在长城附近开设官督民营的"互市"，开展"茶马贸易"和"绢马贸易"[99]。清末以来，来自青藏、河西、河套等地的回、蒙、藏、汉各民族商品在宁夏平原集散[100]，吴忠堡、平罗城等地因商贸而繁荣。如清末吴忠堡借助黄河水运码头的区位优势，逐渐成为地区商贸集散地，堡内设立"经济牙会"和"农民交易所"[99]，鼓楼街、石桥子等处店铺林立，热闹非凡，至民国末年，堡内已有坐商和客商的商号73家[101]，而借助商业的兴盛，吴忠堡也逐渐发展为宁夏地区的重要中心城镇之一。

在文化建设方面，随着佛教、道教和伊斯兰教的发展，宁夏平原地区衍生出独特的精神空间。元代，统治者大力扶持藏传佛教，《红史》记载，活佛噶玛拔希"到西夏地方，修复了以前的佛殿和寺院，委任了主持"[102]；明代，宁夏镇城内专门设番僧僧纲司和汉僧僧纲司，管理佛教事务[53]。在历代鼓励佛教发展的背景下，各城邑内外修建了众多寺庙，佛事活动频繁，佛教文化成为地区文化的重要组成。元明清时期，宁夏平原的道教也十分盛行，大多城邑中都修建了玉皇阁、武当庙、三皇庙等道教宫观；有些道观还与佛寺结合在一起，如中卫高庙、石空寺、龙宫等，这也是本区将佛道信仰并立的创造性之举。信仰伊斯兰教的回民围清真寺而居，以教坊作为其社会生活和宗教活动的单元。明代，城市中出现回族教坊，专设伊斯兰教的信仰空间，如宁夏镇城围绕回纥礼拜寺逐渐形成城东南的回族教坊[103]。

随着城邑经济与文化的发展，城邑的景观体系逐渐确立：随着地区教化的深入，城内景观建筑和宗教建筑增加，文庙、书院成为各城市的标志性建筑；城市营建更注重精神空间的塑造，寺观坛祠、奎文阁、鼓楼等振兴教化的建筑大量涌现；城内外景观意象增加，景观视线逐步丰富，城邑与城郊"自然—人工"环境的关系更为密切，诗化和人文化的城邑风景逐渐形成。明清营城实践凝结了地区人居营建的智慧，且保留了较多的史料、图像和城址遗存，将作为重点在本书下一篇中详细展开。

明清的政治环境与灌溉农业生产促使乡村聚落系统稳定发展。与城市相较，宁夏平原堡寨型村落的密度、分布规律与选址都与灌溉水网的关系更为密切，其特点将在后文中详述。

第六节　宁夏平原人居演进特点

循序渐进的水利开发

灌溉水利的开发推动了宁夏平原由牧区转为农区。对气候干旱、降雨稀少、地表径流量很小的宁夏平原而言，灌溉水利的开发催生出一个相对稳定的水文单元，确保农业生产与定居生活的稳定开展，这对地区的经济发展和人居建设具有重大意义。宁夏平原的水利开发经过历代的持续累积、稳定推进，形成了适应当地地形与水文条件的灌溉系统（图1-8）。

西汉时期，汉武帝令人在宁夏平原开凿了7条大型的引黄灌渠，集中在银川平原南部的青铜峡一带，水利建设带动了地区灌溉农业生产，并为后世开渠积累了经验。隋唐时期，在西汉旧渠的基础上，

图1-8　宁夏平原人工水利演变图
[图片来源：根据《宁夏省水利专刊》[80]、《宁夏引黄灌溉小史》[16]《宁夏水利志》[71]《万历朔方新志》[75]《乾隆宁夏府志》[104]等绘制]

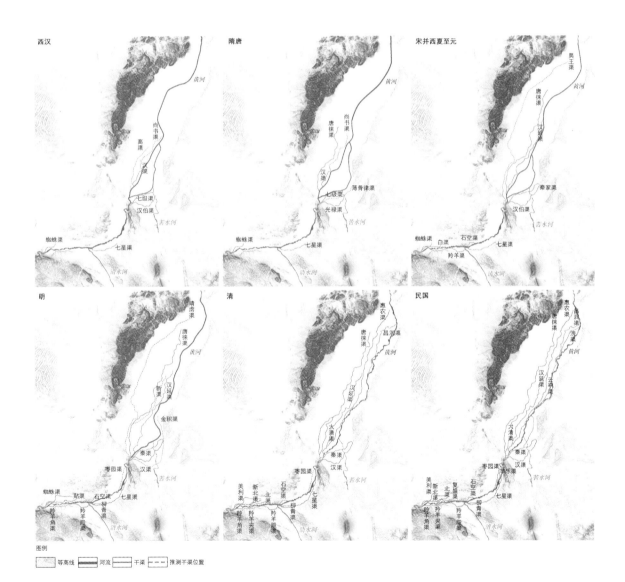

数条干渠向平原北部延伸，河西灌区的规模进一步扩大；围绕汉渠开挖了8条大支渠，灌溉水网密度增加，为水稻的种植提供了适宜的条件。西夏时期，党项人不遗余力地整修水利系统，拓展旧渠，开凿新渠，形成了包含12条干渠、68条大支渠在内的完备的灌溉系统，覆盖了广阔的宁夏平原，基本形成了河西、河东和卫宁3个大型的子灌区。明代，当地整修与疏浚旧渠，以石闸代替木闸，并整修各大干渠的渠首工程；在卫宁灌区开凿小型干渠，在宁夏平原河西灌区开挖大支渠，进一步提高了平原灌溉系统的输水与灌溉效益。清代康熙、雍正、乾隆三朝，全面整修已有的灌渠工程，并在河西灌区新开3条大干渠，至此，灌区的干渠数量增至23条，支渠纵横交错，灌溉水网密集，灌溉农田的规模达到历史新高。民国时期，政府延续了清代的灌溉系统，并新开若干小型干渠；还利用天然沟道、明清排水故道等，重新规划并建成整个灌区的排水系统，使得灌排一体，循环往复、畅通无阻。

在历代对宁夏平原水利系统的开发与建设中，西汉、唐、西夏和清四个时期，举全国之力，开凿大型干渠，分别开创、延续、发展和奠定了宁夏平原引黄灌溉系统的格局。同时，随着灌溉系统的扩大，地区的农业生产总量、经济发展模式、土地利用方式、人居营建格局和地域景观特征都受到了深远的影响。

此消彼长的农牧经济

宁夏平原位于400mm等降水线附近，属于我国北方农牧交错带的一部分，区域内水草丰茂，适宜畜牧，尤其经过了西戎几百年的游牧经营，地区畜牧业生产水平较高。随着西汉引黄灌渠的开挖，地区的灌溉农业生产规模逐渐扩大，至清中后期，农业已彻底取代畜牧业成为平原经济发展的支柱产业。历史上，宁夏平原的开发伴随着农业、牧业的更迭，先后经历了史前至秦汉的牧业主导、南北朝至隋唐的农牧消长、西夏至元的农牧并重和明清至民国的农业主导四个发展时期（图1-9）。

秦代，小规模的旱作农业在宁夏平原萌芽，而畜牧业是该地区的主要生产形式，史料中类似"牛马布野""牛马羊数千头""牛马

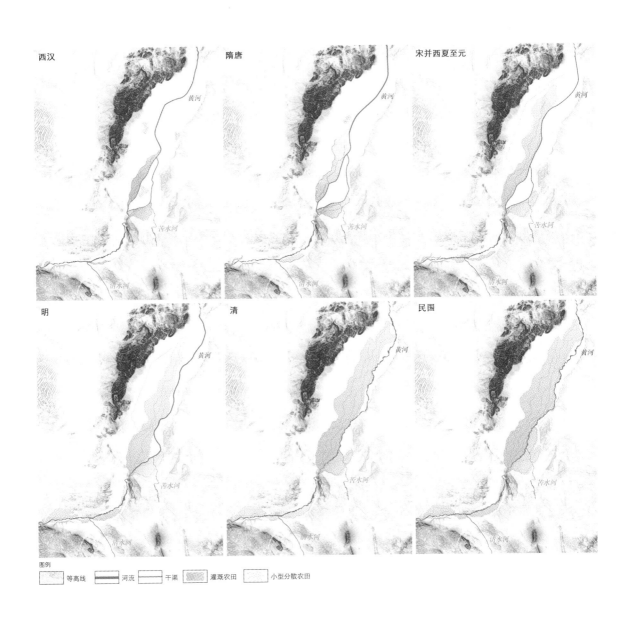

图1-9 宁夏平原农田分布演变图
[图片来源：根据《宁夏农业史》[25]《宁夏省考察记》[73]绘制]

衔尾，群羊塞道"[9]的记载比比皆是。西汉时期，地区的灌溉农业得到一定发展，灌区集中在银川平原南部的河东与河西地区。总体而言，秦汉时期，地区经济仍以畜牧业为主，战马和牛羊的饲养是畜牧业发展的重点。

南北朝至隋朝，宁夏平原先后被多个政权统治，地区的水利时兴时废，农业与畜牧业的发展此消彼长。直至唐代，平原中部的湖泊涠出面积增加，加之引进了南方先进的稻作技术，在河西灌区完善的灌溉水利系统支持下，灌区向平原中部延伸，农业得到了较快的发展。

西夏和元朝，宁夏平原由两个马背民族所统治，统治者重视畜牧业发展，同时在长期与汉族的接触中，也认识到农业生产的重要性，因而整修水利，发展屯田，农业生产占了经济生产的较大比重。

明清至民国时期，随着灌溉水利的建设，灌区面积逐渐扩大，至清代，农业已成为该地区的主导型产业，而牧业生产被转移出平原地区。伴随农业的发展，林业、渔业和园艺业也得到了一定的发展。

三次变化的地景格局

人类在土地上进行着长期而持续的建设活动，经历了"依赖—调适—改造—破坏—共生"的过程，这对宁夏平原的生态环境产生了深刻的影响。随着水利建设、农牧开发、人居营建等活动的深入开展，区域整体地景格局发生了三次较大的变化。

农牧业的更迭和林业的兴衰对地景格局变化的影响最为深刻。第一次地景变化发生在两汉时期，由于灌溉农业的介入，宁夏平原由秦以前较为封闭的疏林草原景观转变为牧场占多数、农田局部分布的景观。第二次地景变迁发生在隋唐时期，此时水利系统扩展、农田面积增加和果树林木大量栽种，使银川平原的中南部地区转变为林田交织、渠湖环绕的灌溉农业景观，加之水稻种植的普及，灌区内形成了水旱兼营的丰富农业景观；而非灌区仍是湖塘密集、水草丰隆的牧区景观，整个宁夏平原形成农牧景观相间式分布的格局。第三次地景变迁在明清时期，此时灌溉水利系统趋于完善，宁夏平原屯田规模更大，许多河滩地被开垦为农田，牧业生产重心退出平原，少量牧业定点分布，宁夏平原基本转变为西北地区的精耕灌溉农业区；在政府的倡导下，灌区内形成一定规模的护渠林和小型林圃，平原地区的干渠两侧林木茂盛，果林颇具规模，农田与林网相互交织；加之渔业、园艺的兴盛，"塞上江南"的农业景观更为丰富多样。

地景格局的转变从侧面反映了宁夏平原历史上重要的建设内容，包括水利系统的建设与完善、多种农业的发展、林木系统的建设等，从宏观的空间变化折射出长时段下人对土地的作用结果。

有序发展的人居体系

伴随着宁夏平原的生产方式由牧转农，人居营建也在持续演进。人居营建随着灌区的扩大而拓展，且城市体系逐渐完善（图1-10）。

西夏以前，该地区的城邑发展虽在秦汉、北周和隋唐时期取得一定成就，但仍有较大的局限性。一方面，宁夏平原处于农牧交错地带，战争频发，加之黄河改道，城池时修时迁、时兴时落，城市发展曲折而缓慢。另一方面，宁夏平原远离中原的政治中心，并非历代着力经营的"基本经济区"，城池的最高级别是州城，大多只是县城建置，城邑发展具有被动性；且城邑以军事防御与屯田生产为主要职能，具有鲜明的军事色彩。

西夏立国后，设立了国都与陪都，都城的规模虽不能与同一时期的汴梁、开封等城市相比，但城市建设水平在宁夏地区前所未有，城邑的职能集政治、经济、军事、文化为一体。西夏以兴庆府（今银川市）为国都，形成了以平原中部为中心的城市群分布格局，这一格局最大限度地整合了地区的山川防御功能和水土资源。

明清时期，在大一统王朝的超级影响力下，宁夏平原孕育出类型更为丰富、布局更为成熟、营建更有特色的城市群。城市的职能较为复合，往往兼具防御、经济和政治的功能；城市群分布延续西夏时期的基本格局，形成了以银川为中心，以中卫、灵州、平罗为次中心的分布格局；城市文化塑造得到重视，重教化与兴文风是营城的重要手段之一，通过特色景观的挖掘或塑造，基本确立了城市的景观体系，城市的发展进入了较为成熟的阶段。

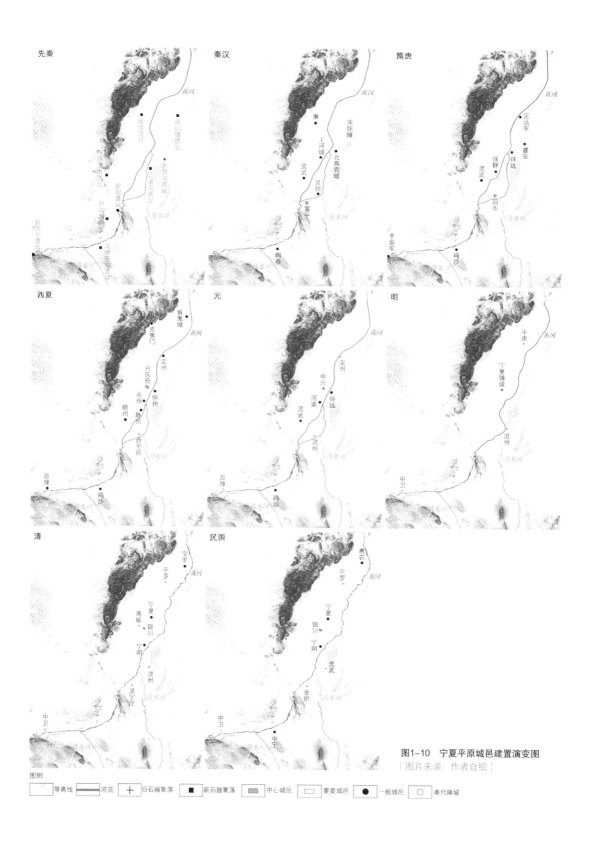

图1-10 宁夏平原城邑建置演变图
[图片来源：作者自绘]

参考文献

[1] 高星，王惠民，裴树文，等. 水洞沟：2003—2007年度考古发掘与研究报告[M]. 北京：科学出版社, 2013: 10.

[2] 钟侃. 宁夏青铜峡市广武新田北的细石器文化遗址[J]. 考古, 1962, 8 (4)：170-171.

[3] 宁笃学. 宁夏回族自治区中卫县古遗址及墓葬调查[J]. 考古, 1959, 5 (7)：329-331, 349.

[4] 国家文物局. 中国文物地图集·宁夏回族自治区分册[M]. 北京：文物出版社, 2010.

[5] 陈育宁. 宁夏通史·古代卷[M]. 银川：宁夏人民出版社, 1998.

[6] （先秦）佚名. 左传·卷三十二.

[7] 贺吉德. 贺兰山岩画研究[M]. 银川：宁夏人民出版社, 2012.

[8] （南朝宋）范晔. 后汉书·卷八十七·西羌传.

[9] 郭家龙, 王惠民, 乔倩. 宁夏鸽子山遗址考古新发现[J]. 西夏研究, 2017, 9 (2)：2, 129.

[10] （西汉）司马迁. 史记·卷五·秦本纪.

[11] （西汉）司马迁. 史记·卷六·秦始皇本纪.

[12] （西汉）司马迁. 史记·卷一一〇·匈奴列传.

[13] （东汉）班固. 汉书·卷二十八·地理志.

[14] 张维慎. 宁夏农牧业发展与环境变迁研究[M]. 北京：文物出版社, 2012.

[15] 汪一鸣. 试论宁夏秦渠的成渠年代——兼谈秦代宁夏平原农业生产[J]. 宁夏大学学报（社会科学版）, 1981, 4 (4)：89-94.

[16] 卢德明. 宁夏引黄灌溉小史[M]. 北京：水利水电出版社, 1987：9.

[17] （西汉）司马迁. 史记·卷二十九·河渠书.

[18] （南朝宋）范晔. 后汉书·卷八十七·西羌传.

[19] （北宋）欧阳修, 宋祁. 新唐书·卷六·代宗本纪.

[20] （后晋）刘昫. 旧唐书·卷一百三十三·列传第八十三·李晟传.

[21] （北宋）宋祁, 欧阳修. 新唐书·卷二百一十下·吐蕃下.

[22] （北齐）魏收. 魏书·卷三十八·刁雍传.

[23] （北魏）郦道元. 水经注·卷三·河水.

[24] 杨新才. 关于古代宁夏引黄灌区灌溉面积的推算[J]. 中国农史, 1999, 18 (3)：86-100.

[25] 杨新才. 宁夏农业史[M]. 北京：中国农业出版社, 1998.

[26] （西汉）司马迁. 史记·卷三十·平准书.

[27] （西汉）桓宽. 盐铁论·未通第十五.

[28] 汪一鸣. 宁夏人地关系演化研究[M]. 银川：宁夏人民出版社, 2005.

[29] 盖山林. 和林格尔汉墓壁画[M]. 呼和浩特：内蒙古人民出版社, 1977：10-12.

[30] （清）顾祖禹. 读史方舆纪要·卷六十二·陕西十一.

[31] 鲁人勇, 吴忠礼, 徐庄. 宁夏历史地理考[M]. 银川：宁夏人民出版社, 1993.

[32] 洪梅香. 银川建城史研究[M]. 银川：宁夏人民出版社, 2010.

[33] 任洁. 西汉长城防御体系研究——以阴山-河套地区为例[D]. 天津：天津大学, 2017：61.

[34] （唐）李吉甫. 元和郡县图志·卷四·关内道四.

[35] 竺可桢. 中国近五千年来气候变迁的初步研究[J]. 考古学报, 1972, 37 (1)：15-38.

[36] 杨继国, 胡迅雷. 宁夏历代诗词集（一）[M]. 银川：宁夏人民出版社, 2011.

[37] （北宋）曾公亮. 武经总要·前集·卷十九.

[38] （北宋）乐史. 太平寰宇记·卷三十六·关西道十二·灵州.

[39] （北齐）魏收. 魏书·卷一百一十·食货六.

[40] （北宋）欧阳修, 宋祁. 新唐书·卷五十一·食货一.

[41] 谭其骧. 中国历史地图集：第五册（隋·唐·五代十国时期）[M]. 北京：中国地图出版社, 1982.

[42] （清）郭楷. 嘉庆灵州志迹·卷一·名胜.
[43] （唐）杜佑. 通典·卷一九〇·边防六·党项.
[44] 吴天墀. 西夏史稿[M]. 北京：商务印书馆，2010.
[45] （北宋）欧阳修，宋祁. 新唐书·卷二百二十一上·西域上.
[46] （北宋）司马光. 资治通鉴·卷二五四.
[47] （南宋）李焘. 续资治通鉴长编·卷五十一.
[48] （清）吴广成. 西夏书事·卷七.
[49] （元）脱脱. 宋史·卷三百一十四.
[50] （清）吴广成. 西夏书事·卷十二.
[51] （元）脱脱. 宋史·卷四百八十六·夏国下.
[52] （明）宋濂，王祎. 元史·卷五·世祖二.
[53] （明）胡汝砺. 弘治宁夏新志. 卷一. 宁夏总镇.
[54] 史金波，聂鸿音，白滨. 天盛改旧新定律令[M]. 北京：法律出版社，2000.
[55] 克恰诺夫，李范文，罗矛昆. 圣立义海研究[M]. 银川：宁夏人民出版社，1995.
[56] 王天顺. 西夏地理研究[M]. 兰州：甘肃文化出版社，2002：70.
[57] 汪一鸣. 1000年来贺兰山地区生物多样性及其环境的变化[J]. 宁夏大学学报（自然科学版），2000，21（3）：260-264.
[58] 牛达生，许成. 贺兰山文物古迹考察与研究[M]. 银川：宁夏人民出版社，1988.
[59] 陈明猷. 党项迁都兴州的深远意义——宁夏平原历史上的一次重大转机[J]. 宁夏社会科学，1993，12（4）：55-61.
[60] 张多勇，张志扬. 西夏京畿镇守体系蠡测[J]. 历史地理，2015，29（1）：329-348.
[61] （清）吴广成. 西夏书事·卷十.
[62] 宁夏回族自治区展览馆. 宁夏石咀山市西夏城址试掘[J]. 考古，1981，27（1）：91-92，83.
[63] （北宋）王溥. 五代会要·卷二十九.
[64] （北宋）沈括. 梦溪笔谈·卷十八.
[65] （元）苏天爵. 元文类·卷五十·知太史院事郭公行状.
[66] （明）宋濂，王祎. 元史·卷六·世祖三.
[67] （意）马可·波罗. 马可波罗行纪[M]. 法海昂，注. 冯承钧，译. 北京：商务印书馆，2012.
[68] 王军，燕宁娜，刘伟. 宁夏古建筑[M]. 北京：中国建筑工业出版社，2015.
[69] 薛正昌. 明代宁夏军事建制与防御[J]. 西夏研究，2014，6（1）：90-109.
[70] （明）胡汝砺，编. 管律，重修. 嘉靖宁夏新志·卷一·建置沿革.
[71] 《宁夏水利志》编撰委员会. 宁夏水利志[M]. 银川：宁夏人民出版社，1993.
[72] （清）张金城. 乾隆宁夏府志·卷七·田赋.
[73] 傅作霖. 宁夏省考察记[M]. 南京：正中书局，1933.
[74] （明）宋濂，王祎. 元史·卷一百三十四·朵儿赤.
[75] （明）胡汝砺，编. 管律，重修. 嘉靖宁夏新志·卷一·水利.
[76] （明）杨寿. 万历朔方新志·卷一·水利.
[77] （清）佚名. 清世宗实录. 卷一百十四 雍正十年正月己卯.
[78] （清）张金城. 乾隆宁夏府志·卷二十·艺文三.
[79] （清）穆彰阿，潘锡恩. 嘉庆重修一统志. 卷二百六十四 宁夏府一.
[80] （民国）宁夏省政府建设厅. 宁夏省水利专刊[M]. 北京：北平中华书局，1936.
[81] （明）佚名. 明太宗实录. 卷三十八.
[82] 宁夏省地政局. 宁夏省地政工作报告[M]. 宁夏省地政局，1947.
[83] （清）张金城. 乾隆宁夏府志·卷四·风俗.
[84] （明）佚名. 明英宗实录. 卷六十四.
[85] （明）宋濂，王祎. 元史·卷九十三·食货一.
[86] （明）胡汝砺，编. 管律，重修. 嘉靖宁夏新志·卷七·诗词.
[87] （明）佚名. 明英宗实录. 卷七十二.
[88] （清）佚名. 清高宗实录. 卷一百六十九.
[89] "台湾故宫博物院". "台湾故宫博物院"清代文献档案总目[M]. 台北："台湾故宫博物院"，1982.

- [90] （清）张金城. 乾隆宁夏府志·卷三·名胜.
- [91] （清）张金城. 乾隆宁夏府志·卷二十一·艺文四.
- [92] 翦敦道，等. 十年来宁夏省政述要[M]. 宁夏省政府秘书处，1942.
- [93] 侯仁之. 从人类活动的遗迹探索宁夏河东沙区的变迁[J]. 科学通报，1964，15（3）：226-231.
- [94] 马波. 历史时期河套平原的农业开发与生态环境变迁[J]. 中国历史地理论丛，1992，8（4）：121-136.
- [95] 薛正昌. 宁夏沿黄城市带县制变迁与城市文化[J]. 西夏研究，2013，4（3）：85-106.
- [96] 李严，张玉坤，李哲. 明长城防御体系与军事聚落研究[J]. 建筑学报，2018，65（5）：69-75.
- [97] （明）杨寿. 万历朔方新志·卷一·建置沿革.
- [98] （清）张金城. 乾隆宁夏府志·卷六·坊市.
- [99] 《宁夏商业志》编纂委员会. 宁夏商业志[M]. 银川：宁夏人民出版社，1993.
- [100] 霍丽娜. 明清时期的宁夏集市及其发展[J]. 宁夏社会科学，2008，27（6）：164-167.
- [101] 吴忠市人民政府. 宁夏回族自治区吴忠市地名志[M]. 吴忠：吴忠市人民政府，1987.
- [102] 蔡巴·贡噶多吉. 红史[M]. 东嘎·洛桑赤列，校注. 陈庆英，周润年，译. 拉萨：西藏人民出版社，2014.
- [103] （明）胡汝砺. 弘治宁夏新志·卷首·宁夏城图.
- [104] （清）张金城. 乾隆宁夏府志·卷八·水利.

第二章 山屏河带的自然基底

第一节 地形地貌

宁夏平原有山地、丘陵、台地、平原和沙漠5种地貌类型。根据地貌特征划分，区域地貌分为贺兰山山地、银川平原、灵盐台地以及卫宁山地与山间平原4个主要分区[1]。多种地貌相间分布，总体上为西部山地、东部台地、南部丘陵、中部平原的空间分布格局（图2-1）。

平原是本区主要地貌类型，平均海拔为1100m。受地质构造影响，平原区属贺兰山与鄂尔多斯高原、黄土高原之间的断裂下陷地带，称为"银川地堑"。其中，卫宁平原北临黑山与沙地，南接香山，由两山相夹，地势北缓南陡，平均坡降为1/1150；银川平原西靠贺兰山，东临灵盐台地，总体为东缓西陡的"向斜盆地"[3]，银川平原的冲积平原部分平均坡降仅为1/4000，贺兰山洪冲平原顶部坡度为5°~7°，中部坡度为3°[1]（图2-2）。

山体构成了本区的视觉中心，其围合形态和空间层次展现了独特的区域景观本底。宁夏平原的山体分布在其西北侧和南侧，贺兰山和香山高大连绵，由西南至东北弧形环抱平原，卫宁北山和牛首

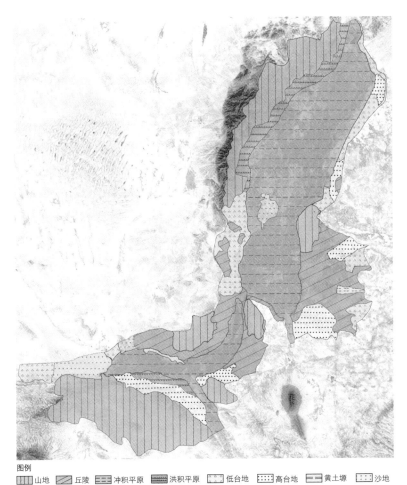

图2-1 宁夏平原地貌分区图
［图片来源：根据《宁夏回族自治区1/50万地貌图》[2]绘制］

图例
| 山地 | 丘陵 | 冲积平原 | 洪积平原 | 低台地 | 高台地 | 黄土塬 | 沙地

山至马鞍山一带则多为低山丘陵（图2-3）。

贺兰山是平原上的主要山体，其主脉南北绵延200km有余，宽15～60km不等，分北、中、南三段[4]（图2-4）。北段最宽，平均海拔不到2000m，山势较缓、局部坡陡、山峰孤立，东西两侧有鞍子山、白石尖山等36座山峰与46条沟谷[4]；中段是贺兰山的主山，平均海拔在3000m，主峰敖包圪垯峰（海拔3556.1m）为本区最高峰，山体峰峦叠嶂、沟深谷窄、绝壁耸立，有照北峰、巴彦笋布尔峰等19座山峰与50余条沟谷[1]；南段山体海拔在1300～1900m，属低山丘陵地带，山势平缓、沟谷平宽，有17座山峰和53条沟谷[4]。

上篇　宁夏平原的传统地域景观

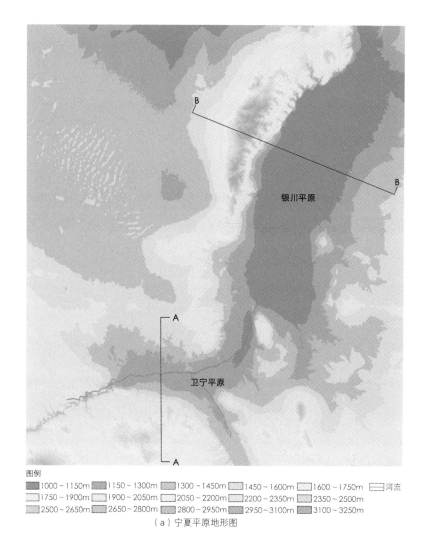

（a）宁夏平原地形图

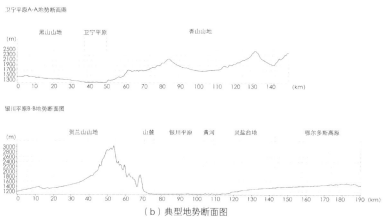

（b）典型地势断面图

图2-2　宁夏平原地形图与典型地势断面图
[图片来源：根据GIS高程数据绘制]

第二章　山屏河带的自然基底

图2-3　宁夏平原山势与主要山体
[图片来源：根据GIS高程数据绘制]

贺兰山东陡西缓，山顶较平坦，海拔3000m以上的山峰有20座。东坡沟谷幽深，可观"其冈峦之层叠、体势之绵远"[5]（图2-5），山中也有断崖绝壁，峭石嶙峋。清《宁夏府志》记述贺兰山景观为：

> "连峦峭耸，紫塞极天。昔人谓形如偃月，环蔽郡城，俨若屏障。其上高寒，自非五六月盛暑，巅常戴雪。水泉甘洌，色白如乳，各溪谷皆有……山少土多石，树皆生石缝间，山间林木尤茂密"[6]。

清代众多诗人也生动地描绘了贺兰山的自然风光：

> "怪石虎豺蹲，悬崖纷如幛。中有鸟道通，屈曲讵能量。瀑布起银虹，飞珠溅崿幛……古木踞虬龙，连山似奔浪……瀑布天上来，山摧石飞荡"[7]。
>
> "西北天谁补，此山作柱擎。蟠根横远塞，设险压为城。俯瞰黄河小，高悬白雪清。曾从绝顶望，灏气接蓬瀛"[8]。

图2-4 贺兰山主要山峰及典型断面图
[图片来源：根据GIS高程数据绘制]

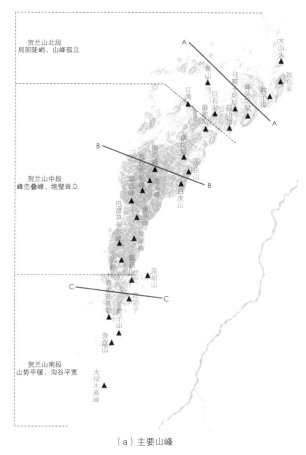

（a）主要山峰

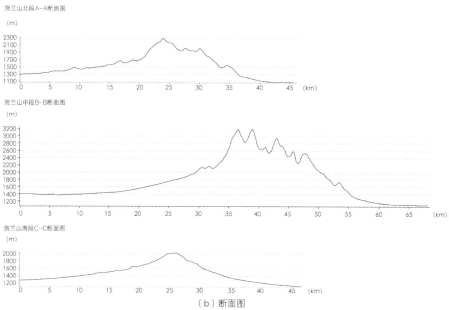

（b）断面图

图2-5 清代贺兰山图
[图片来源:清《贺兰山图》[5]]

贺兰山位于我国内陆,屹立于广阔干旱的草原与荒漠中,具有典型的大陆性气候。由于经历了多次的冷暖交替,地质历史和气候环境发生了多次变化,为植物生长提供了多样化的环境,以至山体植物种类非常丰富。经历了漫长的植被演替,至第四纪冰川末期,山麓地区发育出了目前典型的荒漠草原植被[4]。

其余山体各有特色。香山位于卫宁平原以南,山体呈弧形,由多组鱼脊状孤山高峰组成,逶迤连续,北坡波谷呈放射状分布,主峰香岩寺山海拔为2361.6m,其余主要高峰有天景山(2159m)、米钵山(2219m)、老君台山(1964m)等[9]。牛首山位于银川平原与卫宁平原之间,总面积367km²,平均海拔在1500~1700m,主峰武英山(大西天,海拔1781.5m)与华文峰(小西天,海拔1677m)两峰并列,凸出于山岭两端,似牛首两角对峙[10]。牛首山以峰峦耸峙而为人称咏,且受流水影响发育出深沟纵壑的山体与山河相依的青铜峡。北山位于卫宁平原之北,西接腾格里沙漠,南北两侧多沙丘,总面积为924km²,由多支梁脊坳谷排列组成,山体低矮和缓、峦平势缓,连绵起伏,海拔在1500~1600m,主要分支有照壁山(1746m)、观彩山（1524m）、骆驼山（1452m）、麦垛山（1441.7m）和单梁山（1467m）等[9]。

第二节 河流湖泊

本区地表天然径流密度很低，仅为2mm左右，径流深度小于10mm[1]，其中，河川径流只占地区径流的15%左右[1]；且区域内地表径流量的70%以上都集中在7~8月的汛期，因而难以满足农作物生长需求。宁夏平原地表水资源的时空分布不均加深了农业生产对引黄灌溉的依赖。黄河干流是境内的主要水源，清水河、苦水河这两条黄河一级支流以及贺兰山与香山的若干条季节性山洪沟也是重要径流（图2-6）。

黄河发源于青藏高原巴颜喀拉山约古宗列盆地，经青海、四川、甘肃入宁夏，在宁夏平原的流程约为397km，占黄河总长的7%[1]。与其中下游段相比，黄河在宁夏境内的含沙量较小，水质尚属良好。黄河在宁夏平原三收两放：其经黑山峡入卫宁平原，再经青铜峡进入银川平原，向北过石嘴山流出宁夏平原。黄河受卫宁平原南北两侧的山体阻挡，河道较窄；而当进入了平坦广阔的银川平原后，河道变宽，流速渐缓。与黄河下游段的频繁改道相比，黄河在宁夏段的河道较为稳定。由于银川地堑与黄河河道的沉降速度一致，黄河在宁夏平原始终为地面河，这也使引黄灌溉成为可能。

古代黄河在宁夏平原的区域发展中发挥着重要的作用：黄河改道与冲积作用为平原带来肥沃土壤；黄河为该地区提供主要的水源，在地区军事防御中充当天堑以及作为水上交通航道。两千多年来，黄河河道与水文环境的变化较为复杂，对区域的农田水利建设与城乡营建产生了较大影响。黄河卫宁平原段以卵石河床为主，河道变化较小；而黄河银川平原段以砂质河床为主，河道摆动明显。根据翟飞、汪一鸣的研究成果[11-14]，从时间上推测，汉至唐宋时期，黄河河道相对稳定；明代，黄河改道频繁（图2-7）。黄河宁夏段变迁，影响了灵州城、银川城的迁移与重建，迫使干渠引水口改建，还在

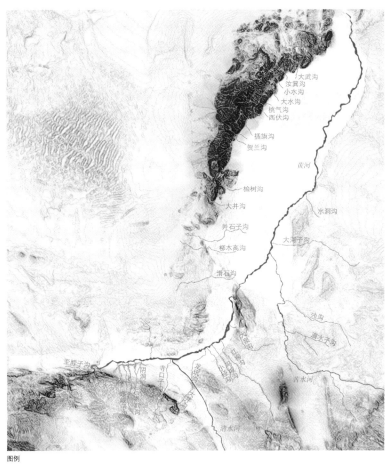

图2-6 宁夏平原水系分布图
[图片来源：作者自绘]

图例
□等高线 ■河流 □山洪沟

平原中部形成一系列构造型湖泊，对地域景观产生很大影响。

一，青铜峡口至永宁县的上段河道。根据《水经注》[15]等文献与地质考察推测，秦汉至西夏时期，河道大致位于今永宁县至小坝镇一线，河中大面积的河心洲，将黄河分为东西两道，西汉河为主流，东汉河为支流。汉至唐宋时期，黄河河道较为稳定。明代，根据灵州城因洪水东渐而三次迁城的记载可知[16]，明代黄河东趋的速度加剧，原东汉河成为主河道，西汉河缩窄。根据今灵武市老城区（明代第三次迁移后的灵州城所在地）的位置与地质考察推测，明清时期，黄河河道大致位于今灵武市以西，并逼近平原边缘[14]。清代以后，黄河逐渐向西回迁，形成现代河道，并以现代河道为轴东西

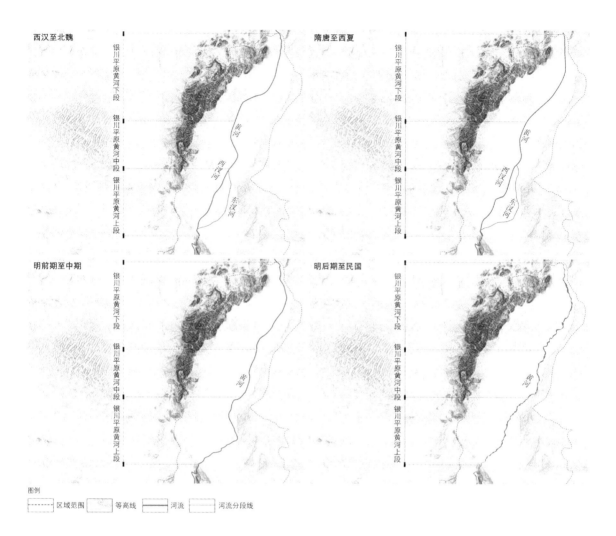

图2-7 黄河银川平原段河道变迁示意图
[图片来源：根据参考文献[11]-[14]绘制]

摆动，但幅度较小[14]。

二，永宁县至贺兰县的中段河道。西汉至唐初，河道大致沿今汉延渠与惠农渠之间的清水湖、黑泉湖一线，此后很长一段时间内，黄河主流摆动于清水湖以东地区[11]。明代后期，黄河回到清水湖一线，并强烈冲刷左岸，将明代重修的西夏古寺高台寺冲毁[17]。明末清初，黄河河道才大幅度跃迁至现代河道的位置[13]。

三，平罗县至三道坎的下段河道。下段河道河床宽阔、分叉较多。西汉至宋元时期，黄河的西汉六羊河为主流，大致位于今唐徕渠与惠农渠之间。明末清初，此段黄河"向东迁移十五里"（7.5km）[18]，此后，逐渐向东迁徙至现代河道。

黄河宁夏段流速较缓，具有"紫澜浩瀚，晃日浮金，萦回数百里，望之若带"[19]的平阔景观，《万历朔方新志》形容其为：

"其水则漭漭漾漾，汗汗田田，黑水沃日，灵河涨天……磅礴惊腾，轰豗澎湃……及其寓安流没，追埼轧盘，涌裔咸夷，逦迤朔波凌湍，虹洞无纪，环郭带郭，散漫萦纡"[16]。

黄河携带大量泥沙，在卫宁平原段与银川平原的上游段形成散流状，河中有大量河心洲，有些洲岛上栽植果林，有些洲岛被开垦为农田，其景观不一，各有特色。

此外，受地质变迁、黄河改道和农业灌溉的影响，本区湖泊众多，尤以银川平原的中部、南部以及平罗一带最为密集。根据第四纪地质研究，一二百万年前，银川平原是一个断陷盆地造成的封闭性大湖，直至古黄河形成，大湖变为外流湖，黄河在盆地中来回摆动，泥沙不断淤积，湖沼面积缩小，逐渐形成平原[20]。秦初，宁夏平原的中北部仍处于湖沼出陆的末期，湖沼发达，土地盐渍化严重，西汉主父偃形容其为"地固泽咸卤，不生五谷"[21]。从北周起，地区垦田面积增加，种稻洗盐的技术被广泛推广，平原中部的湖沼面积相应减少。明清至民国时期，随着灌溉水利系统的增加，许多干渠之间以及支渠尾部形成了众多的灌溉泄湖，平原上湖泊的面积再次大幅增加。

平原上自然湖泊成因复杂：银川至平罗西大滩一带属于地质沉降中心，本身地势低洼，此处湖泊大多为构造沉降型湖泊[22]；黄河的故道处多形成众多串珠状的"牛轭湖"，呈线状分布；贺兰山东麓有大小十数个山口，洪积扇十分发育，相互串联形成广阔的山前冲积平原，由西向东倾斜，在洪积扇缘形成高差达数米的陡坎，洼地处汇集山洪形成扇缘湖。

宁夏平原中部的湖泊星罗棋布，湖湖相通，构成灌区内的湖塘系统，清代有"七十二连湖"[19]之称。湖中生长着茂密的芦苇、菖蒲等，为西北干旱区的宁夏平原增添了江南水乡的清丽之景，清代诗人形容其为：

"澄泓一碧，山光倒影，远树层匝"[19]"万顷清波映夕阳，晚风时骤漾晴光。暝烟低接渔村近，远水高连碧汉长"[19]。

第三节 气候土壤

从公元前6100年开始，宁夏平原进入了升温期，人类活动更为频繁。此后的几千年里，气温又发生了转冷与回暖的数次交替变化[23]。公元前700年，区域内气候转暖，干旱加剧，总体趋向现代气候。

该地区深居内陆高原，处于季风区西缘，全年受西风环流影响，2/3的时间被蒙古高压所控制，冬季深受西北高寒气流的影响，夏季则处于东南湿润气流的末梢，由此形成了典型的温带大陆性气候，表现为冬季严寒、夏季酷热、干旱少雨、日照充足、风大沙多、蒸发强烈的气候特点。宁夏平原属暖温带干旱、半干旱气候区，年平均气温在6~8℃，昼夜温差大，夏季气温最高，7月平均气温在24℃左右。太阳辐射强烈，日照时间长，光能资源丰富，积温量较大，能满足大多农作物的生长需求，无霜期长达150~195天[1]，非常适宜水稻的种植。

宁夏平原降水量少且季节分布不均，平均年降水量仅为200mm，而蒸发量高达2000mm（图2-8），气候十分干旱，因而地面多盐碱。降水受夏季东南季风的影响，全年降雨量的50%~70%集中在6~8月[1]，可利用率较低。

本区属于温性干旱土地带，土壤类型可分为4大发生系、12土类[24]。根据宁夏第四纪地质研究，一二百万年前，宁夏平原一带是一个由断陷盆地造成的浩瀚大湖，黄河原始河道形成后，在盆地内来回摆动冲刷使泥沙淤积，于是湖沼面积逐渐缩小，平原涸出成陆。土壤在长期的湖沼条件下发育，类型上以耕种熟化的灌淤土和以潮土、碱土、盐土为代表的水成、盐成土壤为主，还有少量的地带性土壤，如灰钙土、山地土壤灰褐土、风沙土等（图2-9）。

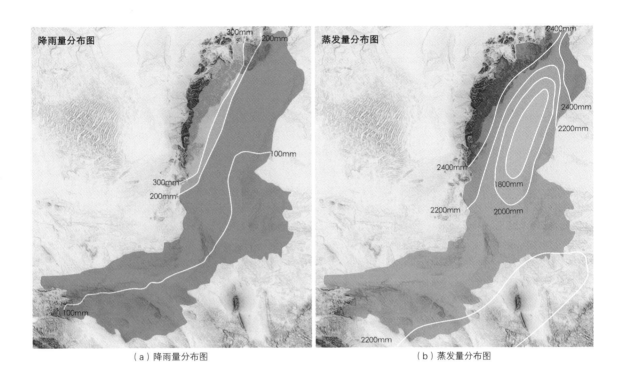

(a) 降雨量分布图　　　　　　　　　（b) 蒸发量分布图

图2-8　宁夏平原年降雨量与蒸发量分布图
[图片来源：改绘自《宁夏通志·地理环境卷（上）》[1]]

总体而言，冲积平原是本区主要地貌单元，其四周由高大的山地、连绵的丘陵和台地、沙漠围合，北部的银川平原西陡东缓、中部下沉，西侧的卫宁平原则两山相夹、北缓南陡，贺兰山、香山等一众山脉构成地域景观的重要底色。黄河干流穿行而过，是境内主要水源；湖泊湿地资源丰富，地下水较为丰富。本区处于温带干旱、半干旱气候区，降雨稀少，蒸发量大。平原土壤肥厚，适宜农业生产。

宁夏平原特殊的自然环境是地域景观生成的本底，也对土地上的人类营建活动产生着持久而强有力的影响。宁夏平原地处西北，其干旱少雨、蒸发量大的气候条件本身并不利于农业的大规模稳定生产，但充沛的水源和肥沃的土壤，又是发展农业的宝贵资源。在充满生存矛盾的自然条件之下，古人选择了一条改造土地的道路，充分整合利用了地区优越的水土资源，利用完善的水利系统确保了灌溉的稳定，使农业生产免受干旱气候的影响。这是古人伟大的生态实践之路，宁夏平原的地域景观由此发生了翻天覆地的变化！

图2-9 宁夏平原土壤分类图
[图片来源：改绘自《宁夏通志·地理环境卷（上）》[1]]

参考文献

[1] 宁夏通志编纂委员会. 宁夏通志·地理环境卷（上）[M]. 北京：方志出版社，2008.

[2] 《宁夏农业地理》编写组. 宁夏农业地理[M]. 北京：科学出版社，1976.

[3] 陈卫平. 贺兰山—银川盆地景观格局分析与景观规划[D]. 北京：北京林业大学，2008.

[4] 李学军. 时空岁月——贺兰山的根与魂[M]. 银川：宁夏人民出版社，2017.

[5] （清）张金城. 乾隆宁夏府志·卷首·宁夏府志图考.

[6] （清）张金城. 乾隆宁夏府志·卷三·山川.

[7] （清）张金城. 乾隆宁夏府志·卷二十一·艺文四.

[8] 唐骥，杨继国，布鲁南，等. 宁夏古诗选注[M]. 银川：宁夏人民出版社，1987.

[9] 中卫县志编纂委员会. 中卫县志[M]. 银川：宁夏人民出版社，1995.

[10] 灵武市志编纂委员会. 灵武市志[M]. 银川：宁夏人民出版社，1999.

[11] 翟飞. 汉至北魏时期黄河银川平原段河道位置新探[J]. 宁夏大学学报（人文社会科学版），2018，40（3）：38-45.

[12] 翟飞. 隋唐宋元时期黄河银川平原段河道位置探究[J]. 西夏研究，2018，(4)：121-128.

[13] 翟飞. 明代黄河银川平原段河道位置新探[J]. 人民黄河，2020，42（3）：34-39，72.

[14] 汪一鸣. 历史时期黄河银川平原段河道变迁初探[J]. 宁夏大学学报（自然科学版），1984，5（2）：52-60.

[15] （北魏）郦道元. 水经注·卷三·河水.

[16] （明）杨寿. 万历朔方新志·卷四·词翰.

[17] 陈梦雷. 古今图书集成（第107册）. [M]. 上海：中华书局，1934.

[18] （明）杨寿. 万历朔方新志·卷一·地里.

[19] （清）张金城. 乾隆宁夏府志·卷三·名胜.

[20] 汪一鸣. 银川平原湖沼的历史变迁与今后利用方向[J]. 干旱区资源与环境，1992，6（1）：47-57.

[21] （西汉）司马迁. 史记·卷一百一十二·平津侯主父列传.

[22] 汪一鸣. 宁夏人地关系演化研究[M]. 银川：宁夏人民出版社，2005.

[23] 陈育宁. 宁夏通史·古代卷[M]. 银川：宁夏人民出版社，1998.

[24] 宁夏回族自治区农林局综合勘查队. 宁夏土壤与改良利用[M]. 银川：宁夏人民出版社，1976.

第三章 系统均和的灌溉水利

中国是河川之国,不仅拥有众多河流,还因治理和利用河流而极大地影响着国家的历史进程。国土上类型丰富的水利系统为各地区构建起安全可控的水环境,其中,干旱少雨的西北地区则十分依赖灌溉水利。明代水利学家徐贞明认为:"西北之地旱则赤地千里,潦则洪流万顷,惟雨旸时若,庶乐岁无饥,此惟水利兴而后旱潦有备"[1],他指出,水利建设能保证西北地区不受无常气候的影响,将丰产关键牢牢把握在自己手中。宁夏平原恰是一处利用灌溉水利实现地区发展的典型案例。宁夏平原的年降水量不足200mm,农业生产对灌溉水利的依赖性极大,水利建设对地区发展具有十分重要的意义,正所谓:

> "宁夏,土地平旷,素为不毛;且大半尽属沙卤,必得河水乃润,必得浊泥乃沃。自资渠流以灌溉,遂变斥卤为膏腴,农业既兴,而民以饶裕"[2]。

宁夏平原的水利建设持续了2000多年,始于西汉,扩建于盛唐,在清代达到兴盛,民国时期仍有延续(图3-1)。数条古渠经过历代修缮,沿用至今。在漫长的水利营建中,宁夏平原的灌溉水利形成了适应当地水文的特殊结构，并以精密的人工水网串联了广大的城市与乡村地带，联结了水利社会的共同利益与信仰文化，有力地支撑着地区人居的长续发展。

图3-1 清末民国时期宁夏平原灌溉系统分布图
[图片来源：根据《宁夏省水利专刊》[2]《宁夏全省渠流一览图》[2]《乾隆宁夏府志》[3]绘制]

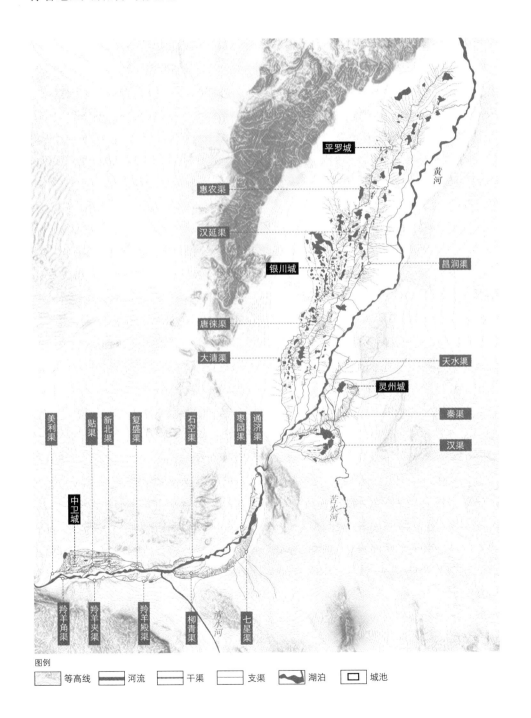

第一节　引灌系统：无坝引水，因地制宜

宁夏平原引灌系统为无坝式引水、自流灌溉体系，引灌系统包括渠首、渠身和陡口三部分（图3-2）。

精细的渠首工程

渠首的工程复杂，为渠系最关键的位置，渠首运行是否良好决定了下游渠道的引水效益。宁夏平原引灌系统采用多首级渠制，各干渠沿黄河两岸次第开口。渠首工程一般包含引水口、退水闸、进水闸等设施[2]。引水口通过迎水埽实现分水、防洪；引水口下游设立退水闸与进水闸，精准地调控干渠内的水量；渠首附近设立龙王庙、河神庙、水利碑亭等，形成了渠首特定的区域水利祭祀与水利文化中心。宁夏平原的渠首营建有以下特点。

渠首的选址满足了自流灌溉最大化、坚固耐用、引水便利等基本条件。宁夏平原由西南向东北倾斜，渠首一般选址于平原南部、西部，以便实现最大范围的自流灌溉。渠口选址于地表坚硬、不易被冲毁的山口附近且尽量远离山洪沟，如河东、河西灌区的多个渠口靠近青铜峡峡口，卫宁灌区的渠口则多近黑山峡与泉眼山。渠道从河流凹岸顶点的下游开口（图3-3），因黄河主槽在凹岸处，稳定且流速大，可使渠道进水量多；且凹岸处符合弯道环流原理[4]，渠口设置于此，可减少泥沙入渠。

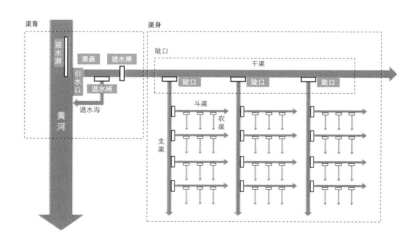

图3-2　宁夏平原引灌系统结构示意图
[图片来源：作者自绘]

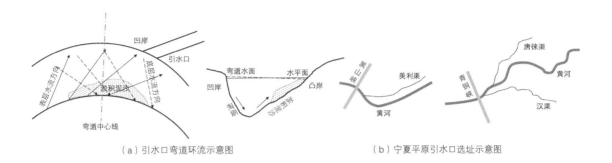

(a) 引水口弯道环流示意图　　　　　　(b) 宁夏平原引水口选址示意图

在满足引水、排洪、防沙的综合性要求的前提下，引水口可以因地制宜地布置。河道比较稳定的地段，渠易受水，渠口可不设壅水设施，只需减小取水角，如惠农渠、七星渠等；而在河段变迁频繁的地段，干渠进水不易，一般加大取水角，并在渠口设立迎水湃，迎水湃深入黄河百米至数千米不等，平行于水流，分水入渠，如唐徕渠、汉渠等（图3-4）。迎水湃易于修筑与维护，具有减沙功能，湃顶略高于渠道所需水位，以争取水头；水大时也可从堤顶漫过，不致渠道崩毁。

图3-3　宁夏平原灌渠引水口及选址位置示意图
[图片来源：图（a）改绘自《中国古代灌溉工程技术史》[4]；图（b）作者自绘]

图3-4　两类引水口结构示意图及民国时期各渠引水湃
[图片来源：图（a）作者自绘，图（b）照片摄于宁夏水利博物馆]

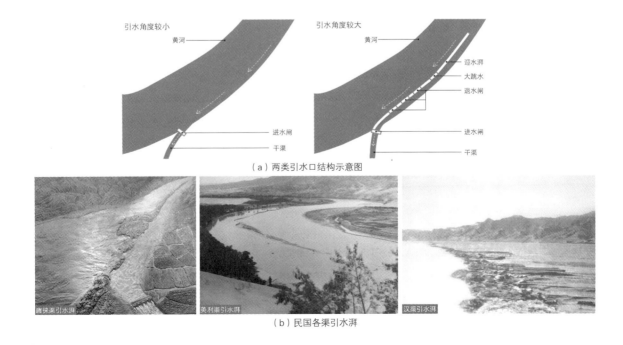

(a) 两类引水口结构示意图

(b) 民国各渠引水湃

在引水渠上需设置溢流闸堰或退水闸以控制水位,并根据需水量启闭闸门。"宁夏各渠,春水常患不足,夏秋唯恐泛滥"[2]。在地区特殊的水文条件下,除设立迎水湃增加进渠水量外,还在湃体下段设置一至数处溢流闸堰(俗称跳水)或滚水坝,来调控进渠水量;进水闸以上一般设置2~3道退水闸,根据黄河水量定时启闭,保证渠道的水量合宜,"永无不足与泛滥之患"[2]。

根据灌区面积设立进水闸。进水闸是一条渠道的进水咽喉,一般被设在渠口下游的5~10km处(图3-5)。设置进水闸,首先需考虑其位置,一般选址在山麓向平原过渡的洪积地带;其次需"度浇灌区域之大小,定闸门之广狭"[5],根据灌区面积,定立进水闸规模。自明代中后期,大多数干渠的进水闸为4~5孔的石闸。进水闸旁一般还设有标记刻度的竖木水尺,以五尺(约1.67m)为一分,最高为十五分,可准确测定干渠内的水量。在长期的灌溉农业生产中,该地区积累了一套用水之法,因而各干渠水量均有定式,如唐徕渠以头轮水不得超过十三分三、二轮水不超过十四分二为最佳[2],进

(a)民国时期宁夏平原进水闸结构

(b)民国时期宁夏平原各渠进水闸

图3-5 民国时期宁夏平原进水闸
[图片来源:《宁夏省水利专刊》[2]]

水闸及水尺配合，可根据农时用水需求精准地调控渠内的水量。

此外，渠首处通常营建祠堂、庙宇、碑亭等建（构）筑物，大多与水利信仰相关，如祭祀神灵的河神庙、龙神庙、土地庙，纪念历史治河人物的禹神庙，以及为当地水利发展做出突出贡献的官员祠庙等[3]。明清时期，渠首处还设立碑亭，用以记述开渠与修渠的事迹，并规定了区域的用水准则，强化了区域的水利文化。

合理的渠身系统

渠身系统分干、支、斗、农四级渠道，可将黄河水分配至平原各处。渠身根据地势布设，干渠上下的各类水利设施可保证行水通畅，渠身外侧还设置护岸保证渠身坚固。

渠身的布设与灌区的地势关系密切（图3-6）。卫宁平原为两山夹一川的河谷灌区，干渠一般沿着黄河两岸的山麓自西向东布设，支渠则顺等高线排列，形成梳状水网。银川平原由西南向东北倾斜，干渠顺黄河流向，在其两岸次第开口，干渠两侧排列着密集的支渠，形成羽状水网。

当一条渠道与其他渠道或与河流、洼地、山梁和道路等相交时，为保证渠道行水通畅或不受洪水冲毁，一般因地制宜地修筑各类立交水利构筑物来解决局部冲突：当渠道与河流、道路或沟谷等相交时，或需灌溉高处农田时，一般架设飞槽；当渠道与退水沟交叉时，通常在渠底架设暗洞使退水下行；为防止山洪直冲渠身，山洪沟处设置环洞，"山水由洞上过，渠水入洞由地中暗行"[6]（图3-7）。

为了防止河水冲毁渠身，需在"相险要处筑堤以障之"[2]。宁夏平原的各干渠中，以秦渠最易受黄河冲刷，因而在引水口至进水闸一段设堤坝，"自秦渠下口起，沿河修筑长湃……湃墙并修筑码头一座，横亘河中，逼水中流，全赖此湃之力"[2]。此外，从西夏时期，当地

图3-6　宁夏平原渠身布线与地形的关系示意图
[图片来源：作者自绘]

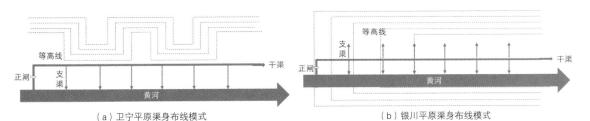

（a）卫宁平原渠身布线模式　　　　　　（b）银川平原渠身布线模式

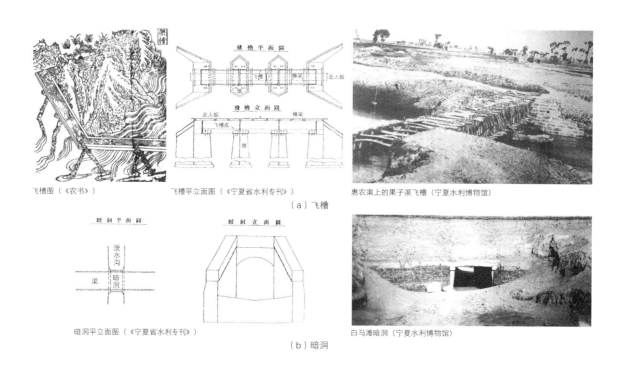

图3-7 民国时期宁夏平原飞槽与暗洞
[图片来源：图片引自《宁夏省水利专刊》[2]、照片摄于宁夏水利博物馆]

人就已认识到，植物根系可以固渠，并能阻挡风沙入渠，因此，历代均十分重视培植护渠林。西夏立法规定农户必须沿渠种植一定数量的树木，并自觉保护护渠林；明清时期，各干渠两侧"植青杨垂柳，千株挂绿，翠色涵波"[3]，有效地保护了渠身系统。

陡口的作用与结构

陡口设置于各级渠系交叉处，有石闸和木闸之分。陡口控制着上级渠道向下级渠道的分水，通过分时段启闭闸门，可实现灌区均水。宁夏平原以"封俵之法"配水，分水时，采取由下游至上游、由高处至低处的顺序，陡口在其中起重要作用：

> "立夏开水之时，必闭塞上段陡口，赶水到梢，名曰封水。又防水大冲决，一面将大陡口开放一二分，名曰俵水。待末梢灌遍，依次向上开放各陡口，任其浇灌，既足又逼令至梢。封与俵，周而复始"[2]。

宁夏平原陡口的类型与其所控制的渠道级别有关。较大的陡口

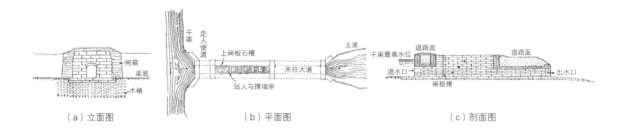

(a) 立面图　　　　　　(b) 平面图　　　　　　(c) 剖面图

控制干渠向支渠分水，通常为石砌的箱式闸道（图3-8），箱道垂直于干渠，出水口连接支渠，箱道顶部两侧为人行路与车行路，中部为主要的过水装置，设有调节水量的闸板。较小的陡口则多为直径不大于0.5m的圆木洞。

图3-8　民国时期宁夏平原箱式陡口
［图片来源：改绘自《宁夏省水利专刊》[2]的《普通式陡口图》］

第二节　排水系统：沟渠并重，湖沟相通

宁夏平原水利系统的一大特点是沟渠并重，在开凿灌渠之时，也布设排水沟道，使水利系统"犹如人身之血脉，必须周流畅通，方免疲弱痼疾之忧"[2]。宁夏平原的排水系统由湖泊、排水沟、暗洞3部分组成（图3-9），具有沟湖相连的空间分布特点，田间湖泊可承接灌溉余水，当水量过大时，便经排水沟、暗洞排入黄河，正如清代水利同知王全臣所描述：

"河流自南而北……溉田之余水散注于各湖，湖与湖递相注而仍东，泄于河"[7]。

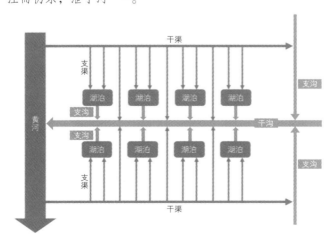

图3-9　宁夏平原排水系统结构示意图
［图片来源：作者自绘］

西夏至明清以来，随着水利的持续开发，灌溉余水集聚形成的田间洼地湖的数量逐渐增多，两条干渠之间常形成大片连湖，如清代河东灌区的巴浪湖、河西灌区的莲湖等[8]；支渠的渠尾处也常潴水成湖，各湖泊相互串联，形成湖群，如明清时期，银川城的南郊、东郊就有大片湖群。湖泊可消减瞬时水量，能防止灌溉余水淹没农田，在排水系统中发挥着重要的缓冲作用。

民国以前，平原各灌区的排水沟多利用天然沟道或黄河故道修筑而成。民国时期，宁夏省政府在明清排水系统的基础上，详细勘测地形，结合天然沟道布设排水工程[2]，首次构筑了全灌区较为完善的排水系统（图3-10）。

河西灌区的各干渠自南而北，而沟道走向则多自西南向东北与

图3-10 民国时期宁夏平原排水系统分布图
［图片来源：根据民国时期《夏朔两县各渠退水沟道形势图》[2]绘制］

黄河相连。清代，河西灌区以黄河故道西河作为排水沟，西河负责将河西寨以北各渠的灌溉余水排入黄河："西河，自宁夏县河西寨起至平罗县北东入（黄）河，长三百五十里，盖四渠（唐徕、大清、汉延、惠农）各陡口剩水多泄于湖，群湖之水则汇而泄于西河"[3]。河西寨以南，各渠间的湖水则通过汉延渠与惠农渠下的暗洞疏泄入黄河。

民国时期，河西灌区修建了东沟、西沟、北大沟、西大沟4条干沟，5条支沟和11个暗洞，排水系统更趋完善（表3-1）。

民国时期宁夏平原河西灌区排水沟位置、走向、规模等　　　　表3-1

名称		位置	排水沟情况	长度（km）	暗洞
干沟	支沟				
东沟	—	唐徕、大清二渠间	自大坝乡北，经蒋顶、陈俊至汉坝乡，向东过大清渠、汉延渠，归于惠农渠口	15	大清渠永庆洞、汉延渠林皋洞
西沟	—	唐徕、大清二渠间	自瞿靖乡，经玉泉、邵岗宁化至宋澄乡，向东穿过大清渠，再至唐铎乡西南，向北分出黑阳沟，再向东穿过汉延渠、惠农渠，归于黄河	25	大清渠永安洞、汉延渠唐铎洞、惠农渠王洪洞
	永洪沟	汉延、大清二渠间	西沟支沟。自瞿靖乡，汇集四乡稻田退水，汇聚于连湖，湖北至李俊乡西入沟，再向北五里（2.5km）入西沟	15	无
	黑阳沟	唐徕、汉延二渠间	西沟支沟。发源于西沟，由唐铎乡分闸而下，历四乡，向东穿汉延渠；再向东经河西寨、李祥乡，穿惠农渠、云亭渠入河	25	汉延渠魏信洞、惠农渠永宁洞
	黄阳沟	汉延、惠农二渠间	自魏信乡，由黑阳沟分水闸而下，汇八乡的湖水后，在张政乡东南穿过汉延渠、惠农渠	20	汉延渠张政洞、惠农渠永固洞
北大沟	—	唐徕、红花二渠间	主要排泄银川城南各湖蓄水，由东西城壕，汇入北塔湖，湖北连接沟口，向北十五里（7.5km），汇入马家大湖，再向北穿过汉延渠，汇入王澄塔湖，由塔湖东接沟口，行五里（2.5km），穿过惠农渠，归于黄河	25	汉延渠永丰洞、惠农渠永济洞
	中小沟	新渠、红花渠之间	北大沟支沟。自新渠西起，穿过支渠五道，最终汇入北大沟	15	无
西大沟	—	唐徕渠以西	自靖益乡海子湖，至孙家庄连沟口，向北经六乡，往北入燕窝池，至石嘴山入黄河	130	无
	西中沟	唐徕渠以西	西大沟支沟。自良渠口北至银川城南，排泄各连湖余水，汇总于西大道碱湖，后往北入西大沟	未记载	无

［资料来源：根据《宁夏省水利专刊》[2]整理］

河东灌区排水系统的构建分为两个阶段（图3-11）。第一阶段，天水渠开挖以前，河东灌区仅有秦、汉两渠。河东灌区西南处的山水沟疏泄诸山山洪，山水沟在灵州城附近分出支流，被改造为两条排水沟，称为南北涝河：北涝河疏泄"自金积堡至吴忠堡之东南"[9]的渠间湖泊积水；南涝河疏泄"自忠营堡至汉伯堡"[9]的渠间湖泊积水。南北涝河在闾尾闸相会后汇入山水沟，再排入黄河。第二阶段，清末金积堡回民起义时，山水沟沟道路线被改变，灌溉余水改为由河西寨以南穿过秦渠西入黄河；同时，南涝河成为渠间湖泊的一部分，南北涝河合二为一，改道后形成新的排水沟——清水沟，清水沟连通巴浪湖，将汉渠的灌溉余水排入黄河。清末，天水渠开凿后，清水沟下游成为天水渠干渠的一部分，但灌区排水系统的整体格局仍保持不变。

卫宁灌区，从山麓至黄河的平均坡降为1/1150，坡陡流急，排水良好；干渠多选址在山麓地带，支渠尾水可直接排入黄河；且除了美利渠、七星渠外，其余干渠长度不过几十里，支渠数量较少，

图3-11 清至民国时期河东灌区排水系统变迁图
[图片来源：根据民国时期《宁夏省灵武县秦渠流域图》[2]《宁夏省金积县汉渠流域图》[2]及清《嘉庆灵州志迹》[10]绘制]

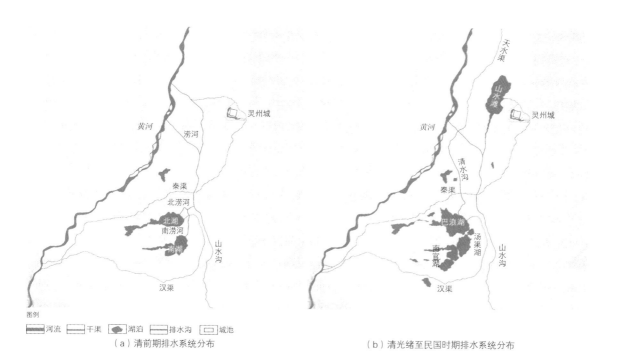

（a）清前期排水系统分布　　　　　　（b）清光绪至民国时期排水系统分布

排水相对较易。因此，明清时期卫宁灌区的排水沟道较少。民国时期，宁夏省政府整理了卫宁灌区的排水系统：中卫城北郊的北沙沟，南郊的清水沟、教场沟，用以疏泄美利渠、北渠及新北渠的灌溉余水；宁安堡附近七星渠、柳青渠的余水则通过堡城附近的北沟、南沟排入黄河。

第三节　水利管理：分级治理，多县统筹

环境史学家约翰·麦克尼尔（John R. McNeill）认为中国的水系工程是"整合了广大而丰饶的土地之设计"[10]，其形成的地域人工流域系统，可"整合一切有用的自然资源，并掌握巨大而多样的生态地域"[10]。宁夏平原的人工水利系统恰是如此，其整合了地区的水土资源，作为地区的公共工程，持续发挥着支撑人居建设的重要作用。历代对宁夏平原水利系统的管理与维护，保证了这一系统在整合地区多项功能上的持久性与延续性。宁夏平原的水利管理包括了成熟的管理机构、特定的用水准则与修浚制度，以及行之有效的多级管理机制。

管理机构

宁夏历代水利职官体系的演变[11-12]折射出灌区水利管理机构发展的三个阶段（图3-12）。第一个阶段，两汉至魏晋时期，地区水利管理处于"中央—地方"两级探索阶段。由于屯田戍边的需求，中央对宁夏水利建设十分重视，委派郡县的地方长官实现自上而下的管理。第二个阶段，隋唐至西夏元时期，随着区域性行政机构的完善及其管理效力的增强，水利管理层级增加为"中央—区域—地方"三级。中央派任的水利专员成为区域水利的重要管理者，地方的郡县长官仍起着关键性的统筹作用。这一时期，中央会在特定时期，如渠系废坏、渠系大修之际，派出水利技术人员参与管理，可见中央的介入仍是主要力量。第三个阶段，明清至民国时期，在三级管理制度上，进一步强化了灌区的综合性管理，且分化出更为精细的水利管理机构，水利专门机构与水利专业人员成为常设。一方面，

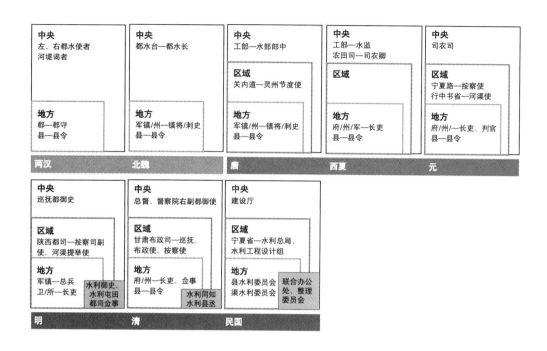

图3-12 宁夏平原历代水利职官体系
[图片来源：根据《水与制度文化》[11]、《乾隆宁夏府志》[12]绘制]

府州官员的协调作用更加突出，甚至作为主要负责人修浚小型干渠；另一方面，地方乡绅利用财力与威望积极参与渠系治理，受水民众则在水利事务中分责明确，从而演化出一套成熟的民间自治管理模式。于是，官督民办、官民协作的水利管治方式日渐成熟。在中央政府无力大修之时，依靠这种管理模式灌区水利系统仍能在一段时间内保持较好的灌溉效益。

纵观而言，流域管理与地方管理相结合的体制不断完善。水利系统的特征决定了全流域统一管理的必要性，而水利管理的社会性又要求地方政府的密切参与。中央实现宏观管理，区域性管理自唐元逐渐发挥效力，而自秦汉开端的郡县制构成了地方管理的基本形式，影响深远。宁夏平原水利系统的管理处处体现着多个行政层级综合协调的整体性管理特点，包含了区域性的协调、多县的协作和县域乡村的组织与动员。

用水准则与修浚制度

在两千多年的管理维护中，当地人根据时令与水性，探索出与农业生产紧密相关的"水则"和以"岁修"为主的渠系修浚方法，实现了对黄河水的长续利用。

灌溉农田时，分头轮水、二轮水和三轮水[2]（图3-13），大型干渠长数百里，要实现各处均水，且能满足不同作物的需水要求，需要与之相适的细致"水则"：

立夏时节，需放头轮水灌溉夏田，立夏后10天内，夏田如能得到浇灌，则作物生长最宜；芒种时节，宁夏平原准备播种秋田，需在头轮水灌足后才可播种，一般渠系"上段浪稻子（播种水稻），下段种糜谷"[2]。因此，不论是夏田还是秋田，头轮水的灌溉时间对于农事都十分紧要。二轮水于夏至后放水，也称为伏水，夏、秋田均需浇灌，尤其渠系上中段的水稻田在大小暑时节不能一日绝水，而渠系下段的高粱田等在大暑立秋时用水最急，直至白露前后，二轮水的需求量才有所下降，可只留干渠总水量的4～5分，用以灌溉荞麦、糜子和冬菜。三轮水在寒露前放水，称为冬水，是次年播种的根本，因而全部农田均需灌足，其中，渠系下段农田的冬水需在寒露至霜降期间灌足，渠系中上段农田得到灌溉的时间也不能迟于立冬后的5天。

由长期的农业生产经验获悉："夏秋两禾，得水四次者大获，三次亦丰收，二次减半，一次或过迟，皆无济也"[7]。依照此原则，干支渠轮流使用封俵之法，实行先高后低、先远后近、由梢向上的轮灌制度。

黄河含泥沙量大，极易造成渠道淤积，如果疏浚不力则会导致整个水利系统瘫痪，正如清代宁夏巡抚杨应琚所言：

图3-13 宁夏平原灌溉水则示意图
[图片来源：作者自绘]

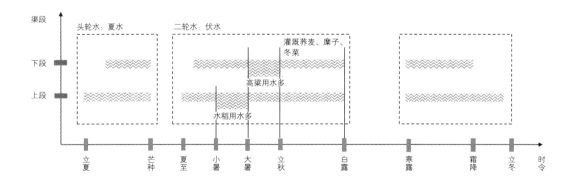

"他处水利或凿渠或筑堰，大抵劳费在一时，而民享其利，远者百年，近者亦数十年……今宁夏之渠，岁需修浚。民间所输物料率数十万，工夫率数十万，然河水一石，其泥六斗。一岁所浚，且不能敌一岁所淤"[5]。

为保证水利系统的畅通有效，从隋唐至明清，中央政府都曾动用国家财政并委派中央官员修浚地区水利。然而，引黄灌溉多泥沙、易改口、引水难，中央的修浚大多相隔数年甚至数十年，一次大修难以保证渠系时时正常运行，尤其是干渠以下的支渠、斗渠等。针对以上问题，宁夏平原逐渐摸索出一套合理的岁修方案，每年通过官督民办的方式对渠系进行彻底维护。

岁修从每年冬灌结束后持续至次年立夏放水前，分估工估料、封渠修浚和放水查验三个阶段[2]。每年冬至，官府召集各渠士绅，决定次年岁修所需的人工物料，连同人员杂费开支，一并按亩摊派到渠水受益家户。次年春分后的半月间，进行埽工作业：用柴土封堵各干渠渠口以断绝水源，涸干渠身。清明至立夏的这一月中，受水农户到指定地点上春工，清理渠道，维修闸坝、桥梁、迎水溂等水利工程。各段渠道的委管在放水后的半月内查验渠段有无倾斜、滑动和阻碍水流等情况，及时补救，完成岁修核验。

官府择优委聘岁修的管工人员，采用官民协办、工验并重的有效方法维护水利系统的正常运行，且这套周期性的管理方法顺天应时，水利收支取之于民，用之于民，具有以渠养渠、自收自用、量出定入、工料兼收、岁清年结的特点[13]，从而保证岁修不因中央政策的变更而中断。

多层级协作的管理机制

如前所述，在宁夏平原的水利管理中，国家、区域、地方各县分别发挥着不同作用，各层级相互配合，形成三个层次协作的管理机制。

一，国家决策与区域监管。中央与区域性行政机构具有统筹管理的职能，通过委派官员和投入资金对地区水利实行监管。在设官方面，元代，初步分化出水利专职[14]；明清时期，中央设水利都司（清雍正后改为水利同知）综理地区水利事务[12]；民国时期，又细化出专管各渠水利的渠管委员会，重要支渠则由会首管理[2]。通过设官，国家保障了地区水利事务的制度化，通过政令推动修渠与均水的执行[15]。此外，中央还委任区域层级官员严格监督水利官员是否履行职责，通过"中央—区域"的协作深度介入地区水利事务。如清乾隆时期，宁夏水利同知李天植未及时管控中上游百姓偷开陡口、争水截流[16]，导致灌区行水秩序混乱、下游农田不能受水，后经区域层级官员监察并上报，被处杖刑与流刑。国家力量通过行政机构和监管制度保证了均水，实现了改善民生的目的。

国家在资金投入方面也对地区水利的发展起到关键的导向作用，尤其是当渠系动决严重、民众无力大修之际，国家资金可帮助恢复水利系统的运行。历代均有拨款修渠的记载，尤其是清康熙以后，清政府多次发帑或借资大修河西五渠。对此史料记载颇多，如"特颁帑银十六万两，以为工匠车辆、一切物料之用，纤维不累于民""颁发帑金，令将汉（延）、唐（徕）、大清三渠，加意修整"[7]"因各渠冲刷较重，民力不能自办，曾经借动司库银八万五千两兴修一次"[17]等。

二，多县统筹与地区整合。宁夏平原灌区规模较大，包含3个子灌区，各子灌区中又有数条干渠。一条大型干渠绵延上百里，可灌数县之田。渠系具有人工流域的空间属性，其分水制度存在上下游的内在规律，因而渠系岁修不以县域为管理单位，而必须通过多县统筹的途径来完成。

在水利管理中，知县作为组织者与协调者，发挥统筹作用。在岁修前，各知县召集本县士绅，全面统筹各渠系岁修的工料费用，再根据受水田亩数合理摊派给各县民众，岁修需民众出夫、出料。明代规定"每田一分，出夫一名……挑浚一月"，"每田一分，出柴四十八束，每束重十六斤。沙椿十五根，长三尺"[3]。清康熙时期，清政府在明制上规定"近渠口者交本色，稍远者交折色"[3]，还根据实际情况细分为"六本四折""七本三折"等。其中，"本色"只征柴草;"折色"不征实物,只征现金,用于采购石料、木料、白灰、胶泥等物料并支付管理人员劳务费。这一规定充分考虑到了上下游受水民众在获得资源上的非均衡性。与缺水的下游相比,得水便利的上游更易种植树木,更易获取岁修所需"柴草";而下游民众则可通过银钱抵偿岁修工料,不必再增加种树负担。灌区各县派夫派料公平均衡,受水田亩数较多者,摊派的工料也较多,其中,宁夏、宁朔和平罗三县所在的河西灌区的面积最大,这三县的出料出夫出银也最多(表3-2)。清嘉庆时期,清政府又进一步根据土地肥力等级,细化了摊派的制度,规定"上地五六十亩为一分,中地七八十亩为一分,下地百亩为一分"[19],一定程度上消除了因土地肥力不均而造成的摊派不均。

清中期宁夏平原渠系岁修摊派清单　　表3-2

县州	田亩（亩）	派料（本色）		派银（折色）	派夫（人/县）
		渠草（斤/县）	椿（根/县）		
宁夏	448593	2009818	78509	919两6钱7分1厘	7697
宁朔	423273	1896384	74078	867两7钱6分5厘	7095
平罗	778690	3488486	136269	1596两2钱9分4厘	13588
中卫	292528	1310400	51188	599两6钱2分5厘	4875
灵州	89505	401050	15666	183两5钱1分6厘	1492

[资料来源:根据《乾隆宁夏府志》[3, 18]计算]

多县在共同摊派岁修外,还常合力开展水利治理。清代,黄河支流西河承接了宁夏、宁朔和平罗三县的灌溉余水,属三县共用的排水沟。三县采取县域协作的方式治理西河,每年根据用水田亩数派夫疏浚,"宁夏县二百二十名,宁朔县四十名,平罗县六百(零)一名"[3]。再如,1934年,金积县与灵武县交界处保护秦渠的古城湾堤坝码头被冲毁,两县协同,勘估工料,决定共同修筑[20]。除宁夏省政府拨款外,其余耗费由两县民众摊派,其中,灵武县负责2/3,金积县负责1/3。以上两则事例揭示了历史上多县合作整治水利系统的普遍情况,反映了宁夏人对水利系统的整体性认知与系统合理的管治策略。

多县也共同祭祀水神、举办民俗活动，以神的意志强化公共管理的权威性[21]，保证水利社会的稳定。水神崇拜在宁夏灌区社会中普遍存在，信仰对象大多是龙神、河神等，主要干渠的渠首、渠尾及重要桥梁处"俱建龙王庙并盖桥房……以祈龙神灵佑"[2, 22]。宁夏各县还在每年的农历四月立夏及秋收之时举办水利祭祀，称为"迎水祭"与"谢水祭"。每逢祭祀，官民均"盂酒豚蹄而从""含鼓而从"[16]，聚集于渠庙祭拜龙神。清中期，为方便水利祭祀与渠庙管理，当地将多县、多渠的渠庙整合为一处，令一县管理。如唐徕渠、汉延渠与大清渠的渠首相近，官府将"三渠龙神合祭于汉（延）渠龙神庙内"[22]，祭祀事务由宁朔县管理，而祭祀活动则由多县多乡共同完成。此外，"用水"与"修渠"的约束碑刻也常设立于渠庙附近，以引导民众广泛参与水利事务。多县利用水神信仰与约束碑刻构建起围绕渠庙的基层水利管理组织。民众在渠庙处祭祀龙神，也商讨修渠事宜、协调地区事务、开展乡村娱乐（社戏），甚而进行商贸交流。水利信仰与水利共识将水利益群体紧密地维系为社会共同体，进而推动了地区公共资源管理与水利社会的共建。

三，县域管理与乡村自治。县是灌区水利管理的基本单元，除了在地区大型干渠的整体维护中发挥协同作用，还对县域内的小型干渠及其下一级渠系进行管理与修浚，并制定分水细则，促进全灌溉流域的畅通、完整。

知县在县域水利管理中起到整体统筹、组织动员的作用，而以士绅为代表的民众则积极执行，形成了成熟的官督民办的水利管治模式。在水利修浚方面，知县牵头组建官民协作的管理队伍：委派首士管理"银钱工料"、委管负责"分段督修"、渠长负责"催派夫料"、水手专管"各闸启闭，并呈报水势消长"[23]，其余职位"皆所以分督夫役者"[23]。如清末中卫县知县王树枏主持修浚七星渠，不仅在前期反复勘察论证、制定方案、筹措资金，还在修浚中亲自监督、分段验收工程[6]，有效的管理使得渠系在一年内便修浚完毕。此外，知县还及时勘查县域水利情况，组织民众对山洪、黄河改道及沙害等天灾造成的渠系废坏进行维修。在水利管理方面，知县制定长效管理机制与日常维护方案，通过士绅的力量，带动民众广泛参与。在均水上，知县定立水则，对管理人员职责、田间水量标准及受贿应获惩罚等有详细规定，如行水要求：

> "自下而上，由委管订立日限，轮流灌田""口头将闸封闭，不奉委管之命，不得擅开。如有贿买私开等弊，即将口头责罚""灌田放水取其足用而止，不准点水放稍，弃之道路，如查出何田之水淹浸大路，即将口头提案"[6]。

县令通过控制乡绅来实现对乡堡的间接管理。在乡土社会中，享有威望的乡绅是沟通官方与普通民众的桥梁，在乡村渠系修浚中担任管理者，可灌溉一堡之田的小干渠的修浚工作常由乡绅组织开展[24]。乡绅常捐资管理乡村水利事务。如，清中卫县广武堡的丰乐渠因邻近黄河而"多被沙淤"，当地乡绅即捐资修闸，并疏浚渠道[25]；再如，清中卫县枣园堡的乡绅捐资为新顺水渠添建减水闸并改立渠口[25]。乡绅广泛地参与渠系管理，推动形成了内聚力强的乡村水利共同体，从而保证：不论国家力量介入的强与弱，广大乡村都能稳定开展岁修与分水，自发维护渠系的经济功能。

第四节　典型水利工程

宁夏引黄灌区的许多古渠系始建于汉唐，经历代疏浚管理，形成了完善的水利渠网体系，其渠首工程完备、渠系结构布局合理，至今仍是支撑地区发展的重要生态基础设施。以下从宁夏平原三大子灌区中分别选取一处典型的水利工程，从中观尺度探究水利设施的空间分布特征及其对农业发展的影响。

唐徕渠

唐徕渠，又称唐渠，位于河西灌区，具体开凿时间难以确切考证，但其形成时间可追溯至西汉武帝时期，明万历《朔方新志》记载:"唐徕渠亦汉故渠而复浚于唐者"[26],有学者考证汉代的高渠极有可能为唐徕渠上游段的前身[27]。在西汉高渠、北魏艾山渠的基础上,唐政府将这条干渠延长至宁夏平原中部,并在干渠左右增开8条大支渠。西夏时期,唐徕渠又向北延伸至今平罗县一带,基本形成现今走向与规模。元明清时期,唐徕渠渠口不受水、渠首工程易受损、渠身不坚固等问题得到解决:元代至元元年(1264年),更立闸堰,加固了渠首工程[28];明隆庆时期,渠口下游约11.5km处建进水闸1座和退水闸2座,完善了渠水调控设施[26];清康熙时期,渠口增筑迎水湃一道,以利渠口受水[3]。民国时期,唐徕渠已成为宁夏平原规模最大的干渠之一,其支渠数量十分庞大,灌溉范围广阔。唐徕渠的历代演变如图3-14所示。

清末,唐徕渠渠口位于青铜峡一百零八塔下。渠口至进水闸的渠首段长11.3km,依次设迎水湃、3座退水闸和1座进水闸[2](图3-15)。迎水湃经数次延长后,至民国时期已达到2700m[2],可分黄河2/5之水入渠。迎水湃以下设置滚水坝[2],当黄河水量较大时,入渠之水可越过该坝复归于黄河主河道。为了更精准地调控入渠水量,滚水坝下设置关边闸、安宁闸、汇昌闸3座4孔的退水闸[2],在减水同时兼具减沙功效。再下游处即为4孔的进水闸,闸上架设桥

图3-14 唐徕渠历史演变示意图
[图片来源:作者自绘]

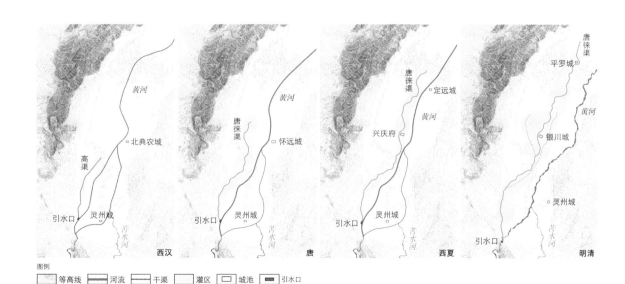

图3-15 清至民国时期唐徕渠渠首段示意图
[图片来源：根据民国《宁夏省唐徕渠流域图》[2]绘制]

梁，闸下墙体上刻水尺，用以测定渠内水量。明代，唐徕渠进水闸旁设置一座屯堡——大坝堡，用以管理渠首的闸坝启闭以及龙王庙、观音堂等渠庙的修缮事务；清代以后，大坝堡逐渐发展为渠首处的一座大型村堡[29]。

民国时期，唐徕渠自进水闸至渠尾长200.55km，为方便管理将渠系分作4段[2]（表3-3、图3-16）。唐徕渠共有小支渠500道，渠系十

民国时期唐徕渠规模与灌田情况　　　　表3-3

渠道分段	渠道规模（m）			灌溉聚落		支渠数量（道）		农田形制
	长	宽	深	县	乡（个）	大支渠	小支渠	
第一段：进水闸—玉泉桥—大东方桥	65500	33.0	0.99~1.65	宁朔县	11	—	111	除大坝乡外，其余均为水田
第二段：大东方桥—大新渠口—西门桥	43000	23.0	1.65~1.98	宁朔县、宁夏县	11	3	61	9/10为水田
第三段：西门桥—站马桥—罗渠口	36600	16.5~19.8	1.98~2.31	宁夏县	13	3	93	9/10为水浇田
第四段：罗渠口—渠尾	55450	9.9	0.99~1.32	平罗县	7	1	228	均为水浇田

[资料来源：根据《宁夏省水利专刊》[2]整理]

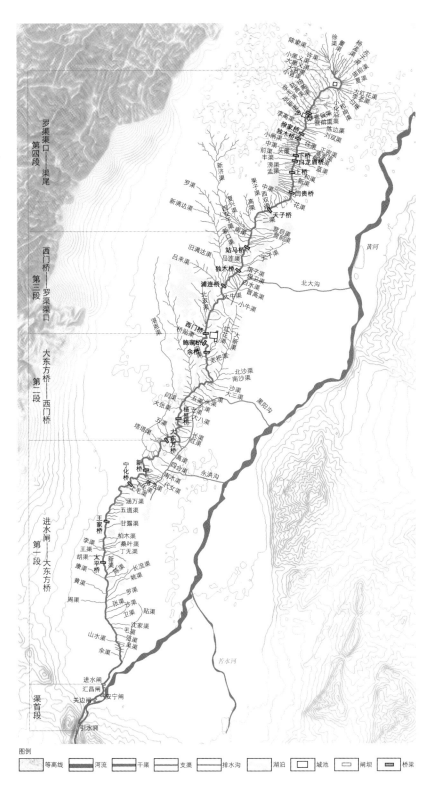

图3-16 清至民国时期唐徕渠渠系分布图
[图片来源：根据《宁夏省水利专刊》[2]《宁夏省唐徕渠流域图》绘制]

分庞大,第二、三、四段开良田渠、大新渠、红花渠、太子渠、新济渠、满达剌渠和罗渠7道大支渠[2],第四段平罗县一带的小支渠最多。唐徕渠干渠两侧多湖泊:第一、二段处湖泊多为地质构造湖,第三、四段处多为人工泄湖。

唐徕渠灌溉了宁朔县、宁夏县与平罗县3县42乡之田,溉田面积达310km²[2]。上下游渠段的水量不同、地势有差,产生了明显的水旱田空间分异:第一、二段的水田占比较大,可达90%;第三、四段则以水浇田为主。

唐徕渠第一段沿贺兰山山麓开凿,道路较少;而其余三段所经之处聚落繁多、交通发达,以致干渠上桥梁众多,民国时期已有26座[2]。各桥构筑精美,与水渠、植被构成别具特色的平原邑郊景致。

秦渠

秦渠又名秦家渠,位于河东灌区,修建历史可追溯至西汉,历代疏浚延用,至西夏时期已成为宁夏平原的12条大干渠之一。清康熙时期,干渠被重整为石底,支渠数量增加,渠系灌溉面积扩大[30]。黄河出青铜峡后,河道变迁频繁,秦渠引水口受黄河改道的影响,常有受水不足之患。清乾隆三十八年(1773年),秦渠引水口从单口引水变更为上下两口引水,解决了渠口不易受水的问题。随后又在引水口处增筑长堤,用以抵挡河水对渠口的冲刷(图3-17)。

图3-17 秦渠历史演变示意图
[图片来源:作者自绘]

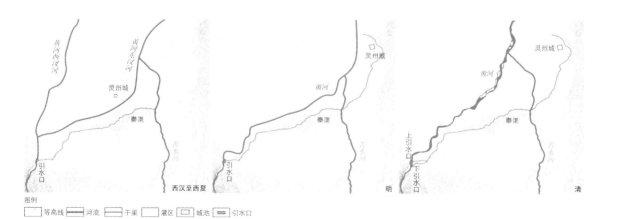

图3-18 清至民国时期秦渠渠首图
[图片来源：根据《宁夏省灵武县秦渠流域图》[2]绘制]

秦渠改为多首制引水结构，可保证黄河在东西摆动时仍能有足够的河水入渠，是适应地势、水情的因地制宜的水利建设方案。其引水上口距汉渠渠口83m，下口距上口250m左右，两口均设迎水湃，引河水东流，至下游500m处合二为一。下游处设置3道减水闸，将多余水量退入黄河。下游12.5km处设置进水闸及水尺，以定全渠水量（图3-18）。此外，基于特殊的地理位置，为保护渠口不受东渐河水的冲刷，并保证下游灵州城的安全，秦渠下闸口处修筑长1200m的灵州长堤，渠身弯曲处也多修筑护渠码头。

民国时期，秦渠从进水闸至渠尾，长54.5km，分为5段管理（表3-4，图3-19），共开大小支渠223道，灌溉灵武县、金积县2县20多个村落的田地达97km²。在东门村至灵州城东北角一带，因秦渠低而田地高，不能实现自流灌溉，因此在相宜之处设置3道提水闸，抬高渠水来浇灌高田。

民国时期秦渠规模与溉田情况　　　表3-4

渠段	渠道长度（km）	支渠数量（道）	所属县	灌溉聚落	溉田数（km²）
第一段：进水闸—大秦桥	14	60	金积县	金秦四里	4.5
			灵武县	枣园村	3.3
				吴西村	6.0

续表

渠段	渠道长度（km）	支渠数量（道）	所属县	灌溉聚落	溉田数（km²）
第二段：大秦桥—郭家桥	13.5	46	灵武县	左营村	6.0
				吴南村	8.0
				吴东村	6.0
				新接村	8.7
				胡回村	7.3
第三段：郭家桥—夜摸桥	6	42	灵武县	胡汉村	7.3
				中南村	4.0
				东五村	2.0
				西路村	4.7
				右营村	4.7
				中北村	2.6
第四段：夜摸桥—解家桥	16	58	灵武县	东二村	4.7
				东一村	2.0
				南门村	4.0
				西门村	4.7
第五段：解家桥—尾闸	5	17	灵武县	东门村	2.1
				南门村	4.7

[资料来源：根据《宁夏省水利专刊》[12]整理]

美利渠

美利渠是卫宁灌区中规模较大的一条干渠，自黄河北岸沙坡头下开口引水，经中卫县东北向东流，至胜金关西入黄河。美利渠开凿年代不可确切考证，清乾隆《中卫县志》中的《美利渠记》记载："中卫有蜘蛛渠，即今美利渠，长亘百里，经始开凿，志遗莫考"[31]。有历史学家推测美利渠在西汉时期就已开挖了上游段的初始渠道，元代"董、郭二公为之也"[31]，经过修葺初成蜘蛛渠，后经明清两代的不断修浚，形成美利渠的基本规模。明代以前，美利渠的渠口高

第三章　系统均和的灌溉水利

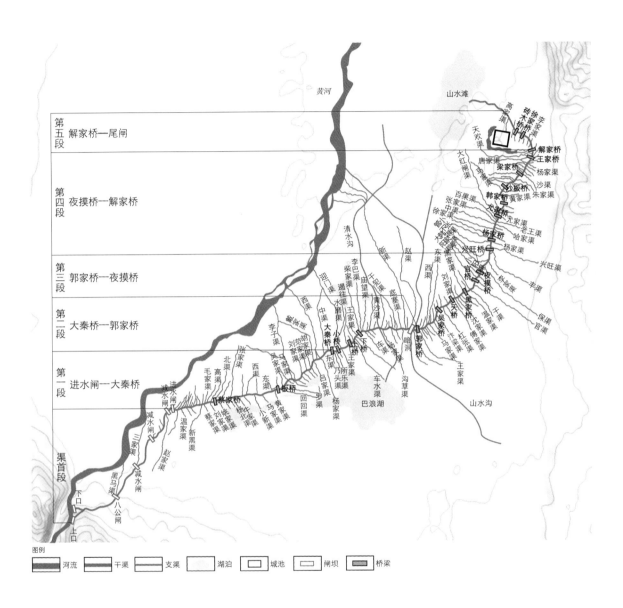

图3-19　清至民国时期秦渠渠系分布图
[图片来源：根据《宁夏省水利专刊》[2]、《宁夏省灵武县秦渠流域图》[2]绘制]

而小，受水非常不易。明清时期，渠口经过多次整改：明代，渠口被移至旧口的上游3km处[26]；清代，渠口被再度上移以争取水头，渠口处设置迎水湃，渠首段加设减水闸，渠首工程更为完善。

清末，美利渠自沙坡头天然岩石处开口，渠口设400m的迎水湃。渠首段总长10km，不设正闸与水尺，由渠口至迎水桥设6道减水闸[2]，各闸分时启闭以调控进渠水量（图3-20）。

美利渠的渠首北靠沙漠、长城，南有黄河蜿蜒而过，渠口沙坡

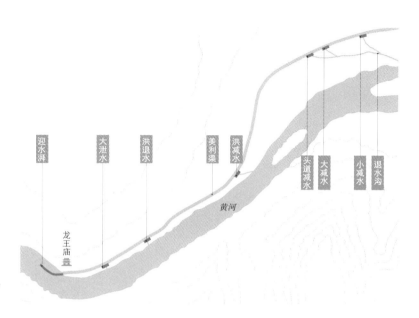

图3-20 清至民国时期美利渠渠首示意图
[图片来源：根据《宁夏水利专刊》[12]《宁夏省中卫县美利等渠流域图》[12]绘制]

头附近果林茂密，明清时期就以"沙坡鸣钟"之胜景而著名。美利渠上的履坦桥是中卫城郊最重要的桥梁，桥西遍植杨柳。此外，渠首段还是中卫地区的水利祭祀中心，渠口建龙王庙，迎水桥附近建显神庙、高庙，每年的岁修及开春水之时，当地官民都会在渠首及各渠庙中举行规模盛大的水利祭祀活动。

美利渠沿北山山麓由西至东延伸，全渠长77km。除渠首段外，其余渠段共分2段进行管理。全渠开137道支渠，溉中卫县的八塘湾等村之田近63km²（表3-5、图3-21）。

民国时期美利渠规模及溉田情况　　表3-5

渠系分段	渠道长度（km）	支渠数（道）	灌溉聚落	溉田数（km²）
渠首段	10	3	沙疙瘩庄子等	2.5
第一段：迎水桥—官桥	12	26	中卫县西南各村	33.5
第二段：官桥—渠尾	55	108	马槽湖、李家园子、黄家庄子、九塘湖	27.0

[资料来源：根据《宁夏省水利专刊》[12]整理]

第三章　系统均和的灌溉水利

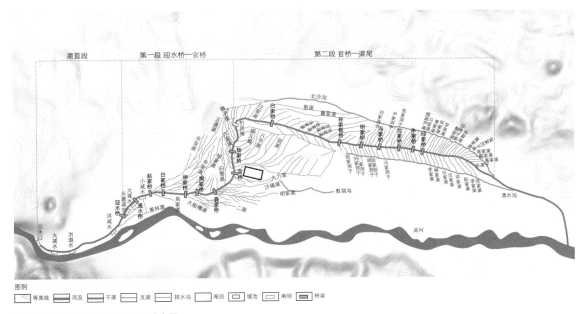

图3-21　清至民国时期美利渠渠系分布图
[图片来源：根据《宁夏省水利专刊》[2]《宁夏省中卫美利渠等渠流域图》[2]绘制]

　　美利渠的规模虽不及河西灌区的大型干渠，但渠道中下游的村庄密集，交通发达，干渠上所建桥梁较多，民国时期已有22座。许多桥梁连通乡道，并与闭水闸合并设置，简便实用，颇具地方特色。

参考文献

[1] （明）徐贞明. 潞水客谈·附录.

[2] （民国）宁夏省政府建设厅. 宁夏省水利专刊[M]. 北京：北平中华印书局，1936.

[3] （清）张金城. 乾隆宁夏府志·卷八·水利.

[4] 张芳. 中国古代灌溉工程技术史[M]. 太原：山西教育出版社，2009：85.

[5] （民国）金天翮，冯际隆. 河套新编·渠工考.

[6] 刘建勇，等. 重修中卫七星渠本末记：点校本[M]. 郑州：黄河水利出版社，2018.

[7] （清）张金城. 乾隆宁夏府志·卷二十·艺文三.

[8] （清）张金城. 乾隆宁夏府志·卷三·名胜.

[9] （清）郭楷. 嘉庆灵州志迹·卷二·水利源流志.

[10] 刘翠溶. 中国环境史研究刍议[J]. 南开学报（哲学社会科学版），2006，52（2）：14-21.

[11] 饶明奇，王国永. 水与制度文化[M]. 北京：中国水利水电出版社，2015.

[12] （清）张金城. 乾隆宁夏府志·卷九·职官.

[13] 卢德明. 宁夏引黄灌溉小史[M]. 北京：水利水电出版社，1987.

[14] （明）宋濂，王袆. 元史·卷二十二·武宗一.

[15] （清）佚名. 钦定大清会典则例. 卷一百三十四·工部.

[16] "台湾故宫博物馆". 宫中档乾隆朝奏折[M]. 第51辑. 台北："台湾故宫博物院"，1982：455.

[17] （清）那彦成. 奏请借项兴修宁夏渠工事：嘉庆十六年十二月初三日. 档案号03-2090-021. 中国第一历史档案馆藏.

[18] （清）张金城. 乾隆宁夏府志. 卷七田赋.

[19] （清）瑚松额. 奏为遵旨审明定拟宁夏水利同知张东序被控勒派加夫封水害民一案事：道光十五年十二月初七日. 档案号04-01-01-0766-009. 中国历史第一档案馆藏.

[20] （民国）宁夏省建设厅第一科. 宁夏省建设汇刊[M]. 银川：宁夏省建设厅第三科，1936.

[21] 谭徐明. 古代区域水神崇拜及其社会学价值——以都江堰水利区为例[J]. 河海大学学报（哲学社会科学版），2009，11（1）：9-15.

[22] 刘建勇. 宁夏水利历代艺文集[M]. 郑州：黄河水利出版社，2018.

[23] （清）黄恩锡. 乾隆中卫县志·卷一·地理考·水利.

[24] 岳云霄. 清至民国时期宁夏平原的水利开发与环境变迁[D]. 上海：复旦大学，2013.

[25] （清）黄恩锡. 乾隆中卫县志·卷九·艺文编.

[26] （明）杨寿. 万历朔方新志·卷一·水利.

[27] 杨新才. 宁夏农业史[M]. 北京：中国农业出版社，1998：84-85.

[28] （明）胡汝砺，编. 管律，重修. 嘉靖宁夏新志·卷一·水利.

[29] 青铜峡市志编纂委员会. 青铜峡市志：上[M]. 北京：方志出版社，2004.

[30] 《宁夏水利志》编撰委员会. 宁夏水利志[M]. 银川：宁夏人民出版社，1993.

[31] （清）黄恩锡. 乾隆中卫县志·卷九·艺文编.

第四章

因灌而兴的农业生产

宁夏平原气候干旱，农业生产完全依赖于水利灌溉，正所谓"有水之处为沃壤，无水之处为荒漠"[1]。秦汉时期，旱作农业在宁夏平原萌芽并得到稳定发展；南北朝至隋唐时期，中原的水稻种植技术传入，在较完善的灌溉水利设施的支持下，水稻种植普及；明清时期，屯垦面积大幅增加，农业生产快速发展。

受水土条件的差异化影响，地区的灌溉田与旱田产生明显的空间分异。灌溉田分布在有灌溉设施的平原区，以规则的平川田为主，旱田则分布在不受灌溉的山麓与台地一带，两者肌理差异显著，灌溉田分布更广。明清时期，当地已形成较为固定的农作物类型，包括以小麦、水稻为主的粮食作物以及经济类、园艺类作物。

第一节　农田类型：水浇田广布，肌理各异

灌溉农田根据农作物的用水量不同，分作水浇田与水田。水浇田种植小麦、糜子等旱地作物，水田蓄水主要种植水稻。

根据民国时期相关调查报告[2-3]统计，水浇田约占宁夏平原农田总面积的3/4。当地水浇田采用畦灌[4]，大部分地区以长条形的畦田

为耕作单位,形成了规整有序的几何形农田肌理。水田一般采用淹灌,在农田上方形成均匀如镜的水层(图4-1)。水田对灌溉要求更高,因此水田相较水浇田更为平整,每格水田有独立的灌水口与排水口,田格长100~150m,在多盐碱土的地区,水田格子的长度更小些[3]。因特殊的灌溉与种植方式,使水田形成了与水浇田较为不同的肌理。

民国时期,宁夏平原各县的土壤与水利条件不同,以致水田在空间分布上大致具有南多北少的特点。银川平原南部的灵武县、金积县以及卫宁平原的中卫县、中宁县4县水田最多,其中,灵武县的水田面积接近总农田数的一半,其余3县的水田面积可达30%左右;银川平原中部的贺兰县、宁夏县与宁朔县的水田面积较少,占农田总面积的10%~20%;而银川平原北部的平罗县一带则几乎全为水浇田[1,6](图4-2)。总体而言,民国时期,宁夏平原大部分地区仍以水浇田为主,水田占比不足两成。

历代根据地区土壤性质与受水情况,划分农田等级以确定税收。清乾隆时期,农田被综合评定为上、中、下三等,并进一步被划定为高亢田、滩田、湖田、硝田、碱田、沙薄田及沙渍田等[7]。三个等级的农田每亩征粮分别为1.2~1.5L、0.5~0.7L和0.3L以下,再根据农田的土壤性质,细化具体税收。民国时期,宁夏省政府将农田划定为平川田、湖滩田和山地田三等八级[2](图4-3、图4-4)。

图4-1 民国时期宁夏平原的水田劳作场景
[图片来源:引自参考文献[5]]

图4-2 民国时期宁夏平原水浇田空间占比图
〔图片来源：根据《宁夏纪要》[1]《十年来宁夏省政述要》[6]绘制〕

平川田为三等中最优，多位于灌溉渠系的两侧，分布最广，根据1942年的农田调查，平川田已占本区总耕地面积的85.2%[6]；湖滩田是民国时期重点垦荒的一类农田，多是将人工泄湖填平充作农田，集中分布于河西灌区中部和河东灌区中南部；山地田占比较少，分布在贺兰山、香山山麓及灵盐台地边缘，基本无灌溉设施，农业产量较低。

图4-3 民国时期三种农田分布范围示意图
[图片来源：根据《十年来宁夏省政述要》[6]绘制]

第二节 作物经营：麦稻兼营，种植多样

秦汉至北魏时期，糜、黍、稷、秫、小麦、青稞等禾谷类旱地作物是平原上的主要作物[8]。豆类种植最迟始于西夏，西夏文字典《蕃汉合时掌中珠》中记载了豆类的3种主要类型——豌豆、黑豆、荜豆[9]。元明清时期，旱地粮食作物的品种又有了更为细致的分化，如糜可细分为白糜、红糜、青糜、黄糜、黑糜和黏糜6种[8]，灵

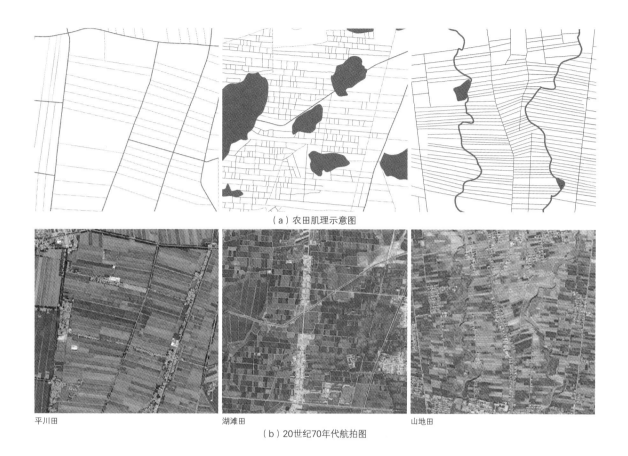

（a）农田肌理示意图

平川田　　　　　　　　　　湖滩田　　　　　　　　　　山地田

（b）20世纪70年代航拍图

图4-4　宁夏平原三类农田的肌理对比图
[图片来源：根据美国地质调查局USGS数据库20世纪70年代地图绘制]

州之地种"大麦、小麦、荞麦"[10]等，同时，粮食产量也有了较大提升。统计清乾隆时期宁夏平原夏秋征收的主要农产品种类与数量（表4-1），可发现小麦、糜子、豆类等旱地作物仍是地区的主要粮食作物类型[7]，各类作物的种植占比直至民国时期也未有大的变化。

北周至隋唐时期，稻作技术随着江南居民的迁徙进入宁夏平原，水稻种植在灵州一带被推广开来。西夏时期，水稻种植范围扩大至平原中部，形成了以兴、灵二州为中心的稻作区。明清时期，宁夏平原已成为西北主要的稻作区之一，清乾隆《宁夏府志》记载，"物产最著者，夏朔之稻"[7]，可见水稻在地区农业生产中占据十分重要的位置。民国时期，水稻产量仅次于小麦[1]，水稻的种植面积虽只占农田总面积的13.6%，但其产量却占粮食总产量的29%[6]，因而此地居民可"食主稻、稷，间以麦"[11]。

清乾隆时期宁夏平原夏秋税收所征农产品
种类与数量统计　　　表4-1

州县	夏税		秋税	
	小麦（石）	豌豆（石）	青豆（石）	粟米（石）
宁夏县	6316	14329	13313	6316
宁朔县	5982	13218	12584	6005
平罗县	7699	10508	4279	7699
灵州	2528	5613	5345	4111
中卫县	8941	9041	11421	5760

［资料来源：根据清《乾隆宁夏府志》[7]整理］

除粮食作物外，宁夏平原也可栽种油料、蔬菜、药材等经济作物，果树与花卉的栽种历史同样悠久。早在两汉，平原上就已大量栽植桃李[12]；十六国大夏时期，赫连勃勃营造果园城与丽子园，平原上的果林十分茂盛；明代，果树种类增加，主要有"杏、桃、李、梨、林檎、含桃、葡萄、枣、柰、秋子、胡桃"[13] 11种；清代，果树种类又增至20种，林檎、枣树的数量最多，清乾隆《宁夏府志》中就有"南麓果园……多植林檎"[14]的记载。此外，明清时期，地区园林营建推动了园艺业的迅速发展，花卉种类增多，明代可种植的常见花卉就有26种，有"牡丹、芍药、蔷薇、石竹、鸡冠、萱草、玉簪、菊、荷、小竹、戎葵、黄蜀葵、红花、罂粟、凤仙、百合"[15]等。

宁夏平原气候寒冷，农业生产是以春小麦为主的一年一熟制，分夏田与秋田，其中，小麦、水稻为夏田，糜子、谷子为秋田[1]。春小麦在清明前后播种，于夏至后收获；夏田收割后还可播种糜、谷等，秋分时节即可收获[1]。因此在水浇田生产中，一般采用复种、间种等方式来增加粮食产量。据统计，1941年春小麦后复种秋田的耕地占到25%左右[6]。民国时期，宁夏平原开始实行旱作轮作[16]，通常春小麦连种2～3年轮作大糜子以及胡麻、谷子、高粱、大麦等。水稻培植时间较长，一般于芒种后播种、秋分时收获[1]，水田生产只能保证一茬作物的收获。因此，水浇田与水田所形成的季节性农业景观差异较大（图4-5）。

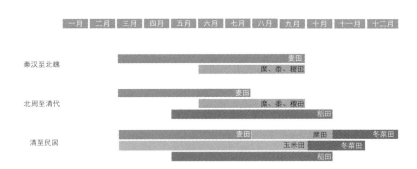

图4-5　各历史时期宁夏平原季节性农业景观
[图片来源：作者自绘]

参考文献

[1] 叶祖灏. 宁夏纪要[M]. 南京：正论出版社，1947：51.

[2] （民国）宁夏省政府建设厅. 宁夏省水利专刊[M]. 北京：北平中华印书局，1936.

[3] （民国）宁夏省地政局编. 宁夏省夏朔平金灵卫五县农田清丈登记总报告[M]. 银川：宁夏省地政局，1940.

[4] 樊惠芳. 灌溉排水工程技术[M]. 郑州：黄河水利出版社，2010：56.

[5] 口述宁夏. 好吃的宁夏大米，60年前，其水稻种植经历了怎样的变革[EB/OL].（2020-01-23）[2024-10-18]. https://www.163.com/dy/article/F3JTT9LH0541AGHL.html.

[6] 蒉敦道，等. 十年来宁夏省政述要[M]. 宁夏省政府秘书处，1942.

[7] （清）张金城. 乾隆宁夏府志·卷七·田赋.

[8] 杨新才. 宁夏农业史[M]. 北京：中国农业出版社，1998.

[9] 李范文. 夏汉字典[M]. 北京：中国社会科学出版社，1997.

[10] （清）郭楷. 嘉庆灵州志迹·卷一·风物；物产.

[11] （清）张金城. 乾隆宁夏府志·卷四·物产.

[12] 汪一鸣. 汉代宁夏引黄灌区的开发——两汉宁夏平原农业生产初探[C]//中国水利学会水利史研究会. 水利史研究会成立大会论文集. 北京：水利电力出版社，1984.

[13] （明）朱栴. 正统宁夏志·卷上·土产.

[14] （清）张金城. 乾隆宁夏府志·卷三·名胜.

[15] （明）胡汝砺. 弘治宁夏新志·卷一·宁夏总镇·物产.

[16] 宁夏农业志编纂委员会. 宁夏农业志[M]. 银川：宁夏人民出版社，1999.

第五章 四方通贯的水陆交通

宁夏平原的古道，连通西域与中原；汉族人民沿古道进入宁夏平原屯垦、定居并进行商贸活动；少数民族则在战争与和平的序章中，不断争夺领地、适应农耕生活，最后转为定居，成为地域文化中不可分割的一部分。可以说，宁夏平原的条条古道，是民族融合之路。

宁夏平原陆路交通建设开始于秦汉，发展于唐代，在西夏时期达到兴盛，于清中叶形成了由驮道、大车道交织而成的稳定网络[1]；水运历史则发端于南北朝，在清至民国时期达到鼎盛[2]（图5-1）。

先秦时期，宁夏平原就有开拓车道的记载，《诗经·小雅·出车》描述："王命南仲，往城于方。出车彭彭，旗旐中央。"[3] "方"即指朔方，泛制周朝北部，包括宁夏平原。秦始皇在全国范围内大修驰道，北地郡的交通网络以富平县（今吴忠市南郊）为中心。北魏政府则建设了以灵州为中心的4条对外陆路交通干线，向北至沃野镇、向南经宁安（今中宁县）和原州（今固原）至甘肃、向东至陕西靖边县、向西渡黄河过贺兰山后转向甘肃武威；还利用黄河运输军粮，从而开辟了由灵州至内蒙古临河的黄河航道[2]。唐代，围绕灵州的平原干道增至11条[4]，尤以灵州道最为重要，其打通了宁夏平原与长安的

第五章 四方通贯的水陆交通

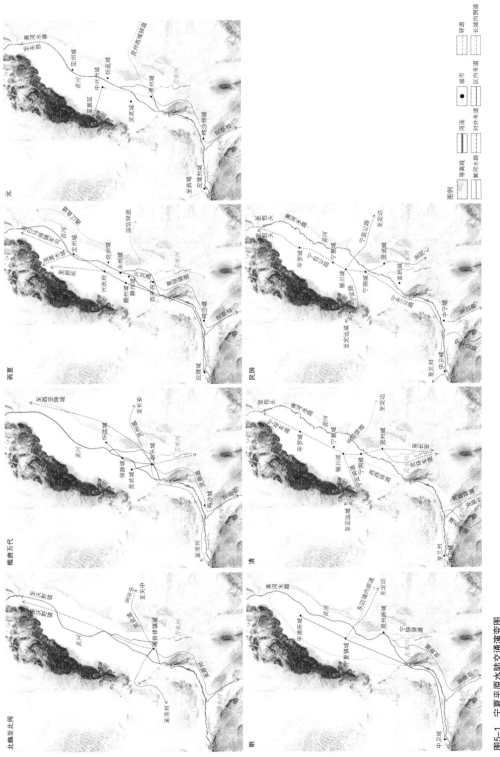

图5-1 宁夏平原水陆交通演变图
[图片来源：根据《宁夏交通史·先秦—中华民国》[12]绘制]

阻隔，并在唐末五代时期成为丝绸之路的重要组成路径。

随着西夏政权将区域的交通中心北移至银川一带，平原的交通格局也发生了很大改变。除灵州道外，其余围绕在灵州周边的干道逐渐没落，取而代之的是连通兴庆府与京畿重要军镇、州县地区的各条干道。由兴庆府更可直达宋、辽都城：国信驿道向东南直达汴梁、"直道"向东北抵达上京临潢府[5]。此外，重要的交通干道都处于监军司的控制之下，交通与防御系统的联系十分紧密[5]。

元政府在宁夏平原设立2条主要驿道[6]：一条是由灵州接西域道、贯穿宁夏中部、经过5个驿站的陆驿，另一条是由应理州（今中卫）至东胜州（今鄂尔多斯）、经过7个驿站的黄河水驿。明代，为了巩固地区的军事防御并加强运输，不仅修通了南下的驿道，还在长城内侧修筑了大量的道路，为清代大车道的发展奠定了基础；而此时黄河的对外交通功能减弱，黄河航道缩短，主要承担平原内部的短途运输任务[2]。清代较为安定的政治、军事环境再次促进了区域交通的发展：平原上修筑了稳定的大车道，由宁夏府城通往兰州城和固原城的大车道尤为关键；中卫至包头段的黄河航道则再次被频繁使用。民国时期迎来了交通发展的变革，汽车道的布设以部分清代大车道为基础，形成宁包、宁兰、宁平3条公路干线，其余10余支线连通了各县城及重要乡镇。

第一节　跨区交通：跨接西域，连通中原

丝绸之路灵州道

古丝绸之路在南北朝就已十分兴盛，唐代尤为活跃。公元852—855年[7]，唐政府开辟灵州道，将丝绸之路东段与灵州道相接，可由灵州向东进入河西走廊。灵州道作为丝绸之路的一段持续了150年之久，直至灵州城被党项族攻占后，灵州道所承担的对外交通功能才逐渐衰落。

灵州道以灵州为节点分为东段和西段（图5-2）。东段是历史悠久的环灵大道，从长安出发，经邠州（今咸阳市彬州）、宁州（今

第五章　四方通贯的水陆交通

图5-2　唐末至宋初灵州道分布示意图
[图片来源：改绘自《GIS技术支持下的北宋初期丝路要道灵州道复原研究》[9]]

（a）灵州道全程

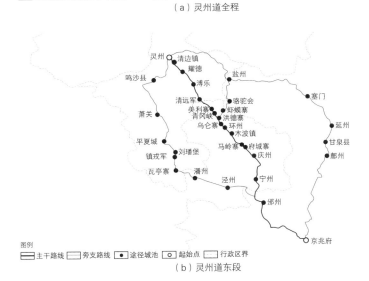

（b）灵州道东段

庆阳市宁县）、庆州（今庆阳市庆阳县）、环州（今庆阳市环县）入灵州[8]，途经川谷地带，地势平坦、水源丰沛。西段的线路则大致有北、中、南3条[9]，较之东段更为难行，但沿途有浩浩平原、滔滔黄河、茫茫大漠和陡峻山峰，景观更为多样。西段的3条路线中，北线为军事路线，中线迂回且需穿越沙漠，都不是常选的路线；南线便捷易行，从灵州西行至青铜峡，过黄河，西行至中卫，再入河西走廊[2]，这条路线也是商人、僧侣和一般使臣优先选择的西行道路。灵州道连接了关陇与塞北的重要地带，在对接草原丝路、沟通绿洲交通上有重要作用，且因其选线合理，一直被沿用至明清时期。

明清驿道

宁夏平原的陆驿形成于元代，成熟于明清；水驿则为五百里黄河水路，在元代时被广泛使用，至明清时期更是"差役浩繁，日不暇给"[10]。驿道沿途每30～90里（17～52km）设一处驿站，驿站处配置马匹及房舍、仓库、耕地等。

在陆驿方面，明代宁夏平原仅有一条驿道通往陕西布政司所在地西安[10]。清代，宁夏平原隶属甘肃行省，因而通往兰州的西路驿道十分重要，通向陕西定边、绥德的东路驿道也较为重要。清乾隆时期，平原已有3条驿道（图5-3、表5-1）、17个驿站，其中，宁夏

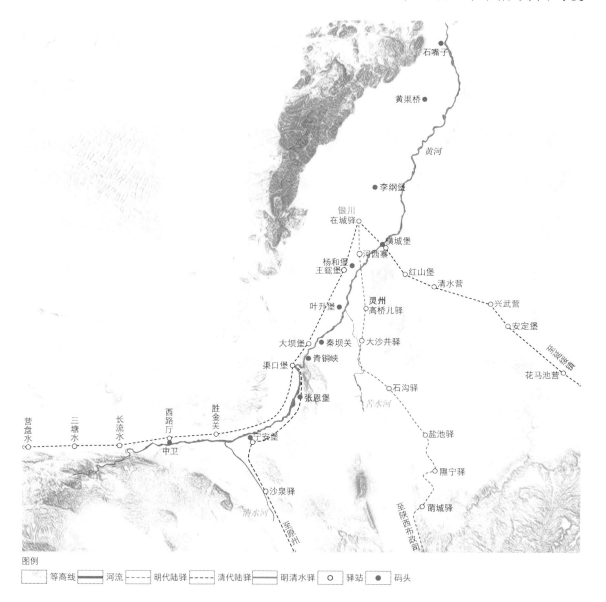

图5-3 明清时期宁夏平原驿道分布图
[图片来源：根据《宁夏交通史：先秦—中华民国》[12]绘制]

图例
等高线　河流　----明代陆驿　----清代陆驿　明清水驿　○驿站　●码头

明清时期陆驿规模与走向　　　　表5-1

时期	名称	起始点	里程数（km）	驿站数（个）	驿道走向
明	宁陕驿道	银川—关中	210	8	在城驿—河西寨—大沙井驿—石沟驿—盐池驿—隰宁驿—萌城驿—至环州、庆州
清	西路驿道	银川—兰州	328	9	在城驿—王鋐堡—大坝堡—渠口堡—胜金关—西路厅—长流水—三塘水—营盘水—至兰州
	东路驿道	银川—绥德	161	7	在城驿—横城堡—红山堡—清水营—兴武营—安定堡—花马池营—至定边、绥德
	南路驿道	宁安堡—原州	63	2	宁安堡—沙泉驿—同心—李旺—三营—至原州

[资料来源：根据《宁夏交通史：先秦—中华民国》[2]整理]

府城的在城驿、中卫的西路厅、宁安堡和横城驿等都是地区重要的驿站。

黄河水驿是宁夏平原的一大交通优势。黄河在宁夏平原的里程达397km，连通了中卫至石嘴子的广大平原地区，且宁夏段的黄河河床较为稳定、水流平缓，通航时间长达8个月，行船条件十分优越。元代，大量丝绸、盐、药材等中原商品通过该段航道被运至中卫，再被运往西域各国，极大地方便了中原与西域的文化经济交流。清至民国时期，黄河航道十分繁忙，依靠水运出境的物资每年达10万吨，占总物资的70%以上[11]，沿途驿站主要有宁安堡、张恩堡、青铜峡、秦坝关、叶盛堡、杨和堡、横城驿、李纲堡、石嘴子等[2]。

港口一般被设在距离城镇较近的河边，选址于水流平缓、水域宽广、河岸稳定的地段，大多港口设施简易，随着水位涨落而迁移。清代，较为固定的大型港口有四处——中卫、宁安堡、横城堡、石嘴子[2]，四港交通便利，商业繁荣。此外，许多靠近黄河的小型堡寨依靠其水陆码头的交通优势，逐渐发展为地区的重要市镇，如吴忠堡、金积堡等。

第二节　区内交通：车道通贯，桥渡众多

清代，平原上建成了以银川为中心、贯通南北的大车道交通网

络，交通网包含8条干线、6条支线（表5-2、图5-4）。干线通向甘肃兰州、内蒙古包头和陕西定边等地，途经中卫、灵州、平罗等重要县城；支线则连接了贺兰山东麓及银川平原一带广袤的乡村地区。

清代宁夏平原大车道干线分布及规模　　　表5-2

道路名称	起始点	经过地点	境内长度（km）
宁兰车道	宁夏府城、兰州	叶升堡、渠口堡、广武营、石空堡、中卫、长流水等	288
宁绥车道	宁夏府城、包头	李纲堡、姚伏堡、平罗城、黄渠桥、石嘴山等	115
靖石车道	靖远、石空堡	兴仁堡、中卫寺口子、宁安堡、石空堡等	115
靖中骑路	靖远、中卫	大红沟、烟洞沟、大水、新墩等	156
宁定骑路	宁夏府城、定远营	经赤木关、越贺兰山	127
宁定车道	宁夏府城、定边	渡黄河，至横城堡、红山堡、清水营、兴武营、花马池营等	207
吴下车道	吴忠堡、下马关	金积堡、惠安堡	150
灵环车道	灵武、环县	吴忠堡、惠安堡	—

［资料来源：根据《宁夏交通史：先秦—中华民国》[12]整理］

民国时期，区内的道路数量进一步增加，这从跨越沟渠的桥梁数量变化就可看出（图5-5）。根据1929年编纂的《朔方道志》统计，仅跨越干渠的桥梁就多达120座[12]，至1936年，七县桥梁已增至407座[13]。区域内桥梁分木质桥和石拱桥两类：木桥多为简支型，跨径较小，桥面很窄，载重不大，其结构为石砌墩台、木质排架，耐久性较差；石拱桥常以石雕装饰桥面，结构轻盈，如银川城郊的永通桥、红花桥、官桥等。石拱桥造型优美，远观"穿窿偃伏，如虹卧波……丹碧腾辉，工巧竞售……又杨柳夹堤，周道如砥，湖水浩浩然也"[14]。

城邑周边的重要桥梁附近还常种植垂柳桃花，桥头设亭建庙，形成一处处邑郊公共空间，以供祭祀、休憩和商贸之用。如银川城

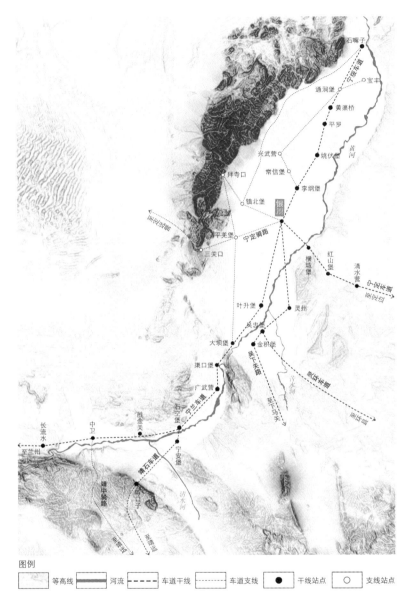

图5-4 清代宁夏平原大车道分布图
〔图片来源：根据《宁夏交通史：先秦—中华民国》[2]绘制〕

外的西门桥："桥北为龙王庙，庙西板屋数椽，面山临流，风廊水槛，夹岸柳影……轮蹄络绎期间，望之入绘"[15]。再如中卫城西门外的官桥，是每年举行迎水之祭和谢水之祭的重要场所，桥旁设河渠庙，庙旁还建观水堂，从中眺望："棂窗洞启，凭栏观水，活流新涨，顿洗尘襟，令人目爽神怡"[16]。明清各城"八景"中，都有与桥梁相关的景致，如"宁夏八景"中的"官桥柳色"，"中卫十二景"中的

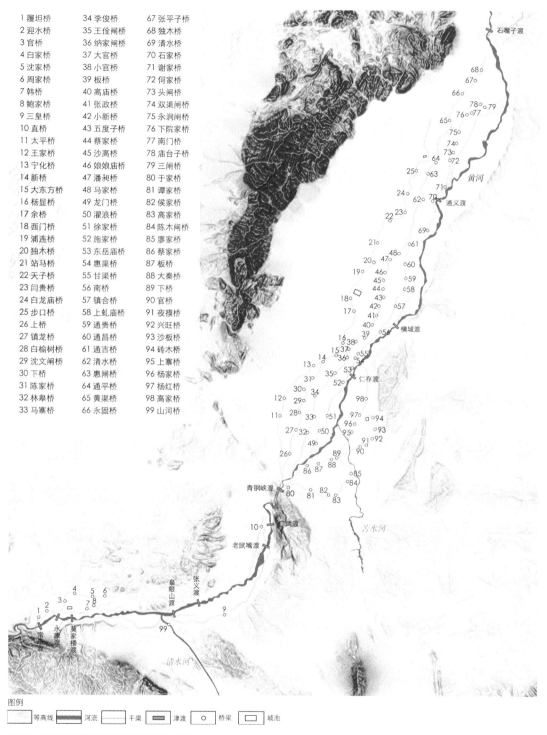

图5-5 民国时期宁夏平原主要桥梁津渡分布图
[图片来源：根据《宁夏省水利专刊》[113]《乾隆宁夏府志》[117]绘制]

"官桥新水"等。

随着水运的发展，地区津渡数量也在不断增加。北魏时期，军事交通的要道处已设有渡口；西夏时，重要渡口有顺化渡、怀远渡、吕渡和郭家渡等；元代，中卫一带设有著名的"黄河九渡"[2]；明清时期，黄河两岸人口稠密，渡口数量增加，有官渡16处，私渡10余处[17]；至民国时期，官渡数量已增至18处，加上李纲堡、头闸、红崖子等处的私渡，黄河两岸的渡口多达30余处[13]（图5-5）。

参考文献

[1] 宁夏通志编纂委员会. 宁夏通志·交通邮电卷[M]. 北京：方志出版社，2008：2.

[2] 宁夏回族自治区交通厅编写组. 宁夏交通史：先秦—中华民国[M]. 银川：宁夏人民出版社，1988.

[3] （西周）佚名. 诗经·小雅·出车.

[4] （唐）李吉甫. 元和郡县图志·卷四·关内道四.

[5] 张多勇，李并成. 《西夏地形图》所绘交通道路的复原研究[J]. 历史地理，2017，36（2）：247-269.

[6] （明）解缙. 永乐大典·卷一万九千四百一十六·站赤一.

[7] 鲁人勇. 灵州西域道考略[J]. 固原师专学报（社会科学版），1984，5（3）：81-86.

[8] 严耕望. 唐代交通图考：第一卷·京都关内区[M]. 上海：上海古籍出版社，2007：179-180.

[9] 乐玲，张萍. GIS技术支持下的北宋初期丝路要道灵州道复原研究[J]. 云南大学学报（社会科学版），2017，16（5）：55-62.

[10] （明）胡汝砺，编. 管律重修. 嘉靖宁夏新志·卷八·文苑志·文.

[11] 王天顺. 河套史[M]. 北京：人民出版社，2006.

[12] （民国）王之臣. 朔方道志·卷六·水利志上.

[13] （民国）宁夏省政府建设厅. 宁夏省水利专刊[M]. 北平：北平中华印书局，1936.

[14] （明）胡汝砺，编. 管律重修. 嘉靖宁夏新志·卷一·宁夏总镇·桥渡.

[15] （清）张金城. 乾隆宁夏府志·卷三·名胜.

[16] （清）郑元吉. 道光续修中卫县志·卷八·杂记.

[17] （清）张金城. 乾隆宁夏府志·卷五·堡寨.

第六章

环列层设的军事防御

宁夏平原处于中原王朝与北方游牧民族的交界之地，为"关中之屏蔽，河陇之禁喉"[1]，历代战争频仍。在地理形胜上，"贺兰峙其西，崒崔盘亘，黄河在其东，洪流环带"[2]，地势十分险要。坐山据河的山水格局具有天然的屏障性、隔绝性，是《易经》"坎卦"中所谓的"地险"[3]。在此基础上，历代利用墙、关、城等防御设施设险屏外，进一步提升了平原的人工防御能力。

从秦至明，多个朝代在宁夏平原修筑长城、设置军障，构筑防御系统（图6-1）。秦始皇为对抗匈奴，在河套地区"筑长城，因地形，用险置塞"[4]。隋朝面临突厥和契丹侵扰，先后6次修筑长城，"发丁三万于朔方、灵武筑长城，东至黄河，西距绥州，南至勃出岭，绵亘七百里……以遏胡寇"[5]。《太平寰宇记》记载，"废怀远县……本汉富平县地……隋长城……筑在县西北大河外"[6]。由以上史料可知，隋朝在今吴忠西北的黄河以东构筑了一道长城，这段长城大致从今灵武黄河东岸东经盐池县、陕西横山到绥德[7]。西夏时期，为抵御北宋、辽金，党项人在京畿地区围绕兴庆府布设了12个监军司[8]。明朝，宁夏平原作为疆域的西北隅，深入大漠，军事位置十分关键，所谓"山河之表腋背皆为虏巢"[2]，于是明政府在

第六章　环列层设的军事防御

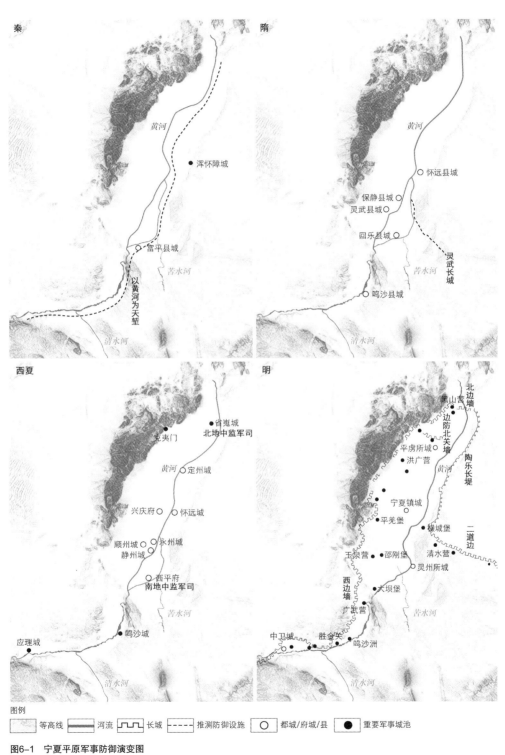

图6-1　宁夏平原军事防御演变图
[图片来源：根据《宁夏古长城》[10]《西夏京畿镇守体系鑫测》[8]绘制]

平原上修筑了以边墙为界限、以烽燧墩台为依托、以堡寨为聚点的"大纵深"防御系统[9]，抵挡蒙古军队的南下。

防御工事往往在前代的基础上修筑而成，因此平原上现存的防御系统是多时期叠加的结果。如明长城就是吸取历代长城修筑经验而建成的史上最大规模的防御系统，不仅充当地区军政管理的物质依托，更对平原的城镇格局、交通规划、农业生产、乡居发展和城市风貌产生深远的影响。下以明长城为例，探讨宁夏平原防御系统的分区特征与结构组成。

第一节　军防分区：圈层布设，分层分路

为应对蒙古军队的三面威胁，明政府在宁夏平原修筑了"几"字形长城[10]，围绕宁夏镇城，形成圈层军事防御空间。根据各段长城所控制的区域，将宁夏镇的军事防区分作东、西、南、北、中5路（表6-1、图6-2）。在体系分明的明代军事制度和层层拱卫的平原防御策略之下，明长城的防御系统具有分路防守与分层作战的特征。

在分路防御方面，每路防区分守一段长城，管辖数个至十数个堡寨。西、北二路分守西段和北段长城；南路负责平原南部的防御，

明代宁夏平原防御分区的基本建置　　　　　　　　　　　　　　　　　表6-1

分区	参将驻地	城障数量（座）	重要堡城	防御范围
东路	花马池营	8	花马池营城、高平堡、杨柳堡、铁柱泉堡、安定堡、永兴堡、兴武营城、毛卜剌堡	东长城横城渡至延绥镇边界一段
中路	灵州所	21	灵州所、清水营、红山堡、横城堡、红寺堡	东长城清水营至横城堡一段
北路	平房所	24	平房所、黑山营、威镇堡、临山堡、镇朔堡、洪广营、镇北堡	北长城滚钟口至镇河堡界牌墩一段
南路	邵刚堡	28	邵刚堡、平羌堡、玉泉营、甘城子堡	镇城以南、广武营以北地区
西路	中卫城	22	中卫城、镇房堡、柔远堡、胜金关、石空堡、枣园堡、广武营	西长城镇关墩至大山根一段

[资料来源：根据《中国长城志 边镇・堡寨・关隘》[11]整理]

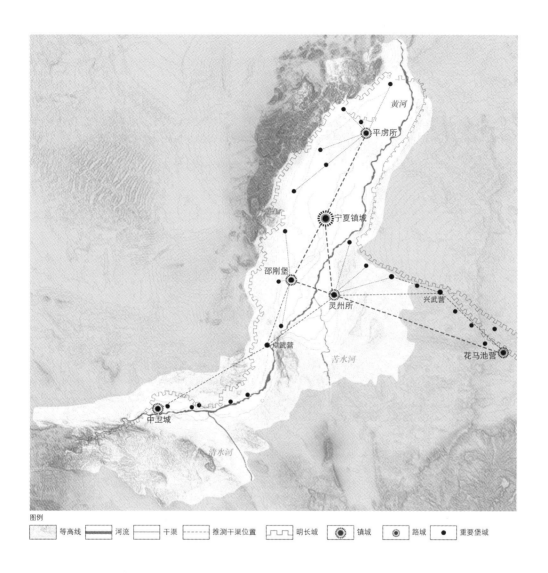

并接应西路的军事任务;东路负责东部防区战守;中路守卫河东灌区,同时与东路联合作战。其中,东、西两路是战争频发的区域,防区中边堡的设立遵照"三十里设一堡"的布防规律,边堡分布密度较高;而北长城一带战事较少,且可凭倚贺兰山之险,因而北区边堡数量少、分布密度较低。

在分层防御方面,五路带状防御空间可根据驻地的位置分为两类(图6-3)。第一类为放射型,如南北两路。驻地设在防区中心,各堡城以驻地为中心、整体向西侧的贺兰山和长城一侧偏移,组成

图6-2 明代宁夏平原五路防区结构图
[图片来源:作者自绘]

扇形空间拱卫于敌犯一侧。放射型防御空间可分为两层，头层由贺兰山、长城及其附属的关隘和烽墩构筑而成，第二层由长城内侧的沿边军堡组成，扼守山口、水路与重要的交通要道。第二类为天平型，如东西两路。守备驻防在花马池营城和中卫城，便于从端头遏制蒙古势力入侵，并及时向沿线堡城传递军情；因防区战线较长、沿线堡城众多，为防止战守指挥鞭长莫策，又在防区另一端的兴武营城与广武营城分驻游击将军，与驻地形成首尾呼应之势，联防协守[12]。东西两路战争频繁，其防御空间大致可分三层，以西路防区为例：第一层借助长城及其附属防御工事，阻挡敌人南下；第二层由长城沿线的12座城堡构成[13]；第三层为黄河天堑及南岸的10座屯堡[13]，堡内驻军平日屯田耕种，战时则配合边堡作战。

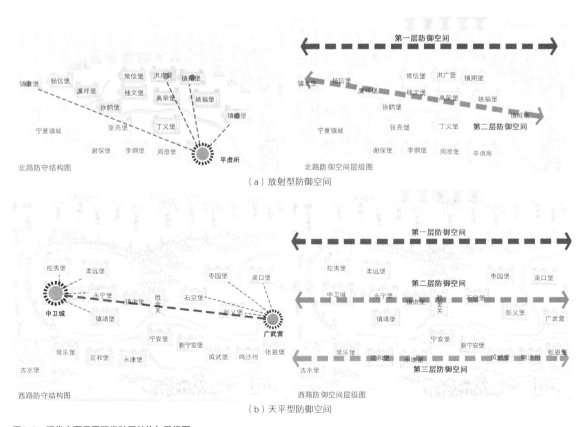

图6-3 明代宁夏平原两类防区结构与层级图
[图片来源：改绘自明《万历朔方新志》[13]中的《北路图》《西路图》]

第二节 防御结构：点线结合，网状联络

明长城防御系统"不单是一条防御线，而是一个防御网的体系"[14]，彭曦指出："长城有三个子系统，城（墙）、烽（燧）、障（塞），三者缺一不可"[15]。边墙为防御体系的实体工事，堡寨是战守据点，而烽燧是线性分布的边墙和点状散布的堡寨之间的连接体[16]。

宁夏平原有西、北、东三面边墙，各边墙的防御目标、修筑特点和景观特征不尽相同。西边墙为防御鞑靼部落而设，从甘肃靖远进入宁夏中卫，再向东北进入贺兰山，长200km[10]。该段边墙以三关口为界，三关口以北多利用贺兰山陡峭的山体形成山险墙[10]，仅在贺兰山几十个沟口附近修筑高大的墙体，特别是在胜金关口、三关口、大武口、镇远关口这4个极易通人骑的大山口垒筑、夯筑多层边墙，构成层层防御（图6-4）；三关口以南山势趋缓，此段边墙多由人工分段版筑而成。北边墙由旧北边墙、新北边墙和陶乐境内

图6-4　西边墙三关口段现存遗址
[图片来源：引自参考文献[17]]

的"长堤"三部分组成①，3道边墙均是夯筑而成的，新北边墙还在墙体外侧通过挑挖壕堑的方式进一步加强其防御性。东边墙是在明朝弃套后为防御蒙古各部由河套南下进入宁夏平原而修筑的，其东起盐池县花马池镇，西至兴庆区横城村北黄河东岸，在灵武市兴武营处迤分出头道边、二道边2道墙体②。2道墙体在较平坦的自然地势上利用黄土（或黄土、红土混合）夯筑而成，较之西边墙更为高大。其中，头道边又称"深沟高垒"，除在高大城墙的外侧挑挖了深0.5～1m、宽4m的浅沟外，还在浅沟4～7m处增加了深2～3m、宽10～21m的防护壕堑，"深沟"长27km，形成较为特殊的多重防御的边墙形制（图6-5）。

边墙修筑因地制宜、就地取材，综合采用夯筑、堑险、石砌和深沟高垒等多种方式[10]，具有很高的景观独特性。夯筑是主要的修筑类型，高大厚实的黄土墙拔地而起，绵延数百公里，在平漫开阔的平原地区尽显巍峨。堑险则采用削山的方式形成陡峭直立的断壁，在贺兰山各山沟处较为常见[10]。石砌边墙多集中于山崖间、关口处，就地取材，与周边山体高度融合，坚固耐用。

烽燧筑于边墙内外，城堡之间，用以传递军情。明万历时，宁夏镇设596座烽燧[19]，可谓遍布山川，星罗棋布。烽燧"于高山四望险绝处置，无山亦于平地高处置"[20]，也修筑于水陆交通要道上或边墙之上。烽燧一般底大顶小，呈方形覆斗状（图6-6），也有少数为圆形[10]。

---

① 旧北长城修筑于明弘治三年（1490年）前，由贺兰山红果子沟向东至黄河西岸，长30里（明制）；随着新北长城的修筑，宁夏镇北部防御重点南移，旧边墙以及墙外的黑山营、镇远关均渐至弃守闲置。新北边墙修筑于嘉靖十年（1531年），在当时被称作"边防北关门"墙，由贺兰山枣儿沟东至黄河西岸，长50里，高、厚均为2丈（明制）。陶乐"长堤"修筑于明嘉靖十五年（1536年），因比东边墙低矮，属于非正式长城，故以"长堤"命名；其由旧北长城终点起始，南行过都思兔河入陶乐境，后顺黄河南下至东长城头道边止，长92.5km。

② 东边墙二道边也称"河东墙""外长城"，修筑于成化十年（1474年），始于横城堡北黄河东岸，向东南逶迤，止于花马池，长193.5km。东边墙头道边也称"大边""深沟高垒"，明嘉靖十年（1531年），在兴武营以东、二道边南侧5km处新筑此道边墙，目的是使长城更靠近沿线军堡，以便发现敌情，随时出击；头道边自兴武营始，向东南至盐池县、入陕西定边县，长200km，墙体高2丈（明制）。

第六章 环列层设的军事防御

图6-5 东边墙头道边盐池段现存遗址
[图片来源：引自参考文献[18]]

图6-6 宁夏明长城十五里烽墩遗址
[来源：由荣开远提供]

堡寨依托边墙而构筑，根据军事等级被划为镇、卫、所、堡4级，4级堡寨由平原中心向边墙扩散，越到边缘，等级越低（图6-7）。镇、卫、所城大多位于平原腹地，其选址与水源、耕地等因素有关。堡城依据其功能侧重又分为屯堡与边堡。屯堡为保护屯田而设，生产职能更为显著；边堡为防御体系的末级组织，多依托山体、长城、黄河而修筑，其军事防御功能十分突出。镇、卫、所城以及屯堡因选址优越，在清代逐渐发展为平原的各级聚落，其具体内容将在下

图6-7　明代宁夏平原军堡分布图
[图片来源：根据《银川市地名志》[21]《吴忠市地名志》[22]《宁夏回族自治区中卫县地名志》[23]《宁夏古长城》[10]绘制]

一章中详细展开。而边堡因防御需求，与周边山水形势关系密切，本节主要讨论边堡的分布与选址。

边堡一般在防守压力较大或地势平坦、无险可守的区域按"三十里设一堡"的规律集中布置，如卫宁平原和河东一带。而在山险区及防守压力较小的区域，边堡分布密度较小，如平原西部贺兰山一带及北部石嘴山一带。

边堡在具体选址中与地形、水体、边墙的关系较为密切，一般分为两类（图6-8、表6-2）。第一类，以扼守山谷、控制陆地交通要道为首要目标，如西边墙的边堡。此类边堡的选址充分发挥地形与水体的天堑作用，在谷口、水口处占据有利位置。第二类，据守水源，借墙下寨，如东边墙的边堡。此类边堡则多选址在无险可借的区域，在尽可能掌控有利资源（如水源、防御工事等）的位置上修筑边堡，以达成以守为攻的作战目标。

明代宁夏平原边堡选址类型及特征　　　　　　表6-2

	选址类型	选址特征	代表堡城
第一类	扼守川谷	一般选址在贺兰山东麓向冲积平原过渡的平坦高亢区域内，避开山洪沟，与山体相距10km以内，通常与两侧山体上的墩台形成掎角之势，呈现"两山夹一堡"的布局，与山体、边墙、墩台等构成步步为营的多层次防御空间	甘城子堡、平羌堡、镇北堡
	借倚高地	在无山险可守地带，边堡尽可能地占据高地，居高临下地控制水陆交通要塞和整个平原，便于传递军情	胜金关
	逼近山脚	位于河谷低平地带的边堡，靠近山脚，背缓山而面阔水，控制陆路交通	石空堡、枣园堡
第二类	拒守水源	水源稀缺之地，在水源处设堡，可切断地方供给，守护重要的战略要地	兴武营、铁柱泉堡
	借墙下寨	地势平坦之地，堡城选址于距边墙十几米至几百米不等的位置，并与边墙、烽墩守望相协，关系极为密切，提供防御能力	横城堡、红山堡、永兴堡、高平堡

［资料来源：作者绘制］

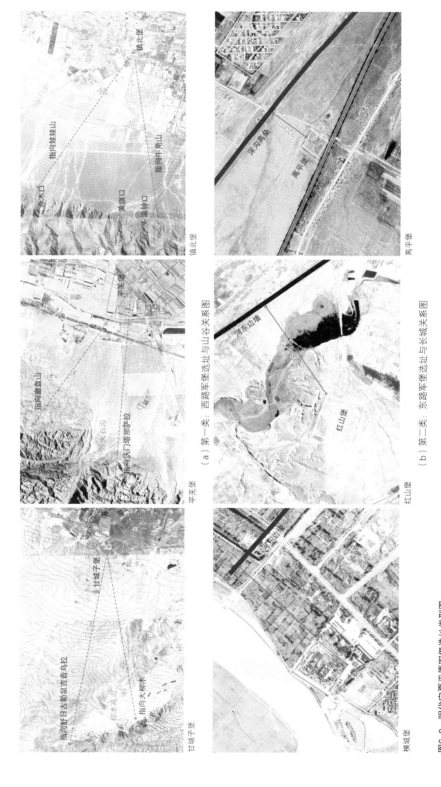

图6-8 明代宁夏平原军堡选址类型图
[图片来源：自绘]

参考文献

[1] （清）顾祖禹. 读史方舆纪要. 卷六十二 陕西十一.

[2] （明）杨寿. 万历朔方新志·卷首.

[3] 李学勤. 十三经注疏：周易正义[M]. 北京：北京大学出版社，1999.

[4] （西汉）司马迁. 史记·卷八十八·蒙恬列传.

[5] （唐）魏征. 隋书·崔仲方传.

[6] （北宋）乐史. 太平寰宇记·卷三十六·关西道十二.

[7] 王国良. 中国长城沿革考[M]. 北京：商务印书馆，1935.

[8] 张多勇，张志扬. 西夏京畿镇守体系蠡测[J]. 历史地理，2015，29（1）：329-348.

[9] 段诗乐，林箐. 明长城宁夏镇军事聚落分布与选址研究[J]. 风景园林，2021，28（6）：107-113.

[10] 许成，马建军. 宁夏古长城[M]. 南京：江苏凤凰科技出版社，2014.

[11] 张玉坤. 中国长城志：边镇·堡寨·关隘[M]. 南京：江苏凤凰科学技术出版社，2016.

[12] 常玮. 明长城西北四镇军事聚落防御性空间研究——以中卫城为例[J]. 建筑与文化，2015，12（5）：159-161.

[13] （明）杨寿. 万历朔方新志·卷首.

[14] 金应熙. 金应熙史学论文集：古代史卷[M]. 广州：广东人民出版社，2006：219.

[15] 彭曦. 十年来考察与研究长城的主要发现与思考[C]//中国长城学会. 长城国际学术研讨会论文集. 长春：吉林人民出版社，1995.

[16] 李严，张玉坤，李哲. 明长城防御体系与军事聚落研究[J]. 建筑学报，2018，65（5）：69-75.

[17] 汇图网. 宁夏贺兰山三关口明长城遗址[EB/OL]. （2022-12-03）[2024-10-18]. https://www.huitu.com/photo/show/20221203/154833330220.html.

[18] 汇图网. 宁夏盐池明长城遗址[EB/OL]. （2023-01-12）[2024-10-18]. https://www.huitu.com/photo/show/20230112/095438765203.html.

[19] （明）杨寿. 万历朔方新志·卷二·外威.

[20] （唐）李筌. 太白阴经·卷五·预备·烽燧台篇.

[21] 银川市地名委员办公室. 银川市地名志[M]. 北京：中央民族学院出版社：1988.

[22] 吴忠市人民政府. 宁夏回族自治区吴忠市地名志[M]. 吴忠：吴忠市人民政府，1987.

[23] 中卫县人民政府. 宁夏回族自治区中卫县地名志[M]. 中卫：中卫县人民政府，1986.

第七章 多因利导的城乡聚居

黄河从宁夏平原腹地穿过，带来丰富的过境水源，同时冲积形成肥沃的土壤，为地区农牧业的生产奠定基础。历史上，宁夏平原长期作为西北边塞，有着重要的政治与军事地位，历代为固边而在此地大修军事防御设施、实行移民屯田[1]。作为丝绸之路沿线的重要区域，宁夏平原在中原、西域经济文化交融的进程中逐渐形成了特殊的地域文化。宁夏平原的人居缘起、发展与演进就是在这样复杂的地理格局与历史背景下进行的，这也必然导致本区人居系统的发展受到多个因素的综合驱动。

第一章已对地区人居的发展作了简要概述。本章进一步从城邑体系与乡村体系阐述人居系统的基本特征，探寻地区人居发展的内在动因与发展趋势。

第一节 城邑体系：曲折演变，依山傍河

宁夏平原长期作为国家边塞，地区城邑的发展有先天的不足。西夏以前，大多数城邑的规模较小、经济不发达，但因受政治、军事因素影响，城邑的地位较为关键：秦汉时期，城邑萌芽，军事防

御性质突出；北魏时期，宁夏平原隶属薄骨律军镇，各城邑兼具行政与军事职能；隋唐时期，宁夏平原划属灵州[2]，灵州既是北方重要的大型军队驻防地，又是长安入西域的重要交通枢纽，因而，灵州城集军事防御、农业生产和交通贸易多种职能于一体。总体而言，从秦汉至隋唐，城邑虽得到一定发展，但以军事防御为首要目的，经济与文化发展较为缓慢。

西夏时期，统治者将唐代的怀远小城改建为国都兴庆府[3]，由此奠定了"北兴州、南灵州"的区域城市格局。受同时期宋朝城市发展的影响，西夏城邑的经济和文化得到较快发展，以兴庆府为核心的城邑景观体系逐渐萌芽。明代，受军镇卫所制度的影响，平原的城邑得到大规模的扩建与新建：城邑军事防御设施更为牢固，城内外修建大量的文化类、宗教类建筑，园林众多，景观意象丰富，城邑景观体系初步确立。清至民国时期，宁夏平原的民族争端减少，文教与经济快速发展，银川城、灵州城等均为西北地区的重要城市，在跨区经济贸易和交通联系上发挥了重要作用。

城邑的发展格局

宁夏平原的中心城邑有过两次变更。中心城邑的迁移受地缘政治的影响，在不同的军事防御需求、地区发展目标和腹地经济基础的驱动下，统治者选择更为合适的城邑作为地区的发展中心。

秦汉时期，富平城是区域中心；北魏至隋唐，区域中心被迁移至黄河河心洲上的灵州城[4]。这次迁移，中心城邑没超出黄河以东的范围，主要原因是：一方面，河东灌区自西汉时期就已稳定开发，具有支撑中心城邑发育的腹地经济基础，而此时的河西地区湖沼较多，尚未得到深入开发；另一方面，河东地靠关中平原，肩负着守卫长安西塞的职责，军事地位十分重要，区域中心的选取受到了军事防御需求的驱动。

西夏时期，区域中心又由灵州城迁往兴庆府。此时宁夏平原已从中原边疆变为西夏京畿，军事防御与地区发展的重点都与先前大不相同，对于想要谋求稳定生存的党项政权而言，兴庆府的地势更为险要、腹地更为开阔，且此时平原中部的水利农业发展又能极大地支撑兴庆府的发展，在军事防御、经济发展上兼具优势。

其他的城邑均衡地分布在黄河穿行而过的带状平原中，各城临河而立。从西汉设立数座县城起，地区县城的发展便与区域军事防御、农业生产息息相关。在政权更迭中，各县城的建置、名称、性质、管辖范围屡有变化，但变化中仍维持着某种稳定。比如，从西汉至民国，平原上县城的数量始终维持在4~5个；至民国时期，顺黄河北上，依次有中卫县城、金积县城、灵武县城、宁朔县城和平罗县城5座[5]，其中，中卫城、灵武城（即灵州城）和平罗城均是明清时期就已十分重要的城邑。稳定的县城数量，反映了宁夏平原城邑体系变化较少、发展缓慢的特征，也从侧面体现了地区发展、人口规模与城邑建置的合理配置关系。在县城建置相对稳定的基础上，地区的城邑文化可稳固积淀与传承，也更易形成鲜明的地域特征与区域文化。

城邑的选址偏好

古代城邑选址优先考虑生存安全。山势围合，可隔绝外侵；河湖环绕，能便利民生，因此，山水环抱之地是理想的家园。中国古人追求山水围合的环境，城邑与山水的空间关系十分密切。古代多数城邑的规模不大，但古人营城的空间意识却是超大尺度[6]，心理的距离感也十分深远[7]，城邑营建往往在广阔的区域视野下进行，多以山水作为空间定向的参照。宁夏平原的城邑选址基本遵循上述规律，合乎地域形胜。得益于贺兰山与黄河的天然形势以及密集的人工水网，城邑在选址上可借倚山势、据守河流、渠网环绕、湖泊相映，城邑与山水渠湖形成和谐整体。

城邑选址与山体的远近关系形成平原望山型与河谷临山型两种城山格局（图7-1）。平原望山型城邑位于平原内部，周边地势平坦、高爽，近处无山，城与远山在视觉上产生关联，通过"望"来构建因山借城的关系，如银川城、平罗城。河谷临山型城邑选址在山水围合感较强的河谷或阶地，靠近山地向平原过渡的区域，总体地势较为平坦，城邑距山体较近，呈现背靠山势、面向河川的特征，如中卫城、灵州城。

为了适应黄河改道，人们必须在接近水的同时又能防御洪涝，常选择海拔相对较低的河道弯曲的汭位建造城邑[6]，因此平原各城

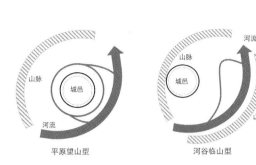

图7-1 宁夏平原城市与山体空间关系示意图
[图片来源：自绘]

有临河而不近河的特点。许多城邑在创建之初便与屯田生产有紧密关联，其选址常与灌渠紧密相依，渠网湖泊环抱于城邑四周，形成了自然河流与人工水网叠合环抱城邑的城水格局。为了加强城防，各城从周边灌渠、湖泊引水修筑护城河，渠湖与城壕构成城邑的双层水网。为满足生活用水需求，引渠水入城，形成内外连通的区域人工水系，构成调节地区水安全的弹性基础设施，在区域的灌溉、蓄水、防洪、生产和风景营造等方面发挥综合作用。

第二节 乡村体系：屯堡为主，村寨遍布

宁夏平原的乡村聚落萌芽很早，史前时期，灵盐台地与贺兰山山麓一带就有先民聚居[8]。秦汉以来，不断有中原人口及各少数民族人口迁入平原，郡县体制下的乡村聚落逐渐普及与组织化。刘景纯根据《汉书》中有关北地郡和安定郡的人口数量记载，推测了西汉时期宁夏平原一县大约有10～30个村落，整个平原有50～150个村落[9]。然而，战乱、民族纷争屡屡打破平原的政治秩序、社会秩序和地方管理秩序，直至元代，地方的乡村体系仍然十分不稳固。

明代，为供给军需、稳固边防，"九边"各军镇大力发展屯田，尤以宁夏镇"积谷屯田最多"[10]。明永乐二年（1404年），朱棣敕令宁夏总兵广修专门用于管理屯田[11]的屯堡："于四五屯（所）内择一屯有水草者，四围浚壕，广丈五尺，深如广之半……旁近四五屯辎重粮草，皆集于此"[12]。由此可见，明代的屯堡是建于四五个屯所中、具备一定防御工事的中心聚落，可用于储粮和躲避敌犯。这样的屯堡，明嘉靖时已有45座[13]（图7-2）。虽然屯堡已是稳定开展

上篇　宁夏平原的传统地域景观

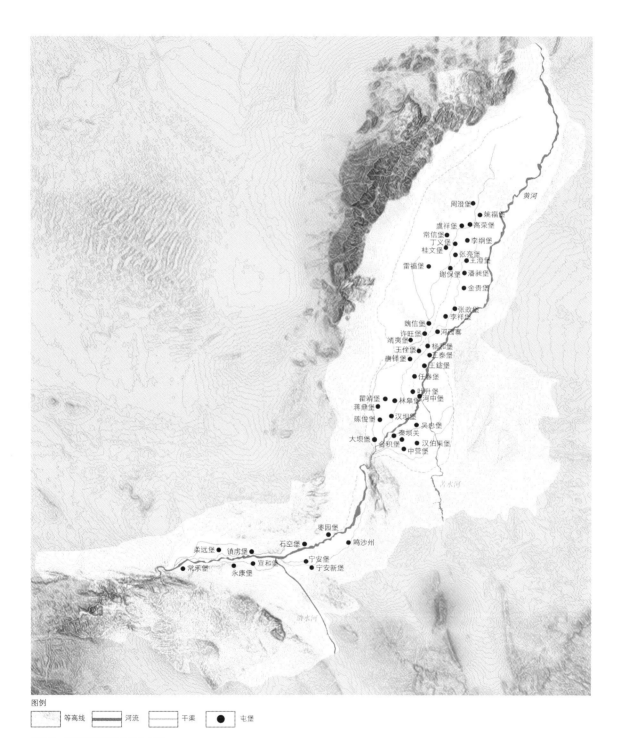

图例
　　等高线　　河流　　干渠　●　屯堡

图7-2　明代宁夏平原屯堡分布图
[图片来源：根据明《嘉靖宁夏新志》[13]《宁夏回族自治区中卫县地名志》[14]《吴忠市地名志》[15]《中国长城志：边镇·堡寨·关隘》[16]绘制]

农业生产的乡村聚居形式，但因主要居住人口仍是负责屯田的军户，其防御性质仍然最为突出。当然，这种堡寨型的居住形式并非始于明代。由于本区自古战争频繁，秦汉、隋唐、西夏时期，平原就多堡寨，只是这些堡寨的设立以军事防御为首要目标，并不能被严格地划归为乡村聚落，更像是介于城市与村落之间的一种特殊的居住形态。

清代，随着地区冲突的缓和，清政府在此重设府州县的建置，农民代替军户住进了屯堡，军堡逐渐转为民堡。且随着灌溉农业的发展，民堡数量又有增加。如，明代宁夏中卫设11座屯堡，清乾隆时期增至18座，其中，12座堡城都不设驻防军，变为纯粹的村落[17]。再如，乾隆《宁夏府志》记载，惠农、昌润二渠开凿后，平罗县的民堡数量增加30多个，分布在新开垦的河滩地一带[18]。直至民国时期，有着高大围墙的民堡型村落仍是平原乡居的一种显著形式：

"宁夏村落多土垣环峙，兀为堡寨，乡间堡寨之多，为本省聚落地理之一大特色……目前堡寨，多尽源于明……盖七邑堡寨数目总计一百五十有六"[19]。

清代康熙、雍正、乾隆时期，随着平原灌溉农业的发展，民堡周边散落的村庄也大量增加。道光《中卫县志》记载，雍正十二年（1734年），中卫县修建环洞排干红柳沟之水后，又引七星渠水灌溉白马滩一带的田地，于是"招两河各堡民，领地分垦，自红柳沟下至张恩堡，佃民随田筑庄以居，分九段，今则土地开阔村落相望"[17]。此外，黄河以南香山一带，"旧有七十二水头，分东西八旗。今生齿渐繁，皆成村落"。[17]这些散村附属于县城或民堡[17]，所形成的"县城—民堡—散村"三级乡居体系，已与近现代的乡居结构十分相似。

乡村聚落的分类

明清至民国时期，宁夏平原的乡村聚落形式以集聚型的堡寨和村落为主。根据聚落成因，分农业型、交通型和军事型3类。

农业型聚落集中在引黄灌区内,多沿干渠、支渠分布。根据聚落规模与功能,分中心村堡和一般村落。中心村堡大多由明代屯堡发展而来,靠近干渠、大型支渠和交通干道,具有优良的灌溉水利条件和交通条件,还发挥一定的政治、交通和商贸功能;一般村落靠近支渠、斗渠,以农业生产为主(图7-3)。在以灌溉精耕为核心的农业型聚落发展中,水利系统是影响其分布与演变的最关键因素。

交通型聚落是因驿道、车道和航运路线经过而作为水旱码头发展起来的一类聚落。有些聚落原本是较小的农业聚落,随着区域交通的发展,逐渐在商贸、交通上占据优势,并扩大集聚,如张义堡、吴忠堡等。而有些聚落在设立之初便是为驿传、军塘和水运而服务的,如王洪驿、张政塘等。交通型聚落的分布有明显的线性规律,一般沿固定路线,每"三十里置一驿""三十里设一塘"[18]。

军事型聚落起源最早,历代均修筑军事堡寨,以明代修筑的长城军堡的数量为最多。明长城军堡分布与地区防守需求有关,多在长城沿线按照"三十里设一堡"的防御要求布设,前文已详细阐述。然而,多数军事型聚落靠近荒漠、山地,当失去军事防御的需求后,因缺少耕地和水源而遭到废弃,如明东边墙附近的红山堡、兴武营

图7-3 宁夏平原农业型聚落分布与渠系的空间关系图
[图片来源:根据美国地质调查局USGS数据库20世纪70年代地图绘制]

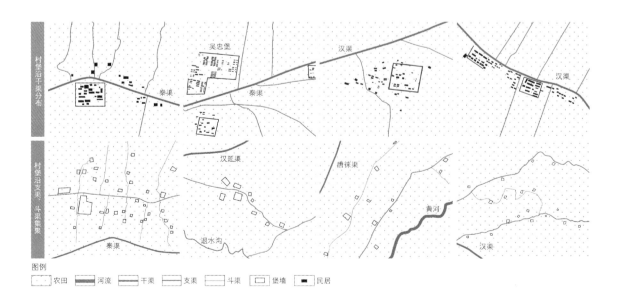

等；少量军堡在清代转为农业型村落，如明西边墙附近的镇北堡、甘城子堡等。

乡村聚落的选址

乡村聚落的命名，一般是就近选取特殊的自然地理和人文地理的地物来标记，因此地名中蕴含了丰富的选址信息。宁夏平原的村落常以堡、庄、寨、关、营、驿、塘、渡、湖、滩、河、湾、畔、水、井、泉、渠、坝、桥、闸、池、林、树、庙、台等来命名（表7-1）。其中，以各类水系为名的村落多为农业型聚落，体现了灌区村落选址对水系的高度依赖；渠、坝、桥、闸、池等村名则反映了灌溉水利对村落选址的重大影响；而以堡、关、营为名的村落一般是屯垦与防御的军事型聚落；以驿、塘、渡等为名的村落则与地区驿传和军塘、桥渡的设置有关；山地丘陵处的村落根据其所处的地理位置命名，常见的有山、沟、川、岭、崖等。

农业型聚落是宁夏平原数量最多的乡村聚落，根据其在灌溉水网中的位置，有渠首村和沿渠村两大类。

宁夏平原村落命名与分布特征、功能关系　　　　表7-1

名称	举例	分布特征	主要功能
堡、关、营	镇北堡、胜金关、玉泉营	水陆交通要道、水源位置	屯垦、军事防御
庄、寨	杨家庄、李家寨	广泛分布于平原上	屯垦、居住
湖、滩、湾、沟	马槽湖、田家滩、大湾、孟家河沟	平原地区，近田、靠路、傍渠；滩多为核心滩上村庄	灌溉农业生产
渠、坝、桥、闸、池	双渠、周家涝坝、庙渠桥、韩家闸、涝池	靠近各类水利设施	灌溉水利、控制闸坝
林、树	黑林、大柳树	林木较为茂盛区	农业生产、林产副业
驿、塘、渡	一碗泉驿、甘塘子塘、张义渡	水陆交通要口，设置规律性较强	交通、军事
庙、塔	瞳庄庙、上寺塔	县城城郊、重要交通线上	围绕宗教建筑集聚形成
泉、井	西芦泉、磨儿井	山区丘陵有地下水的地区	依靠地下水开展农业生产
山、岭、川、崖	刘家山、牛条岭、校尉川、白土崖	山脚处或山腰上	居住、农业生产

［资料来源：作者绘制］

渠首村是为了保护渠首工程并管理干渠的闸坝启闭而设，如位于唐徕渠、汉延渠、秦渠附近的大坝堡、汉坝堡、秦坝关等[20]。渠首村多由明代屯堡发展而来，通常选址于渠首进水闸的附近、距离渠口约10km的山麓地段。围绕渠首村，修建龙王庙、河神庙，设立记录渠系修缮事宜的水利碑亭，渠庙碑亭构成了以水利文化为核心的乡村景观。如，明代建大坝堡管理唐徕渠水利事务，民国时期，大坝堡外的唐徕渠正闸处建"青来亭……文昌宫、沧浪亭翼立左右，渠水浩瀚，徘徊期间，颇饶清趣"[21]。又如，汉坝堡建于汉延渠进水正闸西侧，其东西长而南北狭，是一座中等规模的村寨，堡墙高4m，东西各开一门[22]；汉坝堡东西通衢向东与汉延渠进水闸桥梁相连，进水闸以东建龙王庙、娘娘庙、老爷庙和水利碑亭[22]（图7-4）；堡内及西郊还有清真寺、马王庙等5座寺庙，村寨四周支渠环布，南湖碧波荡漾，景色优美。

图7-4 清末汉坝堡与渠首关系图
[图片来源：根据《青铜峡市志：上》[22]、民国《宁夏省汉延渠流域图》[23]绘制]

图例　河流　干渠　退水沟　城墙　城门　水利设施　寺庙　渠首祭祀区

第七章　多因利导的城乡聚居

沿渠村是广泛分布在灌区内部的村落，选址于横纵交织的渠系两侧，常被多条灌渠所环绕。在渠网密集的地区，沿渠村一般沿干渠与支渠分布，部分村落也择址于湖畔，开展渔业与农业的复合型生产。在渠网较为稀疏的地区，沿渠村主要沿干渠集聚，如卫宁平原的宣和堡、宁安堡、鸣沙洲等村寨沿七星渠分布。

以金积堡与吴忠堡为例，可一窥沿渠村的选址和景观特点。

金积堡建于明代，属灵州千户所管辖。村堡在清代重修后"开东西门"，有"环城壕池一道，宽二丈五尺，深五尺……引水畅流，东西建官桥各一，以通往来"[24]。村堡选址于秦渠、汉渠之间，南北被汉渠的支渠马莲渠和波浪渠所环绕，水文条件优越。清至民国时期，借助优越的地理位置，金积堡大力发展商贸，从一般的农业型聚落转变为集镇。民国时期，金积堡的东西大街上集中了各类商号、店铺、作坊等，"市肆繁盛"[19]；堡北是坛祠寺庙的集中分布区，堡南则为公署、私宅等；由波浪渠引水入堡城，在城东南处汇集成湖，湖泊以南建文庙，构成堡城一处重要的公共游赏空间。清末回民起义后，部分将领、官员在金积堡内短暂居住，他们在村堡以南修建了多处府邸及私家花园，如张清贵园子、马化龙花园等[15]，增添了村堡的风景层次（图7-5）。

吴忠堡也是明代灵州千户所下辖的屯堡[13]。清代，为镇压回民起义，吴忠堡被作为左营驻地而得到重建。清末民国时期，吴忠堡成为商贸发达的集镇。清代吴忠堡呈方形，开5门；村堡有十字形街道，东西大街两侧有商号、邮局、银楼、油坊，大街两端建楼阁，城西北区多有塔台寺宇。吴忠堡位于秦渠、汉渠上游段，水利灌溉条件优越；其北、西、南三面皆被湖泊环绕，东侧为秦渠支渠迎门渠，渠湖相连的城郊水系构成了吴忠堡不规则的护村河。清末至民国时期，随着商贸的繁盛，吴忠堡的发展逐步突破了城墙的限制而向东延伸，村落建设与灌区水系紧密结合：渠系附近建寺庙、道观、清真寺和坛祠等；村南的秦渠附近则修筑了张家花园、马鸿逵的"大寨子"和"小寨子"等[15]，各府邸选址在村寨郊野的水源地，借水得景（图7-6）。

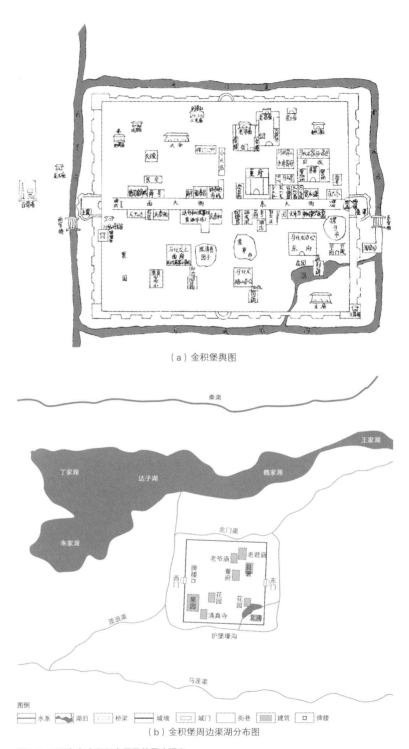

(a) 金积堡舆图

(b) 金积堡周边渠湖分布图

图7-5 民国初年金积堡布局及其周边渠湖
[图片来源:根据民国《清末民国金积堡略图》[15]《宁夏省灵武县秦渠流域图》[23]绘制]

第七章　多因利导的城乡聚居　　　133

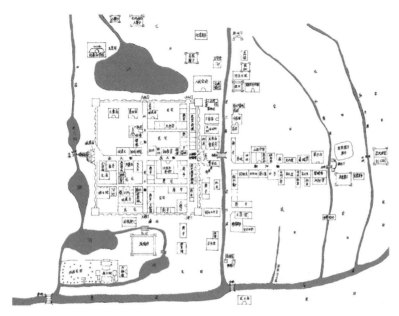

（a）吴忠堡舆图

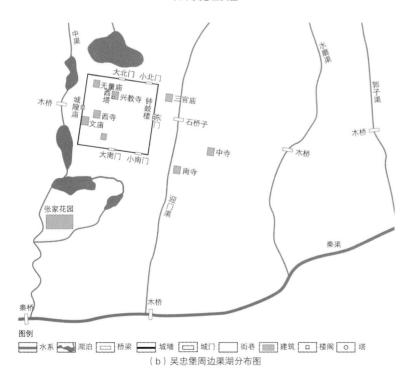

（b）吴忠堡周边渠湖分布图

图7-6　民国初年吴忠堡城布局及其周边渠湖
［图片来源：根据民国《清末民国吴忠堡略图》[15]《宁夏省灵武县秦渠流域图》[23]绘制］

乡村聚落的构成

广义层面，乡村聚落包含了村落周边的自然环境与生产环境。从西夏黑水城（今内蒙古额济纳旗）现存的12件地契文件中[25]，能一窥当时的乡村聚落构成（表7-2），继而推测，西夏京畿宁夏平原的乡居情况也大致相似。

西夏黑水城部分地契中有关乡村聚落的记载　　表7-2

地契	相关记载
《天庆寅年正月二十四日邱娱犬卖地契》	"将自属渠尾左渠接撒二十石种子熟生地一块，及宅舍全四舍方等，全部自愿卖与普渡寺内粮食经守者梁那征茂及喇嘛等……税五斗中麦一斗，日水"
《天庆寅年正月二十九日梁老房酉等卖地契》	"将自属渠尾左渠灌撒十五石种子地，及院舍并树□□等，一并卖与普度寺……有税二石，其中四斗麦，日水"
《天庆寅年正月二十九日恧恧显令盛卖地契》	"将自属渠尾左渠灌撒八石种子地一块，及而建房、活树五棵等，自愿卖与普度寺……，有税五斗，其中一斗麦，细水"
《天庆寅年二月一日庆现罗成卖地契》	"卖掉撒十石种子熟生地一块，及大小房舍、牛具、石栀门、五栀分、树园等"
《天庆寅年二月六日平尚岁岁有卖地契》	"将撒三石种子生熟地一块及四间老房出卖……东与官渠为界……有税八斗杂粮、二斗麦，水细半"

[资料来源：根据《黑水城出土西夏文卖地契研究》[25]整理]

地契出售内容即为一个典型的乡村聚落单元，包括农田、房屋院落、树木等。农田四至多以灌渠为界，表明灌溉系统是聚落单元中不可分割的组成部分。此外，地契还规定了农田灌溉的用水规则，根据农田亩数分"日水""细水""水细半"三种用量。可见，西夏时期宁夏平原灌溉用水的权利与义务，是附着于土地的，是土地价值的一部分。

明清时期，堡寨型村落虽与外部环境有一定隔绝，但乡村聚落的基本构成仍包含房屋、农田、林网、湖塘、水渠、道路等要素。村寨外围有广袤的农田，纵横交织的渠系贯穿农田、围绕在村寨周边，有些村寨外还有星罗棋布的湖泊，湖间生长芦苇、蒲草，水鸟、鱼虾栖息于此，大量果树被栽植于寨墙外，各要素共同构成了稳定的乡村生态系统（图7-7）。

纳家户村是宁夏平原典型的回族村落，形成于元代至元二十八年（1291年）[26]，至今已有七百多年的历史。纳家户原名纳家闸，因西靠汉延渠分水闸而得名[26]。明末，纳家户已形成较大规模并筑起高大的寨墙、开挖护寨沟[26]。村寨外围人工水网密集，除汉延渠外，还有果子渠、沙渠、大双渠等支渠围绕，村寨四周十几个湖泊的总面积在33hm^{2}以上[26]。在农业劳作之余，人们常在湖中捕鱼割草，在湖边放养牲畜，在村外经营梨、枣、杏、桃、葡萄等大规模的果林（图7-8），发展出地尽其利、多样复合的生产模式。

宁夏平原乡村聚落的内部构成，包括民居、道路和公共建筑3个部分。民居组合松散，中间是不规则的道路。村寨内部一般有开阔的公共空间，宗教建筑常是村寨世俗生活与精神信仰的中心。在回汉杂居的村寨中，两族民众友好交往，互不干涉对方的文化信仰。汉族村民在村中设祠堂，在村外的农田区设村庙，每年举办法事和各类社火、戏曲表演[27]。回族村民则设清真寺，回民

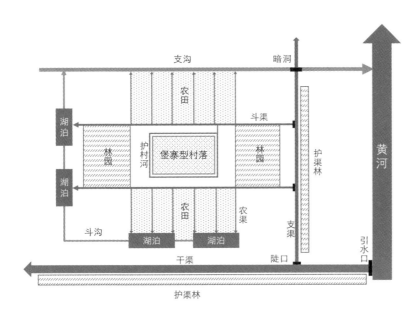

图7-7 宁夏平原乡居单元构成示意图
［图片来源：作者自绘］

图7-8 清末民国时期纳家户村及周边环境
［图片来源：根据民国《宁夏省全省渠流一览图》[25]《纳家户村志》[26]绘制］

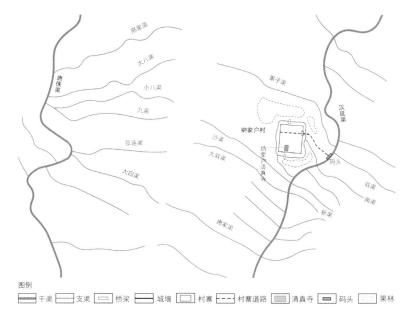

围寺而居，形成寺坊，寺坊并非独立存在，也没有明确的地理边界。此外，回族人善经商，回汉聚居区内多设集市，一般将每月的"一四七""二五八""三六九"定为交易日，周而复始地轮流开市进行贸易交流。

此地汉族民居是典型的"四梁八柱式"土木结构建筑，当地称之为"海塔房"（图7-9）。建筑材料以黄土为主、柳木为辅，以夯筑、土坯砌筑等方式建造。民居"屋顶亦用土敷，平坦如广场"[19]，清《银川小志》记载了"海塔房"的面貌（图7-10）：

图7-9 民国时期宁夏平原的"海塔房"
[来源：J.P.Koster摄于20世纪30年代[20]]

第七章　多因利导的城乡聚居

图7-10　民国时期银川城内的平顶民居"海塔房"景观
[图片来源：J.P.Koster摄于20世纪30年代[29]]

"民间及市肆俱以土盖房，积薪其上。屋上架木，衬芦溪薄板，平铺黄土，筑坚实，无屋脊。四时无大雨，不设檐沟……妇女多在屋上晒衣服杂物，夏夜在上纳凉"[28]。

回族民居则长期吸收汉族文化并适应当地自然环境与社会环境，形成了兼具伊斯兰风格与地域特色的院落布局模式和建筑形式。宁夏回族民居有以下特征：强调住宅的私密性，庭院入口一般设置曲尺形的通道；回族善经商，居所常与商铺相结合；居所满足穆斯林的信仰和日常宗教活动需求，包含起居、储藏、饲养、庭院、礼拜、沐浴6个功能单元[30]；居所装饰有强烈的伊斯兰特色，建筑细部多采用做工精细的木雕、砖雕，保持木色与青灰色；同时，穆斯林重视居所环境的清洁，也擅长利用果树林木和蔬菜花卉来美化庭院。

参考文献

[1] 薛正昌. 宁夏沿黄城市带县制变迁与城市文化[J]. 西夏研究, 2013, 4（3）: 85-106.

[2] （唐）李吉甫. 元和郡县图志·卷四·关内道四.

[3] （清）吴广成. 西夏书事·卷十.

[4] 陈育宁. 宁夏通史·古代卷[M]. 银川：宁夏人民出版社，1998.

[5] （民国）王之臣. 朔方道志·卷四·建置上.

[6] 张杰. 中国古代空间文化溯源[M]. 北京：清华大学出版社，2016：80.

[7] 王向荣. 中国城市的自然系统[J]. 城乡规划，2020，12（5）：12-20.

[8] 钟侃. 宁夏青铜峡市广武新田北的细石器文化遗址[J]. 考古，1962，8（4）：170-171.

[9] 刘景纯. 历史时期宁夏居住形式的演变及其与环境的关系[J]. 西夏研究，2012，3（3）：96-119.

[10] （明）严从简. 殊域周咨录·卷十八·鞑靼.

[11] 王毓铨. 明代的军屯[M]. 北京：中华书局，2009：187.

[12] （明）佚名. 明太宗实录·卷三十三·二年七月丙申.

[13] （明）胡汝砺，编. 管律，重修. 嘉靖宁夏新志·卷二·宁夏总镇续.

[14] 中卫县人民政府. 宁夏回族自治区中卫县地名志[M]. 中卫：中卫县人民政府，1986.

[15] 吴忠市人民政府. 宁夏回族自治区吴忠市地名志[M]. 吴忠：吴忠市人民政府，1987.

[16] 张玉坤. 中国长城志：边镇·堡寨·关隘[M]. 南京：江苏凤凰科学技术出版社，2016.

[17] （清）郑元吉. 道光续修中卫县志·卷二·建置考·堡寨.

[18] （清）张金城. 乾隆宁夏府志·卷十一·驿递.

[19] 叶祖灏. 宁夏纪要[M]. 南京：正论出版社，1947.

[20] （明）杨寿. 万历朔方新志·卷二·内治.

[21] 高良佐. 西北随轺记[M]. 兰州：甘肃人民出版社，2003.

[22] 青铜峡市志编纂委员会. 青铜峡市志：上[M]. 北京：方志出版社，2004.

[23] （民国）宁夏省政府建设厅. 宁夏省水利专刊[M]. 北京：北平中华印书局，1936.

[24] （清）佚名. 光绪宁灵厅志·卷五·城池志.

[25] 史金波. 黑水城出土西夏文卖地契研究[J]. 历史研究，2012，（2）：45-67，190-191，193.

[26] 永宁县党史县志办公室. 纳家户村志[M]. 银川：宁夏人民出版社，2011.

[27] 马志强. 变迁中的民间权威与乡土秩序——以吴村回族寺坊为个案[D]. 兰州：兰州大学，2019.

[28] （清）汪绎辰. 银川小志.

[29] J. P. Koster. Ground and Aerial Views of China[EB/OL]. （2023-01-20）[2024-10-18]. https://www.shuge.org/view/ground_and_aerial_views_of_china/.

[30] 王军，燕宁娜，刘伟. 宁夏古建筑[M]. 北京：中国建筑工业出版社，2015.

第八章 宁夏平原传统地域景观形成机制

山水、水利、农田、交通、防御与聚居六大系统在长时序的空间演变与相互耦合下，保障了地域人居系统的和谐运行，也促进区域景观的形成与演变。

山水环境限定人工灌溉水网结构

山水组成了许多地理单元，定义了地区的自然风貌，不仅构成区域环境的基本骨架，为人们的栖息提供优越的自然环境，还成为人们栖居、劳作、娱乐的空间参照坐标，承载了丰富的人文内涵。在宁夏平原，高大的贺兰山环抱如屏、峰峦叠嶂，阻挡了西伯利亚的寒流与腾格里沙漠的黄沙东进，使宁夏平原气候温和、植被葱郁，还构成区域环境中竖向景观的底色；黄河则裹挟泥沙进入平原，冲积形成了肥沃的土壤，并带来丰富的过境水源，使农业生产和聚居成为可能。在背山面川的平原之上，人们可得山水庇护获得生存的基本条件，又能收获山水之美与心灵寄托。

两千多年以来，在区域的自然基底之上，宁夏平原的人民开凿灌渠，构建起庞大精密的人工灌溉系统。灌渠将黄河水均匀地输送至广阔平原的各处，实现了均水灌溉，铺展的水网覆盖于原本天然径流较小的土地上，造就了塞上江南的美景。在此过程中，山水基底控制着灌溉设施的空间分布，灌溉水网顺应地势、调适水文，形成地区特殊的水利结构和管控机制，造就独特的水网形态与水利景观。

宁夏的灌溉系统采取无坝引水、自流灌溉的形式，渠网依据地形而布设，形成了两种显著的渠网结构——梳状和羽状（图8-1）。卫宁平原是两山相夹的河谷平原，从山麓至黄河，地势逐渐降低。此处干渠从黄河上游引水，沿山麓顺山势分布，支渠则自干渠一侧分水，顺地势由高至低，实现自流灌溉。大体上，卫宁平原的干渠为东西走向、支渠为南北走向。银川平原则为山前平原，由山麓至黄河的比降非常小，地势差主要在南北方向，地势顺黄河流向逐渐降低，因此，为保证干渠自流顺畅，其布线采取顺等高线的方式，支渠则分布于干渠两侧，呈羽状排布。

水利系统结构的形成受当地水文环境的影响。在银川平原上，各干渠并列排布，难使灌溉余水直接排入黄河。因此，需要同步构建一套排水系统，实现排灌一体，以保证水利系统的正常运行，这在其他地区似乎并不常见。此外，黄河有别于一般河流，特殊的水文环境也使宁夏平原的渠首结构十分复杂。其一，黄河易变迁，入渠水量难以稳定，引水口的角度、数量因地制宜，渠首处还设迎水长湃、滚水坝、进水闸等，通过各设施的相互配合保证引水稳定。其二，黄河多泥沙，进水闸上游段设多处退水闸，可利用快速退水减沙入渠，减少岁修工作量。因此，与其他的大型灌区相比，宁夏平原渠首工程的分布范围更大。如都江堰灌区，仅在岷江出山口的数千米范围内即完成了引水、退水、减沙和基本分流，而宁夏平原

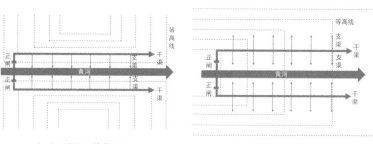

图8-1 宁夏平原渠网结构示意图
[图片来源：作者自绘]

（a）卫宁平原梳状渠网　　　　　（b）银川平原羽状渠网

的各渠道的引水口与进水闸一般都要相距10km以上，其间布设各类工程设施，充足的空间利于各设施的调配，才可保证渠首的引水效益。

自然山水与人工水利复合促进灌溉农业景观形成

宁夏平原气候干旱，当地农业生产十分依赖人工灌溉系统，全区90%以上的农田均为灌溉田。自然山水基底与人工水利系统的空间耦合，影响着灌溉农业的分布范围，并影响农业类型与农田肌理的空间分异。

历史上，旱地作物一直都是宁夏平原农作物的主要类型，水浇田依靠一定的灌溉设施就能开展农业生产，对水量要求较低，因此水浇田占据平原农田的八成以上。相较而言，种植水稻的水田则对供水条件有更高要求，非水量充沛、引水便捷之地不能开展，其主要集中于渠道上段、中段及渠网密度较高的区域，如渠道密集、水量充沛的卫宁灌区、河东灌区和河西灌区的上游。

灌区农田肌理有平川田和湖滩田之分。平川田分布广泛，是平原主要的农田类型，其由干、支、斗、农四级渠系分割形成，阡陌纵横，呈相对规则的条状。湖滩田则依傍于湖泊，多数是湖滩被围垦后形成的，农田之间除了纵横交织的渠道外，还散布大小不一的湖泊，农田格网较平川田更小。

此外，各地依据不同的水土条件实行旱稻轮作、旱田轮作或复种、间种等，以至于平原农业景观具有较强的地区差异性和季节变化性。

交通与防御的合辅共势引导聚落格局演变

宁夏平原地处西北，长期以来，它被作为中原通向西域的交通要塞，同时也是多个政权竞相争夺的军事要冲。在此历史背景下，地区的水陆交通与防御工事得到持续建设。交通防御系统不仅支撑了人居的发展，还形成了独特的桥渡景观与防御景观。交通与防御合辅共势，对城邑体系的布局、乡村体系的结构、重要城邑的发展产生重要影响（图8-2）。

出于防御的需求，长城分布于平原的边缘地带或水陆交通要塞，如贺兰山和北山山麓、灵盐台地以及黄河与山体相接的地带。

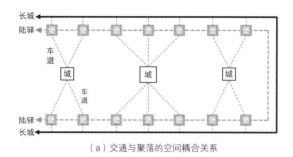
（a）交通与聚落的空间耦合关系

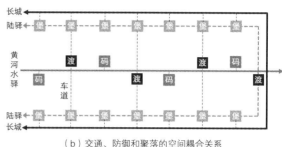
（b）交通、防御和聚落的空间耦合关系

图8-2 宁夏平原防御、交通、聚落耦合的空间布局示意图
〔图片来源：作者自绘〕

防御系统在一定程度上也影响着关乎运输贸易大计的交通系统的空间布局。平原重要驿道、车道一般在防御线以内选线，如明代，灵盐道沿明长城东边墙内侧布设，道路与东边墙的走向并行。此外，明代大纵深的防御系统需要密集的道路串联往来，以便随时运送粮草建材、递送军报。因此，各镇、卫、所城至沿边重要军堡的道路，以及沿着长城的小道被逐渐开辟出来，如银川城至镇北堡、邵刚堡等地的道路，这些道路都在清代成为大车道的支线。由此来看，防御系统与交通系统在空间分布上多有叠合，相互关联。

宁夏平原的对外交通促进了区内外经济、文化和技术的交流，推动了当地人居的营建；区内交通则连通了广阔的城乡地带，影响聚落格局的演变。平原交通四通八达，陆路交通以驿道为主、以区域大车道为辅，水路交通则由黄河的三百里航道构成。在众多交通线路中，驿道对交通型聚落的发育影响最大。陆驿沿线的驿站及桥梁、黄河水驿沿线的码头及渡口，大多发展出规模较大的中心村落甚至集镇，承担交通集散、商贸交流的重要职能，如宁安堡、吴忠堡、黄渠桥、莫家楼渡等。

明代在宁夏平原布设的防御系统则深刻地影响了地区的聚落格局。一，"镇—卫—所—堡"4级军事聚落的设置基本奠定了以银川为中心，以中卫、灵州、平罗为次中心，并由众多屯堡、边堡拱卫其外的平原聚落层级。二，清代在明代卫所的基础上建立府县制，至民国，各县域范围基本还与明代卫所的管辖范围一致，明代军事体系影响了近现代宁夏平原的城市基本建置。三，明代屯堡、边堡的大量建设，产生了介于城市与乡村之间的居住形态；至清代，多数军堡在民堡化后，又分化形成中心村堡、一般村堡和散村三级乡村结构，转型为近现代乡村聚落格局。

多系统耦合影响城乡聚落格局及其分布选址

平原聚落格局及其分布选址在五大系统（自然山水、人工水利、农田基底、交通系统、防御系统）耦合的基础上形成，是多因共促的结果。自然山水环境为聚落的形成创造了基本条件，而水利、农业、交通和防御等支撑系统直接或间接地、单独或共同地促进了聚落的形成和发育。水利与农业改变了平原的生态环境，对聚落发展产生持续影响；交通与防御促进了平原聚落格局的形成，催生了特定的聚落类型，也对地区城邑特征与村居形态产生深远影响。

在水利与农业的支撑下，平原的城邑性质由秦汉时期的边塞军城逐渐过渡为明清时期的区域性中心城市，并在经济、文化上取得了一定成就。在人居的演进历史中，中心城市的地位与职能被不断强化。同时，4～5个县城的稳定建置也积累了丰富的经济与文化实力，共同滋养着中心城市的发展。广大精密的灌溉水网支撑了以堡寨为代表的乡村聚落的广泛建设，由此形成了"一中心—多支撑—广分散"的城乡聚落发展格局（图8-3）。

考察宁夏平原历代的重要城邑，可将城邑性质概括为四类：边塞要地的军城、屯田生产的仓城、统治疆域的国都和经济文化的重城。不管哪一类，重要城邑在发展中都离不开农业的供给。或者说，只有在腹地环境优良、水利农业发达的地区，才有建城的必要，也才具备建城的优势。因此，随着灌区的拓展，城邑分布的范围也在不断拓展（图8-4）。如秦汉时期，城邑大多位于灌区开发相对成熟

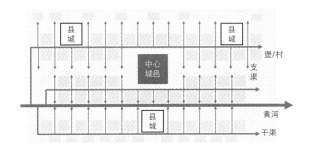

图8-3　宁夏平原聚落格局图
[图片来源：作者自绘]

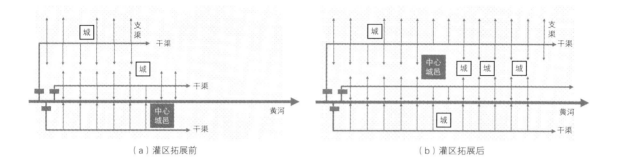

图8-4 宁夏平原城邑发展模式示意图
[图片来源：作者自绘]

的河东地区，随着灌区的北拓，平原北部的城邑数量逐渐增加，直至西夏时期，平原中部的银川城甚至成为中心城市。银川、中卫、灵州、平罗4座城邑属于宁夏平原人居发展历史中的重要城邑。4座城邑的地理位置可谓依山据水、择立灌区、扼御要塞、连通要道，其选址是多种因素综合影响下的结果。银川择中而立，占据重要的水利、防御和交通要道；灵州自北魏以来就是灌溉农业和军事防御的中心，唐至五代更是连通西域的交通枢纽；中卫、平罗占据平原防御的重要位置，依山傍河，四塞险固，还因水陆交通发达而具有对外交通贸易之利。

从西汉时期引黄灌渠的初辟到清代整体人工渠网系统的形成，宁夏平原以灌溉渠网的营建带动土地的开发、从而促使人居环境重塑的发展脉络十分清晰。与城邑相比，乡村与水利农田的依存关系更为紧密。随着干、支、斗、农四级灌溉渠系的加密，宁夏平原乡村聚落的发展条件也更为完备。从明代开始，乡村聚落的发展便趋于稳定。农业型聚落在所有乡村聚落类型中占多数，中心村堡一般沿干渠、支渠分布，其分布密度与渠系密度、农田规模呈正相关；一般村堡则沿支渠、斗渠集聚，部分散布在农田中或湖泊边。农业型聚落的选址十分看中水源条件，外围的自然环境与生产环境是乡村聚落的重要组成，传统村堡与外围的农田、渠网、湖泊和果林构成了富有地域特色的乡村环境。

中篇 宁夏平原的典型传统城邑景观

历史上持续发展的银川、中卫、灵州、平罗4座城邑，是今宁夏回族自治区银川市、中卫市、吴忠市与石嘴山市的建市基础。4座城邑有历史悠久、发展持续、营建内涵丰富、景观体系相对成熟等特点，代表了宁夏平原传统城邑景观营建的较高水平，在城景营建、城水关系融合、城郊山水化育等方面具有地域共性特点，可作为城邑尺度下地域景观的研究样本。

古代以县作为地区统治的基本单位，城景的研究也以县城作为核心，并辐射至广阔的县域邑郊地区。本篇从城邑变迁历程、城内景观营建、灌溉水网下的近郊景观营建、山形水势下的远郊景观营建以及城境意象体系五方面展开，对宁夏平原典型城邑的景观营建内容及主要特征展开分层级、分尺度的讨论：一，梳理4座城邑变迁历程，剖析各时期的城邑营建内容；二，聚焦于4座城邑的成熟发展期，从灌溉水网与山水环境的尺度探索城水关系和山水形胜，探究城邑文化辐射下人工水网风景营建与山水环境人文化育的内涵；三，归纳城邑以"八景"为代表的整体城境意象的分类与分布特点。此外，4座城邑在历史上多次改换名称，除了特定名称外，为避免混乱，下文统一以清代各（府）县的名称进行表述。

第九章 塞上湖城——银川

第一节 "一迁七筑"的区域中心

银川城位于银川平原中部的河西灌区。"银川"作为正式的城邑名称，始于民国时期，但在明末清初，"银川"就作为宁夏地区的雅称而被士人广泛传颂，众多诗词都以"银川"一词赞誉平原水光潋滟的景致，如：

"俯凭驼岭临河套，遥带银川挹贺兰"[1]"银川亦寥廓，微茫但一望"[2]"或是天吴聊小试，暂移鳅穴到银川"[3]……

清雍正时期，"银川"从平原景观的吟咏之词演变为宁夏府城周边引黄灌区的代称。乾隆时期，当地士人以"银川"一词命名书院和志书，"银川"逐渐成为宁夏府城的特称。

银川城的建城历史长达2100多年。自西汉至明清，银川城历经了从乡村聚落到郡、县、国都再到路、军、府治所的建置变迁[4]，几易城名。历史上，在黄河泛滥、政权更迭、军事防御等因素的影响下，银川城一迁七筑，城邑变迁主要在西汉、隋唐、西夏、元、

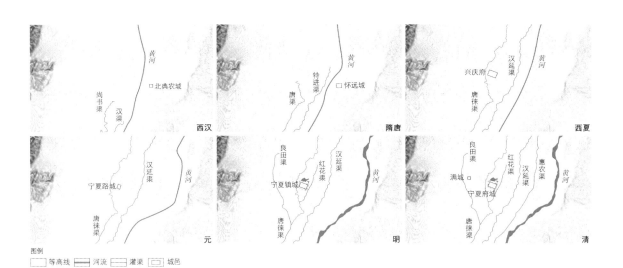

图9-1 西汉至明清时期银川城城址变迁图
[图片来源：作者自绘]

明、清时期（图9-1）。西夏时期是银川城的鼎盛建设期，明清时期则是城邑的稳定发展阶段。

缓慢发展期：西汉至隋唐时期

银川城的建城历史最早可追溯至西汉时期。西汉武帝时期，随着引黄灌溉工程的开发和屯田的发展，为了管理屯田事务、储存和集散粮食并安置移民，西汉元鼎五年（公元前112年），西汉政府在宁夏平原设立南、北2座典农城（农都尉主管的屯田城），其中，北典农城就是银川城的前身。郦道元在《水经注》中记载了北典农城的地理位置与功能："（黄河）北迳典农城东，俗名吕城，皆参所屯，以事农甿"[5]。据考证，北典农城的城址大致位于今银川市掌政乡洼路村一带，是一座边长在320～600m的方形城池[4]。

300多年后，大夏国王赫连勃勃将北典农城改建为饮汗城，于城内外广植果树，将其营造成一座濒临黄河、风景秀丽、集游赏与屯兵驻防功能于一体的地区重要城邑[6]。北魏在大夏饮汗城的基础上营建怀远城[7]，城邑由西汉仓城、大夏军城转变为以农业生产为核心的小型县城。

唐仪凤二年（677年），"（怀远）城……为黄河泛损，唐仪凤三年，于古城西更筑新城"[7]，旧怀远城因黄河改道而被迁移至新城位置，在此之后，银川城再无迁移。

第九章　塞上湖城——银川

繁荣建设期：西夏时期

北宋时期，党项人拥地自立，为谋求壮大，1020年，首领李德明将政治中心从灵州城迁至怀远城，改怀远为兴州[6]。他认为兴州城"西北有贺兰之固，黄河绕其东南，西平（灵州）为其障蔽，形势利便，洵万世之业也"[8]。建城之初，李德明"遣贺承珍督役夫"[8]，吸取中原营城经验，"相其阴阳之和，尝其水泉之味，审其土地之宜，观其草木之饶，然后营邑立城"[9]，"北渡河城之，构门阙、宫殿及宗社、籍田"[8]，通过调整布局、扩大规模、增筑设施等营城措施，使城邑布局更为合理。1038年，李元昊建立大白高国（史称西夏），将兴州定为国都，改称兴庆府。李元昊又遣工匠"广宫城，营殿宇"[10]，加强宫城的修建，使兴庆府的城建规模和水平达到空前的程度。经过党项人十几年的建设，唐宋时期的怀远小镇一跃成为西夏的国都，银川城的发展历史翻开了新篇章。

现存的西夏文献极少，不能据此探知兴庆府的面貌。但元明清三代，银川城的形制、规模基本延续自西夏的兴庆府，因此，结合元明清时期的文献记载和今银川市兴庆区的西夏遗址、考古成果，可粗略地描摹出兴庆府的城市图景。明《正统宁夏志》记载：兴庆府"周回十八里，东西倍于南北，相传以为人形"[11]，城有六门，"南北各有两门，东西各一门"[11]，城周开挖深阔的护城河。依据明清时期银川城延续至今的形制与街道走向，推测兴庆府的走向是以正南北向为轴向东偏转了15°，道路系统为方格网状，大致形成南北、东西2条主干道。

根据《天盛改旧新定律令》对兴庆府的描述可推测，按照城市功能，兴庆府被分作西半城与东半城。西半城为宫城、行政机构及官府手工工场所在地。宫城极有可能位于兴庆府北偏西的位置上，这种设计在党项人的王陵与住宅中亦可见到，无论是王陵陵台偏于中轴线西侧的规划[12]，还是宅邸中主屋让于神明而主人居于西屋的习惯[13]，都显现了党项人对西北向的偏好。在国都宫城的规划上，也有理由推测其可能并非位于城池的中轴之上。

宫城设三重城门——车门、摄智门、广寒门及南北怀门[14]。车门为宫城外门，宫城外是中书、枢密、三司等主要文武机构办事地[15]。摄智门为"一门三道"的城门形制，由正门与两道侧门组成。摄智门内为奏殿，是皇帝会见大臣的行政办公区域，宫殿"厅事广楹，皆垂斑竹箔"[16]。藩学院、汉学院、太学、内学等教育文化机构办事处以及祖庙、祭坛等分列于车门与摄智门之间。广寒门及南北怀门内，是皇帝寝殿与后妃寝殿区，后妃寝殿区被称为"帐下"[14]，建筑形式可能为党项族的帐殿，其形制似帐幕，帐上覆盖棕毛。宫城的西北一带还借助湖沼营建了避暑宫，"逶迤数里，亭榭台池，并极其胜"[17]，今银川市兴庆区湖滨街附近所发现的西夏时期护岸木桩即与此避暑宫有关[18]。文思院、工技院、金工司等管理机构与手工作坊，专为宫廷制作各类生活用品、高级工艺品[14]。宫城中还有大型的兵器冶锻工场，所制冷锻铠甲、神臂弓、西夏剑等兵器都在当时享有盛誉[19]。宫城与宫殿建筑的规模不明，但由西夏陵园中出土的高达1.5m的琉璃鸱吻[20]可推测，当时的宫殿必然是高大富丽。西夏文献《碎金》以诗歌的形式记录了宫城中建有大殿、后宫和阁楼式建筑："内宫赞圣光，殿堂坐御位。皇后后宫居，太子阁楼戏。"[21]

西夏统治者笃信佛教，兴庆府的西半城还营造了多座皇家寺院和佛塔，各处丽园精舍、高塔凌云，构成了兴庆府独特的城市面貌。现今银川市兴庆区西南的承天寺塔即为西夏谅祚时期建造，"役兵民数万，相兴庆府西偏起大寺，贮经其中，赐额承天"[22]。

兴庆府的西半城主要为帝王服务，宫殿、寺观、亭台等构成了城邑的主要建筑群，占据了城市的很大面积，体现了西夏国都的华丽与威严。东半城则多为民居、行市、小型作坊和兵营所在地[23]。城中民居低矮，"皆土屋，或织牦牛尾及羖䍽毛为盖，惟有命者得以瓦覆"[17]，民众的生活空间被束缚在崇义等较小的十几个里坊之中。此外，据文献记载，"兴庆府七万人为镇守"，还"选豪族善弓马五千人迭直，号六班直"[24]作为保卫国都的特种兵，由此可见，兴庆府中兵士众多，兵营应占了东半城的很大一部分。

稳定发展期：元明清至民国时期

蒙古灭西夏后，兴庆府沦为一片废墟。元初，忽必烈恢复了兴庆府东城的建设，由此该城也被称为"半个城"[25]。城池周回5184m，城墙高11.2m，城门4个。该城池的西城墙大致位于今银川市进宁街一线[26]（图9-2）。

明正统九年（1444年），"以生齿繁众，复修筑其西弃之半"[25]，明政府恢复了西夏时期"周回十八里"的城池规模，同时增筑了城防系统：以砖石砌筑城墙，并修筑了"阔十丈，深二丈"的护城河。明代宁夏镇城有6座城门，各城门上建城楼，四角建角楼，德胜门和南薰门外还建北关城与南关城。城内道路系统为棋盘格式，主干道一横两纵，其余道路多为十字路、丁字路和尽端路。城内除宁夏五卫的公署及督察院、按察司等公署外，还有10座王府[27]。王府分布于城西北、东南两区，以庆亲王府规模为最大。城中有各类寺观坛庙和32处街坊市集，南北关城中还有大量商业集散点。城内的供排水系统相对完善。利用城内水系，还营建数量众多的园林[28]，城中景致优美。

清乾隆三年（1738年），宁夏平原发生了严重的地震，银川城内"官民房舍，瞬息之间一齐倾坍，而城垣亦俱倒塌，仅存基址"[29]。清乾隆五年（1740年），清政府按照明代宁夏镇城的形制重建了宁夏府城，"于旧址内收进二十丈"[30]。重建后的城池周回8640m，东西长2592m，南北宽1786m；城墙高约7.7m，并以砖石包砌[31]。6座城门的名称及规制依照明制，城池还加筑6座瓮城、4座水关；南薰门、德胜门外仍建南北关城[31]。宁夏府城设置井格式路网，城内道路较明代时期有所拓宽，通衢四达，纵横交错。城中设置官衙40余处，建学宫和书院等文化性建筑7处，有寺观、坛庙、殿堂80多座，设石坊、牌楼50座[31]。城内有街巷127道，集市17处，清代方志称其为"人烟辐辏，商贾并集，四衢并列，阛阓南北，藩夷诸货并有，久称西边一都会"[32]，"民富饶，石坊极多，民屋栉比无隙地，百货俱集，贸易最盛"[33]，繁盛可见一斑（图9-3）。

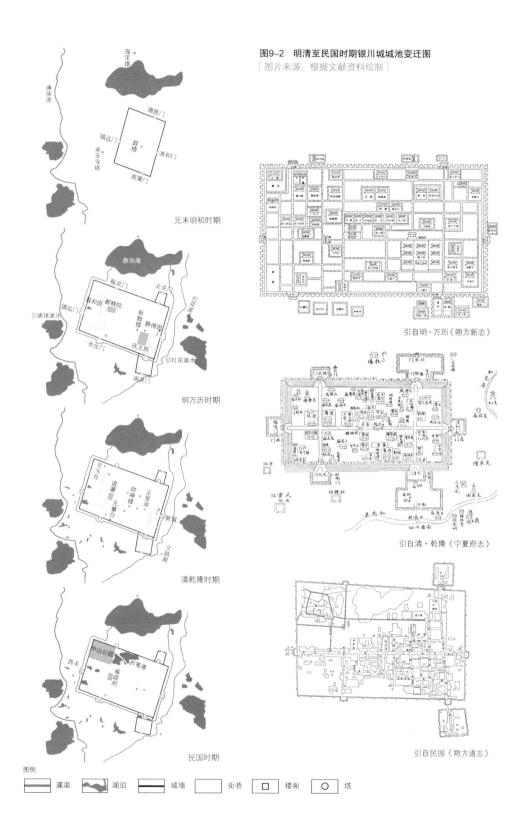

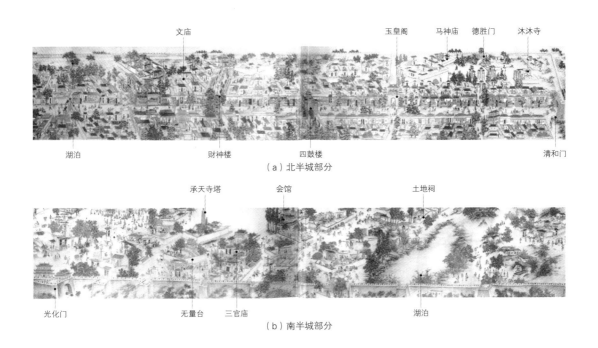

图9-3 清代宁夏府城图
[图片来源：改绘自赵文续绘《宁夏府城图》[26]]

民国宁夏省政府在清代宁夏府城的基础上改善了城内的基础设施，拓宽了主要道路，还在城西北湖沼区新建中山公园[34]。城邑轴线变为一横一纵，各主要建筑沿东西大道有序分布。民国时期，宁夏省政府鼓励商业发展，银川城"地居灌溉区域之中心，四通八达，形势最便……附近区域，商业最为繁盛"[35]。据统计，民国初年，银川城已有300多家商号，还有米粮市、炭市、柴草市、铁匠市等[36]，市场繁荣，交易活跃。

第二节 银川城的城内景观

银川城邑景观体系萌芽于西夏，成熟于明清，包含防御体系、轴线体系与园林体系（图9-4、图9-5）。

防御体系

从秦汉至明代，银川城一直是西北塞上的军事重镇，其城防体系是城邑营建的重要内容之一。银川城高墙深池，各类防御工事俱备，与中原地区的城池相比，防御工事更为坚固。明代，先后4次

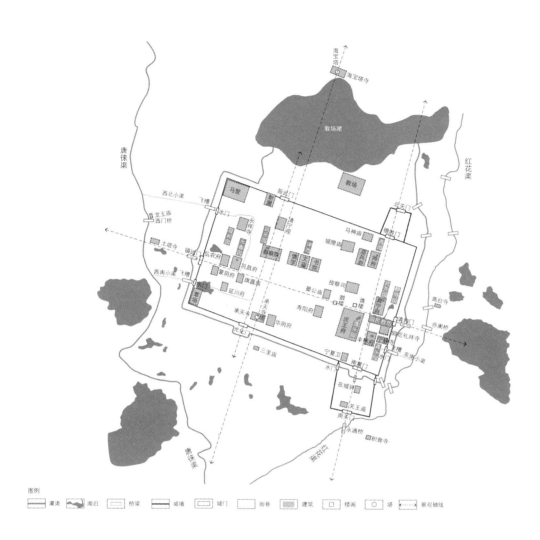

图9-4 明代银川城城景布局图
[图片来源：作者自绘]

增筑城防体系，修固城墙、增筑关城、开挖城壕等举措奠定了城池军事防御体系的基础。万历时期，银川城"内城大楼六、角楼四。壮丽雄浑，上可容千人。悬楼八十有五，铺楼七十。外建月城，城咸有楼……以至炮铳具列，闸板飞悬、火器神臂之属，制备极其工巧……为巨镇伟观"[37]。清代，6座城门外均增筑瓮城，城防体系进一步增强，各城门形制一直维持至民国时期（图9-6）。

轴线营建

历代对银川城景的营建逐渐形成了明确的景观轴线。西夏兴庆府内部空间不能确考，但根据宫城所在位置推测，城邑景观轴线大

第九章 塞上湖城——银川

图9-5 清代银川城城景布局图
[图片来源：作者自绘]

　（a）清和门　　　（b）南关门　　　（c）镇远门　　　（d）德胜门

图9-6 民国时期银川城城门
[图片来源：引自《银川市地名志》[38]、王立夫手绘老银川作品[39]]

致是一条偏西的南北轴线。明清时期，银川城逐步形成了清晰的一横两纵式轴线，其轴线上的节点景观相当丰富。

明正统以后，旧谯楼以西新建鼓楼，谯楼、鼓楼与清和门、镇远门在空间上连成一线，构成城邑东西轴线。清代，城中新建财神楼与四牌楼，并将明代谯楼改建为玉皇阁，使这条东西轴线更为显著。

明清时期，南薰门、德胜门及其城楼构成了城邑的一条南北轴线。明代的王府、军政衙署、将领宅等多分布在这条轴线的两侧[40]，宁陕驿道穿越银川城时也从这条轴线上经过。清代，这条南北轴线的两侧又建县署、镇守署等行政机构以及佛寺、清真寺等[41]。此外，银川城的西南重建了承天寺，城西北营建了清宁观，南寺北观构成城邑的另一条南北轴线。这一轴线向北延伸至城外的教场湖和海宝塔，向南则延伸至城外的宝纛坛和乐游园，串联了城内外主要的祭祀与游赏空间。

清代，银川城内外的景观视线已十分丰富。承天寺塔与城北郊的海宝塔南北峙立，互以为势，跨越了城墙的限制构成了南北向的互望视廊。而东西轴线上的两座城门与鼓楼、玉皇阁等文风建筑形成互视关系，丰富了城邑登高观览的视线（图9-7）。

银川城的民居为平顶土屋，衬托得各类楼阁建筑更为突出，城楼、角楼、鼓楼、玉皇阁（谯楼）、文庙、东奎阁、西奎阁、承天寺塔、万寿宫、无量台、北斗台、马营楼皆为城中重要意象（图9-8），

图9-7 清代银川城景观视线分析图
［图片来源：作者自绘］

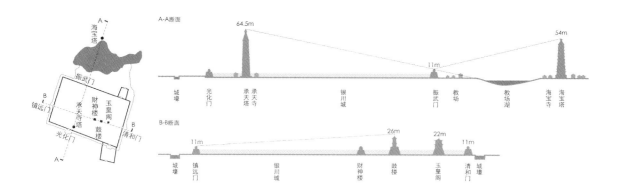

第九章 塞上湖城——银川

　　（a）新鼓楼　　　　　　（b）玉皇阁　　　　　　（c）承天寺塔　　　　（d）海宝塔

不仅形成视觉焦点，丰富观景视线，还增加了城邑景观层次，构成起伏变化的天际线。

图9-8　银川城主要景观建筑
［图片来源：劳德·毕敬士1936年摄于银川[42]］

　　鼓楼与玉皇阁是留存较好的两座明清景观建筑。鼓楼位于城邑中央，整体高26m，下为方形台基，上为十字歇山顶的三层楼阁[43]；下部台基开券顶的十字通道，四面有石刻题字，东西南北依次为"遐思""挹爽""来薰"和"拱极"。玉皇阁位于鼓楼东侧，原为明初的钟鼓楼，随着城邑西拓后被新建为鼓楼，清代则将其改建为道观[26]，建成一组重楼叠阁式的建筑群，其夯土台基上坐落着二层重檐歇山顶大殿，高14.1m，大殿东西对称分布着两层重檐式钟楼、鼓楼[43]。银川城的鼓楼与玉皇阁均挑檐飞脊，高耸秀丽，显示了明清时期宁夏地区文风建筑的风格。

　　明清时期，银川城内及近郊有多处寺观坛祠。明永乐朝实行"蕃禁"政策，藩王的政治权力与人身自由受到严苛的管制[44]，就藩边地的藩王还常受到地方总兵的欺压，精神极度压抑。为化解内心的郁结，生活在宁夏的庆藩藩王大多寄情佛道，广修寺观。据明代方志记载[22]，历代庆王数次重修前朝名寺承天塔寺与海宝塔寺，并在城内与近郊的水源地新建了永祥寺、三清观、清宁观等多座寺观。城内的寺观集中在西北区，多数分布在靠近引水渠和湖沼的幽静之所[45]；近郊的寺观则多在湖泊地选址修筑，因清幽的环境而吸引众多雅士前往祭拜静思。坛庙则在城南一带最多，坛庙祭祀对象十分广泛，涵盖自然山川、神鬼、城邑、水利、军事和世俗名人等（表9-1）。

明清时期银川城城内及近郊坛庙类型与分布　　表9-1

类型	主要坛庙	分布
山川祭祀	山川社稷坛、风云雷雨坛、东岳庙、先农坛	城南郊、东郊
神鬼祭祀	玄帝庙、厉坛、八蜡庙、三官庙、雷尊庙、药王庙、关帝庙、晏公庙、火神庙、上帝庙	遍布城内及四郊
军事祭祀	旗纛庙、马神庙	南薰门外西南处
水利祭祀	龙王庙	镇远门唐徕渠附近
城邑祭祀	城隍庙	城西北区
名人祭祀	文庙、武庙、名贤祠、杨公祠、王公祠	城中各处

[资料来源：作者绘制]

园林营建

明代以前，银川地区的园林数量较少，基本以皇家园林为主。早在十六国时期，赫连勃勃便在水源丰沛的饮汗城营建"丽子园"[7]。西夏立国后，李元昊在兴庆府宫城西北的湖沼区，仿唐宋之风营造了大内御苑元昊宫[17]。

及至明代，伴随城池的发展与城内外水系的梳理，园林得到了空前发展。此时，银川城的造园活动十分频繁，起于藩王，兴于地方精英，后逐渐扩展至军民阶层，其营建历程具有由上及下的阶层递进性。明代银川城的园林类型以王府园林为主体，衙署园林、私家园林、寺观园林和公共园林作补充；园林的数量和规模也超越以往。对明代的方志[28]、诗赋[46]、园记[28]等相关史料进行统计后发现：在明万历二十年（1592年）哱拜兵变前，有记载的城中园林至少有11处（图9-9，表9-2，表9-3），集中分布在城西北与东南二区的水源地，多数依傍城内引水渠及湖塘修建，园中营构水景，展现出西北地区罕有的河湖园特性[45]。

明洪武二十四年（1391年），朱元璋封其十六子朱㮵为庆王，就藩庆州（今甘肃庆阳），后"自庆阳徙居韦州"[47]。明建文三年（1401年），建文帝"复令移居宁夏"[47]。按照明代礼制，宁夏镇需为庆王及其子在镇城中修建亲王府与郡王府。得益于明代银川城的引水渠，众王府引渠水入府邸营建花园。至明中期，银川城已有王

第九章 塞上湖城——银川

图9-9 明代银川城园林分布示意图
[图片来源：作者自绘]

明代银川城城内园林及其景致　　　表9-2

类型	名称	园林描述与分析
王府园林	逸乐园	棂星门内，庆王府西。有曲池、延宾馆、慎德轩等
	永春园	巩昌王府后园，从城北西北渠引水，湖中有沧州岛
	赏芳园	
	真乐园	真宁、丰林、弘农郡王府后园，引水造园
	寓乐园	
衙署园林	后乐园	"都查府后有隙地，纵横约二亩许，前人为园，有蔬畦、花坞，杂树荟蔚。旁引渠水，以时灌溉。中构小亭三檐，明敞幽洁。亭前汇水为曲池，抱掩紫映，一时澄澈如环璧然"
	西园	总兵帅府后园，引水培植牡丹，有"小蓬莱"雅称

续表

类型	名称	园林描述与分析
私家园林	梅所	城内西北,淮安流寓文人郭原私园,园内引水培植梅花
寺观园林	泮池	"堂后甃泮池,引渠水左注右泄,环汇学宫"
公共园林	静得园	真宁王府南,建于东南引水小渠潴水处
	凝和园	弘农王府西,西北引水小渠潴水处

[资料来源:根据《嘉靖宁夏新志》[28]《朔方集》[27]整理]

明代诗词中的银川城城内园林景观　　表9-3

诗名	诗句	表现景观
《梅所》	客以梅为所,移梅取次栽。 花枝向南发,山色自西来。 清影孤窗月,黄昏一酒杯。	梅所中梅花之姿、影
《梅所》	初疑郭西千树梨,香魂化作万玉妃。 琼林玉树一色俱,仿佛蓬壶画图中。 随风飞堕水景窟,朝朝暮暮扬清芬。	梅所中梅花之色、香
《镇守西园小会》	市城数亩小蓬莱,宾主乘闲偶一来。 渠过女墙分活水,堤培古木护苍苔。 谩敲诗句声摩汉,笑捻花枝影泛杯。	西园内渠水、古木
《赏镇守西园牡丹》	拥出雕栏二尺饶,娇红嫩白照金袍。 熏风细细香偏别,仙苑沉沉价自高。 老岁岂堪逢异品,群芳应是避奢豪。 游观会得花神意,只许高轩驻节旄。	西园牡丹、高轩
《沧洲》	石洞夤缘构草庐,烟萝邀绿入窗虚。 称风卷箔容飞燕,顺水穿渠纵戏鱼。 瓮牖雨香开芍药,石潭波紫落芙蕖。 一山半水皆生意,鸟静花飞兴有余。	永春园中石洞、草庐、烟萝、渠水、芍药、石潭、芙蕖

[资料来源:根据明《嘉靖宁夏新志》[28][46]整理]

府园林10余座,尤以庆靖王朱栴的逸乐园最为迥绝人意。朱栴"天性英敏,问学博洽,长于诗文"[28],颇具文人气质,在营建园林时摆脱了皇家礼制的约束,融入了较多的文人情怀,使得逸乐园表现出强烈的文人园特质。逸乐园从银川城的东南小渠中引水,于园中心营构了曲池一品,环水建延宾馆、慎德轩等[28],可登高揽尽园景;园中莳花移木,郁郁葱葱,四季之景分明,典雅精致的花园景致与王府宫殿区的森严氛围形成鲜明的对比[11]。

庆王私园胜景引得各郡王竞相仿效。各郡王府的花园大多小巧，以临水取静的幽深得胜。如巩昌王府的永春园，由城中的东南小渠引水凿湖。湖中堆筑了"沧洲"岛[28]，岛上叠假山，建草庐，并引湖水于庐前筑鱼塘，从旁遍栽芍药及攀缘植物，凸显书斋的清幽，显示园主潜身覃精、隐逸幽居之意。

在王府园林广建之际，也有地方官牵头营建衙署园林，这些园林广泛地分布在银川城的都察府、帅府、按察司等公署内。宁夏地区自古重农，历任官员皆以兴修水利为重要职责，因此衙署园林多在引水灌溉或修缮水利设施之际就地修建。

后乐园是督察院的后花园。后乐园中心建环碧亭[28]，因灌溉需要，园主从城西北小渠引水入园。渠水被引至亭前汇集为曲池（图9-10），构成了后乐园南池北亭的中心景观，园主及来往士人常在此处"徘徊林塘花鸟间"[28]，以寄远思。曲池四周多被整理为花圃、菜畦，并于水池西南30m处设立射圃，豢养鹤、鹿等[28]，彰显了此地官员推崇农稼与勤武的为政思想，具有浓重的教化意义。

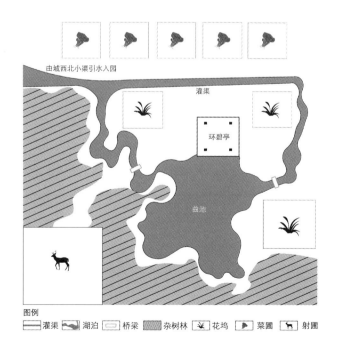

图9-10 后乐园平面示意图
[图片来源：根据明《后乐园记》[28]绘制]

在贵族和地方精英的带动下，银川城的造园活动逐渐扩展至军民阶层，私家园林和公共园林得到发展。郭原的梅所代表了此地私家园林的风格：规模较小，实用功能很强；园中开渠筑塘灌溉花圃、菜园，或移栽珍贵花木点染景致、标榜志趣，以奇取胜。城中公共园林，是城内湖泊风景化的结果，如城西北的多个环水小园，其中规模最大的是位于真宁王府南的静得园[22]。

明代银川城的各类园林虽然在规模与功能上有所差异，但均表现出与城邑水系的密切关联性：王府园林、私家园林和寺观园林引水而兴，衙署园林因灌溉之需而建，公共园林与城市水环境密切相关。各类园林受城市水系格局的深刻影响，在选址、布局、理水和意境四方面表现出了高度的共性特征。

至明中晚期，银川城的园林因其数量众多、类型丰富、景致突出、意境悠远而逐渐成了彰显地方风物和凝聚集体意识的重要载体，并渐渐与区域水系融为一体。清初，巡抚黄图安续题了宁夏地区的人文"八景"，其中的"藩府名园""泮池巍阁"和"南塘雨霁"[48]三景，即是取自明代银川城的园林景致。这也体现了明代所营建的园林在塑造整体区域风景与优化人居环境方面所具有的重要影响力。

民国十八年（1929年），宁夏省政府在银川城西北湖沼区新建中山公园[34]。此地是西夏宫城大内御苑的位置，明代属于清宁观、巩昌王府、安塞王府及西马营的范围[40]，清代此处则建宁夏府考院和军马场[41]。由此来看，银川城的西北湖沼区，自西夏以来，就是统治者重点经营的区域。因此，中山公园内的历史遗存十分丰富，至今仍保留着文昌阁、清宁观、三官庙、岳飞诗碑、清银川城古城墙西北角遗迹、明清古树等重要遗址[34]。民国二十二年（1933年），利用原有的湖沼地形，园中营建了"三湖一榭、一山两岛、九亭八桥"[34]，三个大小不一的水面相互串联，与园外大银湖贯通（图9-11）。后续十余年，中山公园被陆续建为一处水源丰沛、植被茂盛的游赏之地，为民国时期的银川城增添了别样的景致。

第九章 塞上湖城——银川

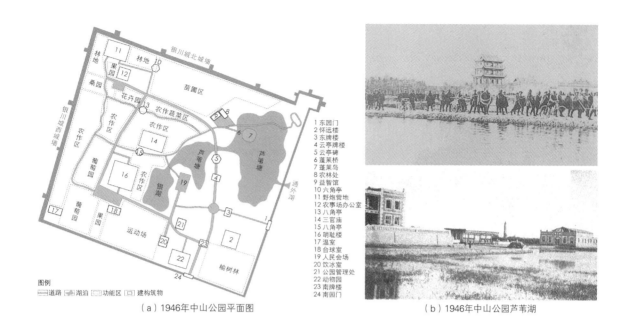

(a) 1946年中山公园平面图　　　　　　　　　(b) 1946年中山公园芦苇湖

图9-11　1946年中山公园平面图与芦苇湖

[图片来源：图a根据《1946年中山公园略图》[34]和《银川市城市图》[49]绘制；图b上引自参考文献[50]，图b下引自《宁夏省考察记》[51]]

第三节　城水相融、敛收风物的近郊景观

城郊水利分布

银川城位于唐徕渠与汉延渠覆盖的两个子灌区之中，城邑与唐徕渠的空间关系更为密切。唐徕渠开凿于汉唐时期，早于银川城的大规模营建时期。西夏至明清，随着银川城的发展，唐徕渠的支渠和斗渠数量不断增加，灌溉水网逐渐密集。明代，唐徕渠在银川城段开4条大支渠——良田渠、大新渠、红花渠、满达剌渠[27]，干渠与4条支渠构成了银川城四郊的灌溉骨架，并形成"五渠绕银川"的景观（图9-12）。清末至民国时期，唐徕渠在银川城附近的支渠已近30道，主要支渠有良田渠、大新渠、红花渠、旧满达渠、新满达渠、吕米渠、小牛渠、太子渠，共溉田约86km^2[52]（图9-13，表9-4）。

城水空间格局

风水学上有"平洋以水为山"的理论，理想的平原选址要求流水围护，屈曲环抱[54]。银川城符合平原地区理想的风水选址，城邑以黄河为形势，并在地势平坦的平原内部，通过人工渠系弥补山岳围合的不足，辅助城邑形成更为理想的平洋人居形势。此外，银川

图9-12 明代舆图中的"五渠绕银川"的城水格局
[图片来源：改绘自明《宁夏境土之图》[53]]

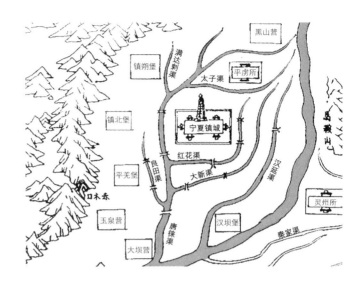

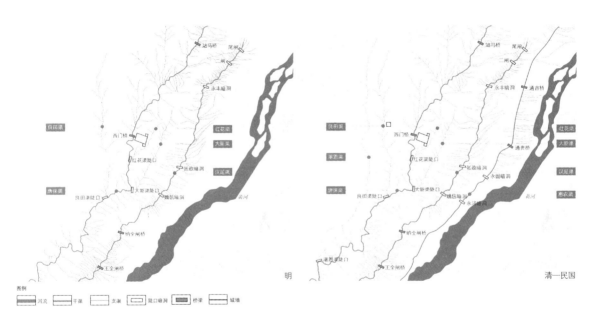

图9-13 明清至民国银川城郊渠网分布图
[图片来源：根据民国《宁夏全省渠流一览图》[52]绘制]

城的布局也与城郊的水网格局有密切关系。唐徕渠自城西逶迤而过，其支渠红花渠则由城西南向东北而流，城东西被两渠环绕，其南北两侧则多天然湖泊，区域水系格局限定银川城形成了东西纵、南北狭的矩形布局。唐徕渠各支渠呈羽状分布，支渠尾部还形成众多人工泄湖，渠湖串联的人工水网将银川城包围，形成"水抱城"格局（图9-14）。

第九章 塞上湖城——银川

民国时期唐徕渠银川城段大型支渠规模及溉田数　　表9-4

名称	灌溉村庄	长度（km）	灌溉数（km²）
良田渠	丰盈乡、上宁城、盈南向、盈北乡、杨信乡	43.5	36.5
大新渠	上前城、下前城、谢谷乡、俊邵乡等	19.5	28.4
大太子渠	大礼拜寺、小礼拜寺	7	5
小太子渠	李家滩	10	2.3
红花渠	八里桥、马家湖	3.5	1.8
旧满达渠	新家乡、沙窝乡	5	1.5
新满达渠	牛毛乡、满乡	21.5	8
小牛渠	高家庄	4.5	1
吕米渠	丰登北乡	9	1.3
总计溉田数			85.8

[资料来源：根据《宁夏省水利专刊》[52]整理]

图9-14 民国时期银川城郊湖泊分布图
[图片来源：根据民国《宁夏全省渠流一览图》[52]绘制]

明代，随着城郊人工水网的进一步营建，银川城修建了集供水、排水和防洪功能于一体的城邑水利。明永乐二年（1404年），宁夏总兵何福"以城中地碱水咸"[55]，在银川城东南、西南和西北处开挖3渠，以飞槽跨护城河接引了红花渠、唐徕渠之水"入城灌园，周流汲饮"[25]，渠水在城内迂回而过，"循绕人家，长六里余"[56]，极大满足了城中用水需求。城中积水可经排水沟汇入排水干渠、湖池等，再"由城东垣开窦"[56]，经城墙涵洞排入城外的排水沟，最后经湖泊与排水沟组成的灌区排水系统注入黄河。这一由沟渠湖池构成的城内外一体的弹性排水与防洪系统，对城市的水环境安全有重要的调控作用（图9-15）。

清代，银川城的供排水系统得到进一步完善，城中有"水沟六十二道，水关四座"，南关城有"水道二十三道，水关六道"，北关城有"水道一十三道，水关二道"[31]。城内水道纵横，供排水设施完善，可确保地势低平的银川城不受水涝。由于地区军事职能弱化，清银川城的护城河由明代"阔十丈，深二丈"的规模缩减为"宽三丈、深一丈"[31]，城壕对内与水沟、水关连通，对外与灌渠、湖泊、排水沟相连，起到承接内外的连通作用。

灌溉水网的风景营建

密集的人工水网是明清时期银川城近郊风景营建的基底。城郊湖泊以平远之景见长，因明代士人争相吟咏而渐增人文意趣，并成为灌区的独特风景类型之一；此外，依托渠网湖泊，明代的近郊园

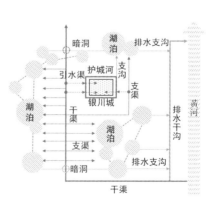

图9-15　明代银川城供排水系统示意图
[图片来源：作者自绘]

林系统也逐渐发展起来。清代，随着银川城周边灌溉水利系统的稳定发展，围绕重要的水利设施，形成区域水利祭祀中心与近郊公共空间（图9-16），具体有三个方面。

湖塘湿地，诗化意境

银川城郊的湖泊多由支渠灌溉余水汇集形成。明代，随着城郊灌溉水利的发展，湖泊规模大幅增加。湖泊散布在灌渠间或支渠尾，部分湖泊连缀形成银川地区极有特色的"七十二连湖"。城郊湖泊

图9-16 明清时期银川城人工水网下的近郊风景布局图
［图片来源：作者自绘］

平远开阔，如连湖"回环数十里，不生蒹葭，而水深多鱼，澄泓一碧，山光倒影，远树层匝，时有轻舸出没烟波中"[48]，湖周生长着芦苇、蒲草等，鸥鹭、鸭、鸳鸯、鱼栖居湖中，"江干湖畔，深柳疏芦之际，略成小筑，足征大观也"[57]。清代，"连湖渔歌"被列入地区"八景"，体现了湖塘湿地景观在银川城区域风景体系中的特殊性和重要性（图9-17）。明清士人十分欣赏银川城郊的湖塘景观，留下数量众多的诗词题咏，诗意化的景观凝练也赋予了湖泊特定的人文意境，如《月湖题咏》一诗："万顷清波映夕阳，晚风时骤漾晴光。瞑烟低接渔村近，远水高连碧汉长……北来南客添乡思，仿佛江南水国乡。"[1]歌咏了湖塘景观的水乡情韵，抒发了戍边士人的乡愁，将湖泊意象与思乡之情关联，寓情于景，以景传情，从而强化了地区风景的记忆。

围湖造景，引水兴园

银川城外的湖泊为近郊园林的营建提供了便利的条件。明代，庆靖王朱㮵将大量田地湖泊改建为避暑园和水上游园，以排遣政治的失意与人身自由受限的苦闷；戍边的官员、士人等利用兴修水利的契机，将城外泄湖改建为公共园林，极大地丰富了近郊的风景体系（表9-5、图9-18、表9-6）。

图9-17 民国时期银川城郊的湖泊景观
[图片来源：引自参考文献[58]]

明代银川城城郊园林景观　　　　　　　表9-5

名称	园林描述与分析
丽景园	城东清和门外,庆府果园改造而成,引水构湖,凿鸳鸯池、鹅鸭池、碧沼、莲塘、菊井,建芳林宫、拟舫轩、望春楼、水月亭、清漪亭、涵碧亭和湖光一览亭;滨湖步径两侧列植花木形成桃蹊、合欢道、红芍等空间
金波湖	丽景园北,青阳门外,有临湖亭、鸳鸯亭,湖南之高地筑宜秋楼,"垂柳沿岸,青阴蔽日,中有荷芰,画舫荡漾,为北方盛观"
小春园	丽景园南,撷芳园北,有清趣斋、清赏轩、眺远亭、芍药亭、牡丹亭,遍植珍奇花卉
撷芳园	南薰门外,南塘东,有来青楼、荷香柳影亭、湖光水色亭
乐游园	光化门与红花渠间
盛实园	北郊,德胜门东八里
南塘	南薰门外二里许,永通桥西南。过桥有"濠濮间想"坊一座,"旧有接官亭,亭南方塘一品……池之南构小亭三楹(知止轩)……池北为门,四絙以墙,墙内外各树以柳",后建涟漪轩,"轩前一坊,迫塘而峙。塘之中有亭屹然,孑出水光上","时见菱菰藻荇,茂密参差,戏鹭泳鳞,飞跃上下"

[资料来源:根据《嘉靖宁夏新志》[28]整理]

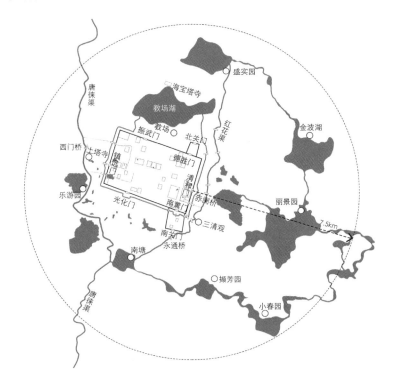

图9-18 明代银川城城郊主要园林分布示意图
[图片来源:作者自绘]

明代诗词中的银川城城郊园林景观　　表9-6

诗名	诗词	表现景观
《南塘咏》	郊圻远胜开林塘，战场翻作烟花地。 鱼鸟悠悠物候始，风光迥是小江南。 画舫晴开墙畔柳，清尊夕豆水中弦。 翠蔼孤亭送远色，杨梅坞带青山表	林塘、鱼鸟、画舫、亭榭、梅坞
《游南塘》	小艇容宾主，乘闲半日游。 隔簾人唤酒，泊岸柳迎舟。 垂钓双鱼处，随波一雁浮。 夕阳催去马，清兴转悠悠	湖面、柳树、大雁、游鱼
《南池泛舟呈杨楚翁大中丞》	清溪流水暗通河，柳叶芦花藕碧莎。 荻芦花发最宜秋，池馆霏微暑气收	溪流、柳树、芦花、莎草、池塘、馆亭
《南塘同客泛舟》	彩鹢随流去，清游满座宾。 湖空彩鹢下，岸远芰荷新	彩鹢、芰荷
《宴丽景园》	柳间杂遝求鞍马，花里追赔倒酒樽。 白露满池荷叶净，凉飔入树鸟声繁	丽景园内柳树、花卉、池塘、荷花
《丽景园侍宴》	煌煌玉仗映晴暾，晓处清和第一门。 百姓尽瞻龙衮贵，群化都护牡丹尊	丽景园位于清和门外，园中栽植牡丹
《金波湖棹歌》	画船摇向藕花西，一片歌声唱和齐。 黄鸟也知人意乐，时时来向柳边啼	金波湖湖面、荷花、柳树
《登宜秋楼》	亭皋木落水空流，陇首云飞又早秋。 白草西风沙塞下，不堪吟倚夕阳楼	金波湖湖面、塞外秋景

[资料来源：根据《嘉靖宁夏新志》[46]《万历朔方新志》[1]整理]

明代近郊园林的营建模式大致有两类：一类是围湖造景，即以泄湖为基底，保持湖泊自然形态，并围湖修筑亭台楼阁，如金波湖、南塘、盛实园等；另一类是引水兴园，即从周边湖泊引水入园，在园林中营建湖、池、塘、渠等各类水系形式，形成以水景为核心的园林，如丽景园、小春园、乐游园等。

近郊园林系统与区域水系关系密切，具有"园在湖中，湖在园中"的意趣。造园在区域水网上展开，水是园林的主体要素，亭台楼阁依水而建，形成以水为核的内向型布局，园林空间与园居活动大多围绕水展开。园林自成一体且突破壶中天地，一方面与周边各园及区域水网连通；另一方面在视线上与外部环境融合，在园中，登高凭栏可远眺贺兰山、渠网及农田。造园还以区域水系形态为蓝本，微缩再现了银川地区"渠湖串联"的水系结构，形成富有诗情画意的文人江湖园。下文以丽景园和南塘为例，探讨明代银川城近郊园林的造园手法。

丽景园从金波湖、红花渠引水，在园中心汇集成开阔的湖面，亭榭渚岛列布其中，园林空间深阔合宜，尽显悠远（图9-19）；园中各处又有大小不一的塘池，活水环流，勾连全园，水景意象丛生，僧人静明以"凫渚秋风""莲塘清露""璧沼煖波"和"晴虹弄影"等意象赞誉理水奇绝[59]；湖边的各类建筑、花木和路径组合构成了清寂幽静的小空间，如红芍、合欢道[28]等，这些空间与开阔的湖面形成对比；丽景园时卉繁异，林木茂美，还借灌渠之便，保留了湖面游赏区外围的大面积果树，彰显了此地的重农思想。

南塘的营建以治理泛滥湖泊为契机，体现出便利民生的实用性造园理念。南塘原是南薰门外的"停潦之区"，时常泛滥而淹没农田。明嘉靖年间，御史张文魁和杨守礼先后疏通此处水塘的出水通道，将其与灌渠连通，解除了漫溢之灾，并"植柳千株，缭以短墙，注以河流，周方百亩"[60]。南塘被分作两区（图9-20）：北侧保留整齐划一的农田，称"芳园"，以示劝农之意；南侧则为主要的游赏区，园中的方塘开阔，可"泛以楼船"，塘周建知止轩、涟漪轩[60]等，塘东西并置"茶寺"与"酒寺"，桃红柳绿，点缀湖滨，"人目之如西湖，居民喜为乐土"[60]。

图9-19 丽景园图
[图片来源：图（a）改绘自《丽景园图》[40]；图（b）自绘]

（a）丽景园舆图　　　　（b）丽景园布局示意图

图9-20 南塘示意图
[图片来源：改绘自《南塘图》[40]]

明代银川城郊园林营建有四个特征：

一，在选址方面。城郊园林共有7座，以王府园林与寺观园林为主，多数选址在江湖地，散布于湖泊密集的北郊、东郊和南郊，并集中于清和门外7.5km的圈层内[44]，各园林以湖泊为基底，园水关系十分紧密。

二，在布局方面。城郊园林缺少因地形变化所产生的空间序列感，而主要采用以水为主景的向心布局模式，水周环峙榭、轩、亭、楼等各类园林建筑，营造高低错落的临水游赏空间，并以花木和幽径叠合创造封闭空间，以虚实、疏密、开合的空间对比获取园林深远之意。此外，宁夏平原自古勤农重农，农业已与此地群体的价值观和地域文化融为一体，这种意识形态对近郊园林的内容与布局产生了深刻影响，田畴、果园和蔬圃等农业景观，作为当地最喜闻乐见的文化景观，即使在以精致取胜的园林中也十分常见。

三，在理水方面。近郊园林水系集合了多种形态，有平远见长的湖泊、幽深取胜的池塘、蜿蜒曲折的长渠、汩汩而流的泉井，变化繁复，又常以静水得胜。许多园林由果园、农田改造而成，如丽景园、小春园、乐游园等，除中心湖外，还摹仿区域水系结构，设鱼塘、水禽池等，并以水渠串联，形成互相贯通的多形态水系。

四,在意境方面。近郊园林彰显了士人对地域环境的整体认知,各处园林水系与湖渠内外连通,呈现出自然与人文并存的园林风貌,理水还模仿城郊渠湖相连的结构,微缩再现了"水旋绕如环雍"[22]的地景格局。园林水系也作为士人剖白高洁之志的重要载体,寄托他们企盼边境永宁的家国心愿。同时,近郊园林区别于城中宅园,凸显出突破壶中天地、融于广阔环境的悠远风格。

渠庙桥梁,景观汇聚

清代以来,随着灌区发展渐趋稳定,银川地区的水利设施逐渐成为城郊灌溉水利风景化的主要实践之地,集中在两个方面。

一,形成了以渠庙为中心的风景体系。银川城西镇远门外的唐徕渠畔设立龙王庙,银川城北有暗洞庙,每年立夏举行开水祭祀,两处庙宇成为地区水利祭祀中心,丰富了近郊的人文风景。

二,城郊重要桥梁处形成景观(表9-7)。干渠上的桥梁跨度较大,坚固美观,多为石墩木面的桥梁,其栏杆雕砌精美,以石狮加以装饰而自成景致[58]。支渠上的桥梁多为木桥(图9-21),桥梁处点缀垂柳桃花,建亭廊以供休憩与商贸。

清代银川城近郊主要桥梁　　　　　表9-7

名称	位置	景观记载
红花桥	城东清和门东红花渠上	—
赤阑桥	城东清和门红花渠上	明代由此桥可入丽景园
永通桥	城南南薰门2.9km处红花渠上	明初建为木质,清代改为石栏桥,栏杆柱以32个石狮装饰,桥前有"迎恩"牌坊一座,其穹窿偃卧,如虹卧波
社稷桥	城南1.1km处唐徕渠上	—
西门桥	元代旧桥,城西唐徕渠上	石柱木面桥,有栏杆,过桥可直达满城,桥边有水尺,用以测定唐徕渠水量
保安桥	城西南570m处唐徕渠上	木桥,长20m,宽4.6m
贺兰桥	城西北唐徕渠桥上	木石桥,长15m,宽4.6m

[资料来源:根据明《嘉靖宁夏新志》[60]《宁夏水利专刊》[152]整理]

图9-21 1936年银川城郊唐徕渠支渠上的木桥梁
[图片来源：引自参考文献[61]]

第四节 山屏河带、耸壮观瞻的远郊景观

城郊山水形胜

银川城"背山面河，四塞险固"[62]，城西35km为贺兰山，城西17km有黄河逶迤而过。在城邑目力所及的空间范围内，贺兰山是区域最高峰，为银川城镇山。贺兰山走向以正南北为轴线向东偏转约15°，银川城与之偏转方向基本一致。银川城的东西轴线向西延伸与贺兰山山脊线垂直，在城西60°～120°的水平视域内，可望见贺兰山中段的山峰和南段的矮丘（表9-8、图9-22）。贺兰山诸峰由西南至

银川城西侧可见的贺兰山山峰　　　　　　表9-8

山峰名称	景观特征	山峰海拔（m）	位置
云台峰	—	3050.0	山脉中段西方
沙锅洲峰	一条山脊，一侧悬崖峭壁，一侧缓坡，坡上遍布岩石	3538.0	哈拉乌北沟鹿家台东南方
鹿架台峰	山谷平台，群山环绕，森林环绕	3014.0	哈拉乌北沟亲和营地正前方
敖包疙瘩峰	山脊主峰，顶上有祭祀的敖包	3556.7	城西北
锯齿峰	巍峨险峻，森林茂密	3317.9	哈拉乌南沟马蹄坡东北方
鱼头峰（金顶）	危崖峭壁，独自耸立	2908.4	城西北苏峪口内，银巴古道分水岭正南方
笔架峰	三峰矗立，宛如笔架，下出紫石，可为砚	待测	贺兰山小滚钟口
巴彦笋布尔峰	山顶平缓，状如馒头	3198.1	南寺东南方向
干沟岭峰	山顶为草甸景观	3140.1	山脊线中段偏南处
转角楼峰	远眺山顶呈墨色，有原始森林	3050.7	紫花沟南方

[资料来源：作者绘制]

第九章 塞上湖城——银川

图9-22 银川城120°视域内可见贺兰山山峰与谷口
[图片来源：根据《贺兰山的根与魂》[63]绘制]

东北障于银川城之西，对城邑形成"包被"之势，既构成城邑远眺的视线焦点，又成为邑郊风景的重要营建区域。

城邑山水秩序

银川城"贺兰右屏，黄河左带"[40]，城郊山形水势自成天堑。在天然山水格局下，自西夏兴庆府营建之时，历代营城者就十分重视城邑与山水格局的空间关联。明清时期，城市意象和景观轴线的塑造均以区域山水秩序为空间参照，具体体现在三个方面：

一，山水围合。从堪舆角度而言，贺兰山呈弧形环抱于银川城西北，山脉中部可视为玄武，山体的南北两侧则为青龙和白虎[53]，同时，城邑借巽位的黄河为势，进一步在山水环境中勘定吉位。

二，名岳镇域。中国古代营城，将"山岳为崇高而城次之"的山城关系看作城邑能得到永恒发展的象征。贺兰山是西北名山，在区域发展中被逐渐崇高化，历代对银川城的营建，都很重视城邑与贺兰山的空间联系。从西夏大规模营建兴庆府开始，银川城的城邑坐标就借应了贺兰山的走向，呈以西北—东南为横轴、以东北—西南为纵轴的山岳坐标走向。明清至民国，这一坐标体系便一直贯穿于银川城的建设中，直至如今，银川市兴庆区老城的街道走向仍保持"东北—西南"的走向。银川城的坐标不以地理上的正南北向为基准，而以贺兰山作为营城定向。

三，山川天阙。银川城的城景营建不囿于城中。早在西夏初建兴庆府时，城邑的布局、定向和整体规划就已突破了城墙限制，营城视野西至贺兰山、东越黄河。兴庆府吸收中原"体国经野""择中而立"的营城思想，形成了城、园、陵、寺四位一体、互为补辅、城郊融合的独特的营城模式（图9-23）。城邑西北贺兰山的多个山谷口中遍布西夏的离宫别苑，贺兰山东麓的西南冲积台地上则为蕃汉融合的西夏皇家陵园，城东黄河之滨建大型皇家佛寺群，三者以兴庆府为中心，框定了三角布局的营城视野。这是兴庆府借助山形水

图9-23 西夏京畿"四位一体"布局图
[图片来源：根据《西夏王陵》[12]《宁夏四十年考古发现与研究》[64]绘制]

势营建都城郊野景观的重要举措，体现了西夏人对国都所处山水环境的认知和充分利用。

明清银川城的建设承接了西夏兴庆府的规制，根据城邑与山体的对位关系，加强了城邑轴线与视觉焦点的塑造。银川城东西轴线向西穿过贺兰山中段的干沟岭与巴彦笋布尔峰之间、并以两峰为天阙，向东延伸至黄河，城邑成为整体山水秩序中的一环。银川城南北轴线则更为注重城邑与世俗生活的关联，其由南至北穿过光化门—承天寺塔—清宁观—振武门—海宝塔，串联了银川城最为重要的世俗信仰空间（图9-24），并融入青铜峡—石嘴山的南北山川视域内。

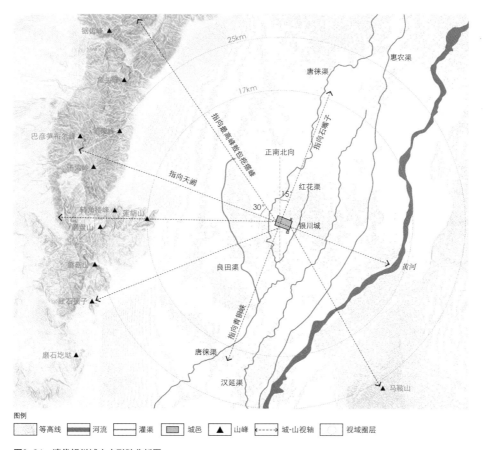

图9-24 清代银川城山水形胜分析图
［图片来源：作者自绘］

山水环境的人文化育

宫苑、寺宇是银川城郊山水环境中的主要营建对象,其点缀于山谷之间、河湖之畔,集中展现了区域山水的风景化和人文化图景,具体有四个方面。

山林官苑,列布谷口

贺兰山巍峨耸立,天然景致秀丽,尤以东麓中段的十余道沟谷最为著名(表9-9):各山谷深邃幽静,或怪石嶙峋、或水源充沛、或林木茂盛,是建造天然林苑与寺观居所的合宜环境。

银川城郊贺兰山中段的主要沟谷及景观　　表9-9

名称	概况	景观风貌
大水沟	东西走向,长66km	水量大,沟口有西夏建筑遗址,沟内有明代龙泉寺遗址
桃渠沟	东西走向,长3.2km	—
大西佛沟	东西走向,长3.8km	古称"西番口",沟内10km处有西夏"皇城"遗址,北崖壁有17幅岩画
白虎沟	东西走向,长3.3km	—
插旗口沟	东西走向,长35.5km	古称"塔峡口",沟内有人面像岩画、西夏窑址和清代"鹿盘寺"遗址
贺兰口沟	东西走向,长30km	古称"豁了口",沟内有5685幅岩画、西夏宫殿遗址一座
苏峪口沟	东西走向,长19.5km	古称"宿嵬口",沟内有岩画、清代喇嘛崖刻佛像
拜寺口沟	东西走向,长17.4km	沟口北台地上有西夏古塔两座、西夏"佛祖院"遗址、"大寺台子"遗址和西夏方塔遗址等
镇木关沟	东西走向	沟内1.5km北坡有西夏建筑遗址5处
黄旗口沟	东西走向,长35km	沟内有上下花园遗址,为西夏游猎驻所
小口子沟	东西走向	也称滚钟口,沟内青羊溜山巅台地上有大小20多处西夏建筑遗址
三关沟	贺兰山最宽的山口之一,长城重要关隘	三关口平缓,银巴公路由此贯通,明朝在此修筑三道关墙

[资料来源:根据《宁夏四十年考古发现与研究》[64]整理]

西夏君王李元昊曾在贺兰山东麓各沟谷内大兴林苑和避暑宫[65],其"大役丁夫数万,于山之东营离宫数十里,台阁高十余丈"[17],

以供狩猎、避暑、休憩乃至军事防御。明方志亦记载,"贺兰山拜寺口南山之巅极高处,宫墙尚存,构木为台……洪武间,朽木中铁钉长一二尺者,往往有之,人时有拾得者"[66]。20世纪70年代的考古调查发现,贺兰山多个谷口内留存了西夏建筑遗迹近10处,各离宫列布于谷口之中,绵延数十里,规模十分宏大,印证了上述史料的记载。

结合相关史料、考古发掘报告[67-68]以及实地考察发现,贺兰山的滚钟口、黄旗口、镇木关口、拜寺口、贺兰口、西番口、大水口7个山口中均有西夏宫殿遗址。各谷口内的宫苑建筑遥相联络,组成庞大的离宫群(图9-25)。离宫建筑群或集中分布于沟边台地和沟口平地上,或顺山势呈几组错落分布[68],但均与山体、水系、植被等自然山水环境结合紧密,宫殿建筑群依凭奇险秀丽的山势和幽深静谧的山谷环境得景成景。遗址上发现了大量绿色的琉璃砖瓦、鸱吻、滴水等建筑残件[68],可推测西夏宫殿建筑的风格华丽,装饰偏好绿色、白色等。

图9-25 西夏贺兰离宫遗址分布示意图
[图片来源:根据《宁夏四十年考古发现与研究》[64]绘制]

贺兰山离宫群建成后,不仅作为西夏皇室宴游避暑的胜地,也是会盟议事、皇族狩猎之地。根据宋代官绘[69]的《西夏地形图》[69](图9-26)、遗址现状、谷口自然环境和西夏社会文化背景综合推测,谷口离宫群的建筑性质可能有:皇家宴游的宫苑、皇家佛寺和王公贵族的别院等;贺兰山军事地位险要,遗址群中还可能有军队兵营、粮库等[6](表9-10)。

图9-26 《西夏地形图》中的贺兰山离宫
[图片来源:改绘自《西夏纪事本末》[70]]

(a)西夏地形图　　　　　　　　　　(b)兴庆府—贺兰山地区

贺兰山西夏遗址群功能推测　　　　　　　　表9-10

推测名称	位置	主要功能及营建特征
北五台山寺、殿台子等皇家寺庙和宫殿群	拜寺口峡谷内	推测拜寺沟方塔区为北五台山寺遗址,为皇家寺院;推测殿台子为一处离宫建筑群。由考古调查可知,拜寺沟在西夏时期是西夏皇家佛事盛行的地区,宫殿建筑与佛寺配套,是西夏皇室礼敬佛事的一处离宫
元昊避暑宫	镇木关口山巅	大型皇家山林宫苑。宫苑建筑与山势契合,呈多级阶梯式布局
卫国殿	滚钟口青羊溜山巅	推测为大型皇家宫殿群,作为元昊狩猎及避暑的处所
木栅行宫	贺兰口内12km处	皇帝与后妃的避暑宫殿
克夷门	大水口	推测为大型兵营。京畿西北大门,军事重地,内筑大型宫室殿宇,供皇帝和军事统帅到此视察、理事和居住等
待考	西番口内12km处	待考证
待考	黄旗口内6km处	皇家狩猎宫苑

[资料来源:根据《西夏佛教史略》[71]《宁夏四十年考古发现与研究》[64]整理]

第九章 塞上湖城——银川

寺塔林立，环护城邑

银川城郊多佛寺佛塔，贺兰山东麓及黄河之滨是寺宇营建的重要区域。寺塔丰富了城邑的风景体系，也在城邑水平天际线的塑造上增加了垂直的划分要素。

西夏全民信奉佛教，京畿的寺塔营建最为兴盛。文献记载的皇家寺院就有戒坛寺、高台寺、大佛寺、北五台山寺、佛祖院等十五六座，余者小型寺庙及未留存名称者更是数量繁多，正所谓"云锁空山夏寺多"[72]。直至元代，西夏的旧寺仍然香火鼎盛，"每岁以七月十五日，倾城之人及邻近郡邑之人皆诣殿供奉、礼拜"[66]。清代以来，贺兰山的军防职能减弱，山中的插旗口、苏峪口等多个谷口内又营建了数座佛寺[73]。

银川城远郊佛寺在选址上分山林型与滨河型。山林型佛寺一般建于贺兰山北麓山腰上或山口附近，以获取负阴抱阳的良好形胜。寺庙掩映于茂林中，尽显清幽；同时，山林寺庙也起到补辅山势、增加人文意象、增添山间游观的作用。滨河型佛寺位于黄河之滨，借水得景，如西夏时期，元昊"役民夫建高台寺及诸浮图，俱高数十丈"[17]，寺周"有大湖千倾，山光水色，一望豁然"[28]的优美景致。

银川城郊的佛塔多为西夏时期修筑（图9-27）。西夏佛塔有类似唐代的方塔，但大多为六角形或八角形，总体上受宋代佛塔的影响较深，有阁楼式、密檐式、覆钵式和复合式四类[74]：佛塔砌筑于台基上，不设基座；塔高与底面直径比一般为5：1[74]，给人轻盈、灵动之感；存在仿木结构，但较之宋塔更为简单；常以砖雕或琉璃装饰。

图9-27 宁夏平原现存的西夏佛塔
[图片来源：作者拍摄]

（a）承天寺塔　阁楼式
（b）拜寺口双塔　密檐式
（c）一百零八塔　覆钵式
（d）宏佛塔　复合式

依山为陵，蕃汉并蓄

西夏皇陵选址于银川城西南的贺兰山洪积台地上，陵区西靠贺兰山，面积约500hm²，有帝陵9座，陪葬墓208座，陵邑宗庙1座[12]（图9-28）。陵区在选址形胜、整体布局、陵园结构上，既深受汉文化影响、吸收唐宋陵寝制度文化，又突出本民族特色，表现出蕃汉并重的风格。

关于西夏的陵寝制度，史料缺载。根据考古调查，目前只确定7号陵为夏仁宗李仁孝的寿陵[12]。多数学者普遍认为西夏陵仿照宋陵"左昭右穆"的葬法[20, 75]；也有学者通过比较各帝陵的布局模式、单体建筑和防洪措施等，判定各陵修建次序[76]。结合考古发掘，目前普遍认为西夏陵的建造按照从南及北、由陵园Ⅰ区至陵园Ⅳ区的次

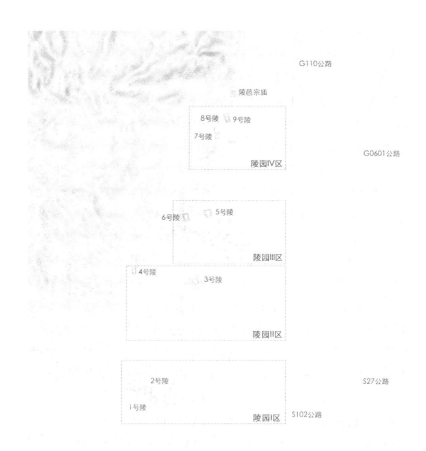

图9-28 西夏陵分区分布图
[图片来源：根据《西夏王陵》[12]绘制]

序。由此推测，陵园Ⅰ区的两陵分属继迁与德明，规模最大的3号陵即为开国君主元昊之陵，余者可一一对应。

西夏陵园在选址与形胜上特点鲜明。一，依山为陵，高亢开阔。陵园位于贺兰山东麓洪积扇缘上，海拔在1150～1220m；地势高爽，陵园高踞。二，背风向阳，坚固高敞。陵园背靠贺兰山，风缓而温暖。三，筑于高地，免于山洪。雨量稀少，且陵墓位于山麓上相对较高的地段，避免了山洪的冲刷。

以3号陵为例，单座帝陵坐北朝南，陵城与月城组成倒"凸"字形，由南向北依次为角台、阙台、碑亭、月城、陵城，陵城中有献殿、墓道、陵台等单体建筑[12]（图9-29）。陵园布局和建筑风格吸收唐宋陵园文化的同时，保持自身特点：增设碑亭；石像生放置于月城内，缩小了神道距离；献殿、地宫和陵台偏置于中轴之西，为历代陵园之孤例，有学者认为偏移主轴是为了给神明让位[77]，也有学者认为，献殿、陵台等构成陵园的副轴，与贺兰山存在空间对位关系，是经过精心规划的结果[78]；陵台不在墓室正上方，为八角形

图9-29 西夏陵3号陵平面图及遗址现状
[图片来源：图（a）改绘自《西夏陵——中国田野考古报告》[80]，图（b）上自摄，图b下引自参考文献[81]]

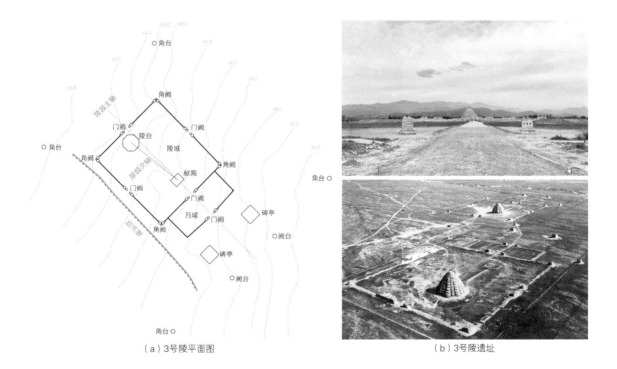

（a）3号陵平面图　　　（b）3号陵遗址

重檐阁楼式塔状建筑，以绿色琉璃装饰；陵园建筑有着浓厚的佛教色彩，出土的建筑构件大多有迦陵嫔迦、摩羯、海狮、莲座、塔刹等佛教元素，彰显了"陵、庙、寺"三位一体的陵园风格[79]。

河滨高台，渡口胜景

明清时期，贺兰山山麓地带的经营不及西夏时期，但河滨风景营建更为突出。明代，随着黄河水运的发展，两岸渡口数量增加，银川城附近的主要渡口有横城渡、仁存渡、李祥渡等。各渡口既是东西交通的枢纽，也是商品交易的集市，各渡口处人流络绎不绝，商贸繁荣，天长日久，逐渐形成河滨公共空间。此外，明代为了护卫重要渡口而建造戍台。如横城渡口处建宁河戍台，"台高五丈五尺，周环四倍，之上构亭三楹，厢房四堞""前施逶迤桥数级，上蹲嶙翼翼如也"[22]，高台矗立于平漫开敞的黄河之滨，堪称"胜景"。明清时期，渡口景观被凝练为区域的重要风景意象，如"宁夏八景"中的"黄沙古渡"[48]。

第五节　银川城的"八景"意象体系

"八景"是对一地传统区域景观的归纳，包含自然景观与人文景观。"八景"是个概数，一座城邑经过提炼概括的代表性景观数量可能有八个、十个或更多，并且，随着自然环境的变化与人文景观的兴废，一地"八景"的内容也会随之变更。选取银川城在各时期的"八景"意象，将相似景观合并，从"八景"分类与分布特征可以解析城境的意象体系。

银川城的"八景"体系在不同时期被称为"西夏八景""宁夏八景""朔方八景"，大致萌芽于西夏，成熟于明清。明初，银川地区出现了完整的"八景"诗画；清代，士人缩小了银川景观意象的筛选范围，重新瞄定了更富地域特色的"八景"。总体而言，银川城的"八景"呈圈层分布，有山川型、渠湖型、林田型和城邑型四类（表9-11），其中，山川型属于自然景观，渠湖型与林田型是自然景观和人文景观的叠加，城邑型更偏重人文景观。

银川城"八景"分类与景观提炼　　　　表9-11

类型	主要意象	"八景"名称	景观提炼
山川型	山岳气象	贺兰晴雪	贺兰西望矗长空，天界华夷势更雄。岩际云开青益显，峰头寒重白难融。清光绚玉冲虚素，秀色拖岚映夕红。
	山形植被	山屏晚翠	贺兰环抱如屏，足供吟赏，每当斜阳返照，万壑千岩，岚气苍翠欲滴
	黄河航渡	黄沙古渡	风生滩渚波光渺，雨过汀洲草色新。西望河源天际阔，浊流滚滚自昆仑
	河川形胜	河带晴光	紫澜浩汗，晃日浮金，萦回数百里，望之如带
渠湖型	灌渠农田	汉渠春涨	神河浩浩来天际，别络分流号汉渠。万顷腴田凭灌溉，千家禾黍足耕锄。三春雪水桃花泛，二月和风柳眼舒
		长渠流润	洪流分注，喷瀑溅涛，绣壤连畦，瞬息并溉
	湖泊湿地	月湖夕照	万顷清波映夕阳，晚风时骤漾晴光。瞑烟低接渔村近，远水高连碧汉长
	水利桥梁	西桥柳色	面山临水，风廊水槛，夹岸柳影，缱绻往来，轮蹄络绎不绝，望之如绘
林田型	林网果园	南麓果园	多植林檎，枝头绀碧，累累连云，弥望不绝
	湖塘渔业	连湖渔歌	周环数十里，不生葭菼，而水深多鱼。澄泓一碧，山光倒影，远树层匝
城邑型	城邑楼阁	南楼秋色	南薰门楼傍山面湖，居民村落连属，当秋高气爽，可以远眺
		霜台清露	城北旧有都御史行台，仪制森严。更楼上有铜壶滴漏，午夜声传
		泮池巍阁	郡学泮池，引活水流注。巍阁高峙，映带奎星
		藩府名园	丽景园、小春园，为城东极盛之观
	塞上水园	南塘雨霁	南塘之盛，水榭、画舫，昔拟西湖。尤其佳者，云气初收，晴光乍展，鱼鸟花柳，别有新趣
	城邑遗址	承天塔影	承天寺南廊之僧房，有塔影倒垂
		古塔凌霄	城北海宝塔，觚棱秀削，迥矗云表
	平原寺观	土塔名刹	台阁高敞，远眺贺兰，俯临流水，与黑包相辉映
		高台梵刹	凭栏远眺，极目河表，数十里青畦绿树，皆在屐舄之下

[资料来源：根据明《万历朔方新志》[22]清《乾隆宁夏府志》[48]整理]

银川城"八景"的空间分布有如下两个特征：一，类型丰富，城内、近郊和远郊均有景观分布，其中，林田型较单一，城邑型最丰富；二，各类型景观分布有一定的方位侧重，山川型、渠湖型和林田型景观偏重于东西两侧，城邑型则覆盖四个方向（图9-30）。

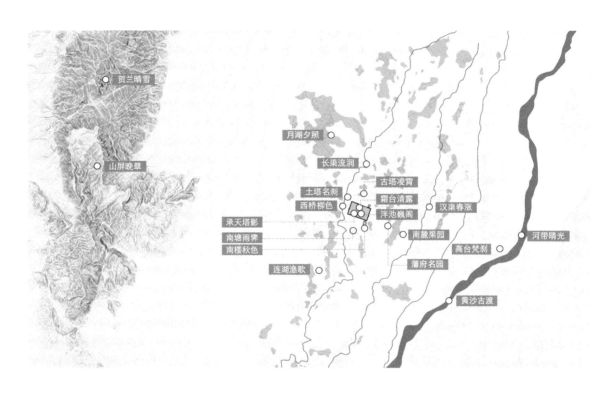

图9-30 银川城"八景"分布图
[图片来源：作者自绘]

银川城的"八景"涵盖了丰富的景观层次，概括了城邑传统风景营建的主要内容。

一，城邑景观认知。亭台楼阁方面，"南楼秋色""霜台清露"代表了城内高大巍峨的亭台楼阁等景观建筑，有对景和丰富天际线的作用。寺观佛塔方面，"承天塔影""古刹凌霄"凝练了银川城南北两座古塔——承天寺塔与海宝塔的特色景观，为"古景"；"土塔名刹""高台梵刹"则指银川城东西的两座寺宇——土塔寺和重建的高台寺，为"今景"；古塔对佛寺、古景对今景，彰显了银川城内涵丰富的宗教景观。引水造园方面，"泮池巍阁""藩府名园"和"南塘雨霁"三景提炼了城内外著名的园林景观，各园林以水为主景，体现了银川城园林的江湖园特质。

二，渠网农田下的风景认知。渠湖串联的灌溉水网是银川城郊的特色区域景观，"汉渠春涨""长渠流润"两景描述了渠系的形态、规模、灌溉面积和生态影响等，"连湖渔歌"则展示湖泊美景、渔业生产及劳作场景等。此外，"八景"也对水利设施及农田林网等景观要素进行了抽象与归纳。

三，山水形胜下的风景认知。贺兰山与黄河定义了银川城营城的视野界限，也是城郊主要的自然景观意象。"八景"中的"贺兰晴雪""山屏晚翠""河带晴光"和"黄沙古渡"关注山体的形态、气象、植被、色彩以及河流的形势、色泽和航渡景观等，这类景观在历代"八景"的变迁中最为稳定，可见，山水景观构成了银川城区域景观系统的基本底色与主要骨架。

银川城的"八景"反映了在自然格局与地域文化影响下的个性集成文化体系，折射出银川城的传统风景意象与文化空间格局，其艺术化的加工也在一定程度上反映了此地人们对理想人居环境的追求。

参考文献

[1] （明）杨寿. 万历朔方新志·卷五·诗.
[2] （清）张金城. 乾隆宁夏府志·卷二十一·艺文四.
[3] 刘建勇. 宁夏水利历代艺文集[M]. 郑州：黄河水利出版社，2018.
[4] 洪梅香. 银川建城史研究[M]. 银川：宁夏人民出版社，2010.
[5] （北魏）郦道元. 水经注·卷三·河水.
[6] 汪一鸣. 宁夏人地关系演化研究[M]. 银川：宁夏人民出版社，2005.
[7] （唐）李吉甫. 元和郡县图志·卷四·关内道四.
[8] （清）吴广成. 西夏书事·卷十.
[9] （东汉）班固. 汉书·卷四十九·爰盎晁错传.
[10] （清）吴广成. 西夏书事·卷十一.
[11] （明）朱栴. 正统宁夏志·卷上·城垣.
[12] 韩小忙. 西夏王陵[M]. 兰州：甘肃文化出版社，1995.
[13] （北宋）沈括. 梦溪笔谈·卷十八.
[14] 史金波，聂鸿音，白滨. 天盛改旧新定律令[M]. 北京：法律出版社，2000.
[15] 许伟伟. 西夏都城兴庆府建制小考[J]. 西夏学，2011，6（1）：220-224.
[16] （元）张光祖. 言行龟鉴·卷八·兵政门·子部.
[17] （清）吴广成. 西夏书事·卷十八.
[18] 杨蕤. 西夏故都兴庆府复原的考古学观察[J]. 草原文物，2014，14（1）：125-131，163.
[19] （南宋）李焘. 续资治通鉴长编·卷一三二.
[20] 牛达生. 西夏陵园[J]. 考古与文物，1982，3（6）：104-108.
[21] 聂鸿音，史金波. 西夏文本《碎金》研究[J]. 宁夏大学学报（人文社会科学版），1995，17（2）：8-17.
[22] （明）杨寿. 万历朔方新志·卷四·词翰.
[23] 杨满忠. 西夏对宁夏古代城池的开

[24] （元）脱脱. 宋史·卷四百八十五·夏国传上.
[25] （明）胡汝砺. 弘治宁夏新志·卷一·宁夏总镇·城池.
[26] 吴忠礼. 朔方集[M]. 银川：宁夏人民出版社，2011.
[27] （明）杨寿. 万历朔方新志·卷二·内治.
[28] （明）胡汝砺，编，管律，重修. 嘉靖宁夏新志·卷二·宁夏总镇续.
[29] 国家档案局明清档案馆. 清代地震档案史料[M]. 北京：中华书局，1959.
[30] 吴忠礼，杨新才. 清实录宁夏资料辑录（上）[M]. 银川：宁夏人民出版社，1986.
[31] （清）张金城. 乾隆宁夏府志·卷五·城池.
[32] （清）张金城. 乾隆宁夏府志·卷六·坊市.
[33] （清）汪绎辰. 银川小志.
[34] 黄多荣. 银川中山公园志[M]. 西安：陕西摄影出版社，1994.
[35] 叶祖灏. 宁夏纪要[M]. 南京：正论出版社，1947.
[36] 王玉琴. 浅议民国时期宁夏的商业及其特点[J]. 宁夏师范学院学报，2010，31（5）：88-91，114.
[37] （明）杨寿. 万历朔方新志·卷一·地里.
[38] 银川市地名委员会办公室. 银川市地名志[M]. 北京：中央民族学院出版社，1988.
[39] 口述宁夏. 王立夫先生手绘老银川[[EB/OL]. https://mp.weixin.qq.com/s?__biz=MzA3OTQzODY2MA==&mid=403816430&idx=1&sn=b7bb52e4344ae968eabdbdb01aa9e165&scene=21#wechat_redirect，2016-4-12.
[40] （明）杨寿. 万历朔方新志·卷首·镇城图.
[41] （清）张金城. 乾隆宁夏府志·卷首·宁夏府志图考.
[42] 天下老照片. 1936年宁夏城（今银川）老照片 西北重镇银川的民国印象[EB/OL]. （2020-06-03）[2020-10-18]. http://www.laozhaopian5.com/minguo/1369.html.
[43] 银川城区志编纂委员会. 银川城区志[M]. 银川：宁夏人民出版社，2002.
[44] 暴鸿昌. 明代藩禁简论[J]. 江汉论坛，1989，32（4）：53-57.
[45] 段诗乐，林箐. 区域水系影响下的明代宁夏镇城园林特征与风格研究[J]. 中国园林，2021，37（3）：130-135.
[46] （明）胡汝砺，编，管律，重修. 嘉靖宁夏新志·卷七·文苑志·诗词.
[47] （明）佚名. 明实录. 卷十.
[48] （清）张金城. 乾隆宁夏府志·卷三·名胜.
[49] "中央研究院"人社中心地理咨询数位典藏计划. 银川市城市图[EB/OL]. （1948-12）[2021-6-29]. https://map.rchss.sinica.edu.tw/cgi-bin/gs32/gsweb.cgi/ccd=Wuy.1r/record?ri=1&di=0.
[50] 口述宁夏. 90年历史的银川中山公园，藏着的那些人和事[EB/OL]. （2020-04-07）[2020-10-18]. https://www.163.com/dy/article/F9K0I0000541AGHL.html.
[51] 傅作霖. 宁夏省考察记[M]. 南京：正中书局，1933.
[52] （民国）宁夏省政府建设厅. 宁夏省水利专刊[M]. 北京：北平中华印书局，1936.
[53] （明）胡汝砺. 弘治宁夏新志·卷首.
[54] 颜廷真，陈喜波，曹小曙. 略论西夏兴庆府城规划布局对中原风水文化的继承和发展[J]. 地域研究与开发，2009，28（2）：75-78.
[55] （明）杨寿. 万历朔方新志·卷一·食货.
[56] （明）朱栴. 正统宁夏志·卷上·河渠.
[57] 计成. 园冶读本[M]. 王绍增，注. 北京：中国建筑工业出版社，2013：20.
[58] 口述宁夏. 宁夏老照片：老银川人的"城湖"记忆[EB/OL]. （2020-03-05）[2020-10-18]. https://www.163.com/dy/article/F6VIJC7R0541AGHL.html.
[59] （明）朱栴. 正统宁夏志·卷下·题咏.
[60] （明）胡汝砺，编，管律，重修. 嘉靖宁夏新志·卷一·宁夏总镇.
[61] 口述宁夏. 银川西门桥 不得不说的

第九章 塞上湖城——银川

往事[EB/OL].（2016-07-08）[2020-10-18]. https://mp.weixin.qq.com/s?__biz=MzA3OTQzODY2MA==&mid=2652292725&idx=1&sn=d74c569ce08b0bdaf1b64f197c8f6b5b&chksm=8451105eb32699488ba6555865e92415c239bf91b981851c3d63cffd7caaced107b87be6586d&token=1243884296&lang=zh_CN&scene=21#wechat_redirect.

[62] （清）张金城. 乾隆宁夏府志·卷二·疆域.

[63] 李学军. 时空岁月——贺兰山的根与魂[M]. 银川：宁夏人民出版社，2017.

[64] 许成，韩小忙. 宁夏四十年考古发现与研究[M]. 银川：宁夏人民出版社，1992.

[65] 马潇源. 试论西夏皇家园林[J]. 中国地名，2018，36（11）：40-41.

[66] （明）朱栴. 正统宁夏志·卷上·古迹.

[67] 牛达生，孙昌盛. 贺兰县拜寺沟西复遗址调查[J]. 文物，1994，45（9）：21-29，98.

[68] 牛达生，许成. 贺兰山文物古迹考察与研究[M]. 银川：宁夏人民出版社，1988.

[69] 黄盛璋，汪前进. 最早的一副西夏地图——《西夏地形图》新探[J]. 自然科学史研究，1992，11（2）：177-187.

[70] （清）张鉴. 西夏纪事本末. 卷首 西夏地形图.

[71] 史金波. 西夏佛教史略[M]. 银川：宁夏人民出版社，1988.

[72] （明）胡汝砺，编. 管律，重修. 嘉靖宁夏新志·卷七·文苑志·诗词.

[73] （清）张金城. 乾隆宁夏府志·卷六·建置二.

[74] 雷润泽，于存海，何继英. 西夏佛塔[M]. 北京：文物出版社，1995.

[75] 汪一鸣，许成. 论西夏京畿的皇家陵园[J]. 宁夏社会科学，1987，6（2）：88-93.

[76] 余斌，余雷. "以形论变"——西夏王陵形制演进探讨[J]. 宁夏社会科学，2019，28（2）：185-190.

[77] 孟凡人. 西夏陵陵园形制布局研究[J]. 故宫学刊，2012，10（1）：55-95.

[78] 张瑶，刘廷风. "四步法"释读西夏王陵遗址空间格局[J]. 中国文化遗产，2021，18（6）：97-104.

[79] 余军. 西夏王陵对唐宋陵寝制度的继承与嬗变——以西夏王陵三号陵园为切入点[J]. 宋史研究丛论，2015，（1）：515-569.

[80] 许成，杜玉冰. 西夏陵——中国田野考古报告[M]. 北京：东方出版社，1995.

[81] J. P. Koster. Ground and Aerial Views of China [EB/OL].（2023-01-20）[2020-10-18]. https://www.shuge.org/view/ground_and_aerial_views_of_china/.

第十章 平原西塞——中卫

第一节　屡次展筑的军事重邑

中卫城位于宁夏平原卫宁灌区的西部，其建城历史可追溯至隋唐时期，城邑变迁集中在隋唐、西夏至元以及明清时期（图10-1）。

隋开皇十年（590年），隋政府在卫宁平原设丰安县[1]，建丰安城，开启中卫地区的建城历史。谭其骧在《中国历史地图集》中，将丰安城考注于今中卫市以西[2]，鲁人勇认为丰安城位于今中卫市东北[3]，《中卫县地名志》认为丰安城即今中卫市甘塘镇孟家湾村古城[4]。

图10-1　隋唐至明清时期中卫城城址变迁图
[图片来源：作者自绘]

西夏政府在卫宁平原设立应吉里州,《元史》记载,成吉思汗多次至应吉里州"大掠人民及其橐驼而还"[5],可见在西夏时期,中卫地区的人口规模和畜牧业生产已具有一定规模。元代在应吉里州城的基础上建应理州城,明代沿用旧城。根据明初的中卫城规模推断,西夏到元时期,应理城周回只有"四里三分"[6](2477m),规模很小。

明代,中卫城进入关键发展时期。明初,宁夏左屯卫军驻扎于应理城,城池被改为宁夏中卫城。明正统二年(1437年),中卫城被扩建至周回"五里八分"(3341m);明天顺四年(1460年),城池规模达到周回"七里三分"[7](4205m)。至明中晚期,中卫城高11.2m,护城河"深一丈,阔七丈八尺",其东关城周回794m[7];城池开东、西、南3门,"东曰振武,西曰镇远,南曰永安"[7],城门上均建城楼。明代,中卫城规模扩大,城池坚固,"为西路坚城,完固甲于诸塞"[8]。中卫城的东西主街连通了振武门与镇远门,构成城内主干道;谯楼坐落于城中心;城西北则分布着参将衙、卫治所、经历司、五所、按察分司、官厅等衙署机构;城北有儒学、城隍庙等文教建筑;多座寺观、坛祠散布在城中。此外,作为明蒙互市的市口之一,中卫城的商贸较为繁荣,至明万历时期,城内已形成"养贤""毓秀"和"忠烈"3处主要坊市。

清初,清政府撤卫改县,将明宁夏中卫城改建为清中卫县城。清康熙四十八年(1709年)、清乾隆三年(1738年)的两次地震,使中卫城的"城垣、公廨、民房倾颓殆尽"[8]。震后新建的清中卫城,周回"五里七分"(3283m),呈东西长、南北促的形态;城垣高7.7m,开3门,各城门上设城楼、外有月城;城内有角楼3座、敌楼8座、门台6座、炮台14座;护城河宽9.6m、深3.2m,护城河连接城门处设置3处桥梁——东曰"大通桥"、西曰"镇远桥"、南曰"绿杨桥"[9]。清中卫城仍以东西街作为主街道,街道两侧分布着官署、儒学、文庙等,还形成了两个较大的市场,"乡民以晓集,交易粟帛"[8]。清后期,随着中卫至包头段的黄河航运日益繁忙,中卫城作为水运码头发挥了重要的集散作用。清道光年间,城中商贸更为繁盛，东西大道两侧已"列肆丰盈，人烟凑集，居然富庶之风矣"，东关城内"多店舍，往来行旅栖托焉"[8]。

民国时期，中卫城少有修筑，城防凋敝，街道狭窄。城中有大片空地，地势低洼处往往积水成泽。城中商贸规模缩小，只在东西通衢处聚集着部分商铺，每日清晨设米粮市和骡马市，乡民称之为"露水集"[9]。

第二节　中卫城的城内景观

中卫城景观轴线的营建开始于明代，持续至清代（图10-2）。至清中期，中卫城内形成以东西轴线为主、南北轴线为辅的十字形景观轴线（图10-3）。

明初，中卫城在元代应理城的基础上向西拓展，应理城西城门及其城楼被保留下来改建为谯楼[7]，此谯楼与东西城门——镇远门、镇威门以及东关门构成明中卫城的东西轴线。明崇祯四年（1631年），旧谯楼被改建为鼓楼，在其东侧新建了1座钟楼[6]。钟楼、鼓楼的营建强化了城邑的东西轴线。清代，鼓楼被改建为灵瑞坛，钟楼则被整合为钟鼓楼。一方面，两座高楼作为城内重要的景观建筑，"楼竖三层……可以望远观河，极东城之壮观云"[8]，控制着城邑东西轴线；另一方面，两座建筑新增了宗教功能，继而成为城中重要的道教活动场所，又因其位于城中央，每逢农历九月十九和十月十五，两座建筑处即设大型庙会[9]，热闹非凡。此外，清中卫

图10-2　中卫城城邑轴线变迁历程
[图片来源：作者自绘]

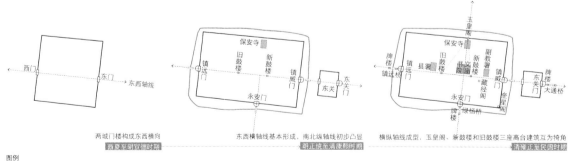

第十章 平原西塞——中卫

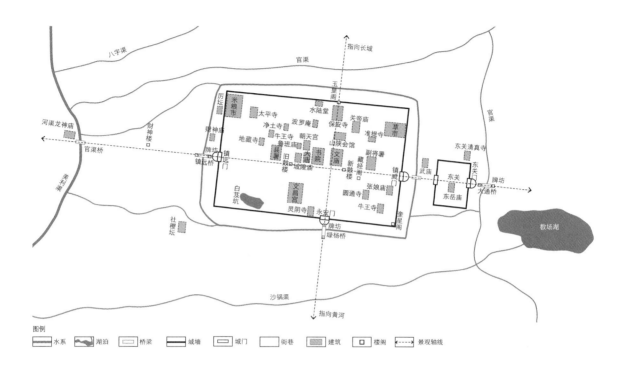

图10-3 清代中卫城城景布局图
[图片来源：作者自绘]

城新建的文庙、书院和县署等重要建筑分布在东西大街两侧，进一步强化了这一条轴线的控制力。清中卫城还新建了数量众多的台阁亭楼建筑与大量寺观[8]，丰富了城内的景观层次（图10-4、图10-5）。

中卫城南北轴线的营建也是一个循序渐进的过程。明初，南城墙处修筑永安门[8]，城中心的谯楼与永安门城楼相对，初步形成城邑的南北轴线，但并不清晰。明永乐年间，北城墙上建新庙[9]，后

图10-4 清代中卫城图
[图片来源：图（a）改绘自清《道光续修中卫县志》[10]；图（b）改绘自王学义绘《中卫城图》[11]]

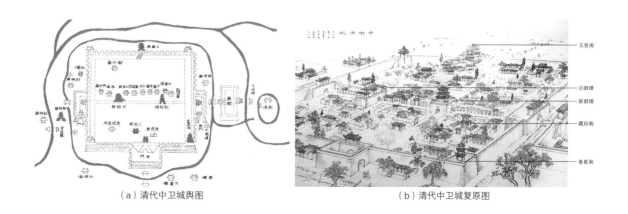

（a）清代中卫城舆图　　　　　　　（b）清代中卫城复原图

(a) 新鼓楼　　(b) 旧鼓楼　　(c) 文昌阁　　(d) 玉皇阁

图10-5　民国时期中卫城景观建筑
[图片来源：引自《中卫市文史资料（第三辑）》[11]]

经不断修葺与增建，新庙规模扩大，其与永安门构成了城邑较为清晰的南北次轴线。清康熙四十八年（1709年）地震后，清政府重修了坍塌的新庙，并更名为玉皇阁[12]，玉皇阁位于城墙上，与永安门城楼遥相对峙。此外，新建的文庙建筑群也坐落在城邑的南北轴线上，大成殿与御书楼构成"文运昌盛"的中轴线，一直延伸至玉皇阁，为南北景观轴线增添了礼制色彩。民国以后，玉皇阁与北城墙下的保安寺合二为一，改称高庙[13]。体量庞大、楼宇高耸的高庙作为城内的视线焦点，牢牢控制着中卫城的南北轴线；其与灵瑞坛（旧鼓楼）、钟鼓楼（新鼓楼）构成形成中卫城的三角景观格局（图10-2）。

中卫一带早在秦汉时期就已进入中央统治范围，受道教影响深远；同时，中卫紧邻河西走廊，属佛教东传的必经之地，此地民众多信仰佛教。在佛道文化的长期浸染下，清代中卫城内寺庙坛祠极多，有"九寺十八庙，两庵加一祠"[9]的说法（图10-6）。据统计，清中后期，中卫城内、关城和四郊的寺庙多达40余座[14]。鳞次栉比的寺庙内香火鼎盛，钟声不绝，一年之中庙会接连不断，全城男女老幼逛会拜佛，诵经还愿。城邑的宗教信仰与世俗生活紧密相连，宗教文化逐渐成为城邑文化的重要组成部分。

高庙是中卫城内规模最大的寺观，它集儒释道三教为一体。在4100m²的面积上，260间宫殿楼阁层层叠起，最高处达29m。整个建筑群前低后高，形成连贯的中轴线，亭廊相连，重楼叠阁（图10-7）。高庙是城内最为繁华之地，每年二月十五在此举办庙会，人们烧香拜佛、听戏观社火。直至如今，高庙仍是中卫市区一处重要的公共空间。

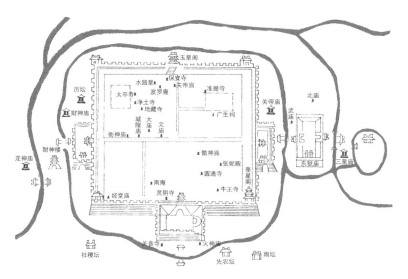

图10-6 清代中卫城寺观坛祠分布示意图
[图片来源：改绘自清《道光续修中卫县志》[4]]

图10-7 民国时期的中卫高庙
[图片来源：J.P.Koster摄于1940年[15]]

第三节 八渠环绕、沙水相映的近郊景观

随着中卫城的扩建，城郊的灌溉水利系统也得到发展。中卫城一带的干渠规模较小而数量较多，各小型干渠与其支渠纵横交错，构成城邑外部水网。民国时期，中卫城周边有干渠8道、支渠260道，可灌溉田地近76km²（表10-1、图10-8）。中卫城北有美利渠，城南有太平渠、北渠、新北渠、复盛渠和羚羊三渠（羚羊角渠、羚羊寿

民国时期中卫城周边干渠规模及溉田数　　　　　　　　　　表10-1

名称	支渠数量（道）	水利设施	长度（km）	溉田数（km²）
美利渠	137	减水闸9道	100	27.7
太平渠	30	减水闸6道、退水闸3道、桥3处、暗洞1道、飞槽9道	30	15
北渠	8	减水闸3道、退水闸1道、暗洞2道、凳槽数道	15	5.8
新北渠	14	减水闸1道、暗洞1道	20	7.0
复盛渠	39	减水闸3道、凳槽3道	13	3.2
羚羊角渠	6	减水闸2道、凳槽2道	24	0.7
羚羊寿渠	7	减水闸2道、退水闸2道	20	5.3
羚羊夹渠	19	退水闸8道、减水闸7道、暗洞4道	20	10.2
总计溉田数				75.9

［资料来源：根据《乾隆中卫县志》[16]《宁夏省水利专刊》[17]整理］

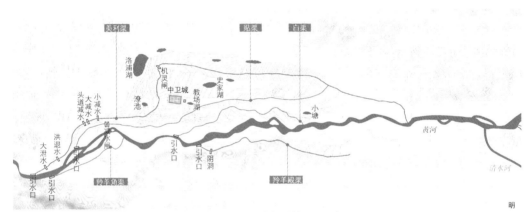

（a）明代中卫城郊渠网分布图

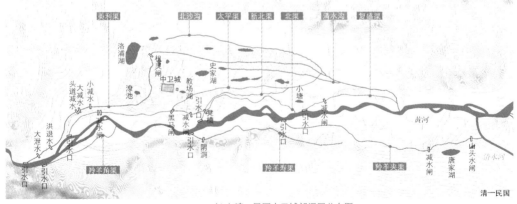

（b）清—民国中卫城郊渠网分布图

图10-8　明清至民国中卫城郊渠网分布图

［图片来源：根据民国《宁夏全省渠流一览图》[17]绘制］

第十章 平原西塞——中卫

渠、羚羊夹渠)。因中卫城郊的坡降适宜,各支渠余水可直接排入黄河,城周的人工泄湖较少。

美利渠、太平渠与中卫城的空间关系密切。在清乾隆时期绘制的中卫《县境水利舆图》[10]中,可清晰地看到两条干渠环抱城邑的空间关系:美利渠由城西南环绕至城北,太平渠则由城南沿东北环绕至城东(图10-9),二渠渠尾于城东北的胜金关油梁沟处汇合,向南汇入黄河。

两渠与中卫城护城河构成围绕城邑的双层水系。内层水系为明清时期开凿的护城河,护城河与美利渠连通,从美利渠及其支渠引水;外层水系包含美利渠、太平渠及二渠的支渠,二渠由城西南的黄河开口,分南北环绕城邑。内外层水系相互连通,形成包被城邑的区域水网,为中卫城的生产与生活提供水源,并保障了卫宁平原水环境的安全可控。

中卫城的护城河既阔且宽,不仅充当防御设施,还是重要的城市水利系统与公共景观。明清方志记载,中卫护城河"内产菱茭,堤植杨柳,森郁可爱"[7]。清代,在3条城门大道跨越护城河的桥梁之处建起6座牌坊,各坊的匾额"爽挹西山""襟带河流"[9]等,较准确地概括了中卫城的山水形盛。

图10-9 清舆图中的中卫城"二渠环抱"格局

[图片来源:改绘自清《乾隆中卫县志》[10]卷首《水利图》]

中卫城郊渠网密布、农田阡陌、果林茂密、村落鳞次，人工水网下的城郊风景意象十分丰富，这从清代方志的风景诗中可见一斑（表10-2）。中卫城郊人工水网的风景化集中在渠首段及重要桥梁处（图10-10）。

清代诗词中的中卫城城郊风景意象　　　　表10-2

诗名	诗文	表现景观要素
《渠行杂咏》	时已临初夏，千村树色肥。 几家浇近圃，新水绕柴扉。	树林、苗圃、村落
	春来又见送春归，偏偏梨花作雪飞。 一树秾桃含雨醉，向人徒自逞芳菲。	梨树、桃树
	堡近宜和树影摇，人村巷陌柳风飘。 一群鸭戏门前水，问是陆家旧石桥。	树林、柳树、石桥
	马踏碧莎绿野间，前林啼鸟倦飞还。 平滩古寺芳村外，烟雨牛羊满暮山。	远山、树林、平滩、古寺、村落、飞鸟、牛羊、奔马
	沿渠树树柳条黄，舞向东风几许长。 忽见墙头红杏萼，寻春先到余丁庄。	渠道、柳树、杏树、村落
《春行杂咏》	水暖湖平鸥个个，鸦巢芳树柳村村。 春行缓辔随骢马，一路看山到枣园。	湖泊、柳树、山岳、鸥鹭、乌鸦、枣树
	垂柳芳树几人家，行过村前树影斜。 栖鸟一声惊犬吠，儿童拍手赶飞鸦。	垂柳、村落、飞鸟、乌鸦

[来源：根据清《道光中卫县志》[118]整理]

渠首段是近郊风景的汇聚之地。美利渠的引水口处建龙王庙，退水闸及西门桥处设立碑亭、龙王庙和河渠庙等；太平渠引水口处建黄家庙，羚羊寿渠引水口处则有龙泉庙、晏公庙等。各渠引水口及重要水利设施附近的寺庙、碑亭等处，是水利祭祀的重要场所。自明代以来，当地人除到此进行日常祭拜外，还自发组织水利朝会活动[19]，每年立夏和秋收之时，官民均集中到此，开展盛大的"迎水之祭"与"谢水之祭"[20]。清乾隆时期，官府为了教化民众，在官渠桥、河渠庙等处，架设亭廊，栽植树木，构建城郊公共空间，官民在祭祀之余也可欣赏城郊风景，清《道光续修中卫县志》记载了这处公共空间的美景：

第十章 平原西塞——中卫

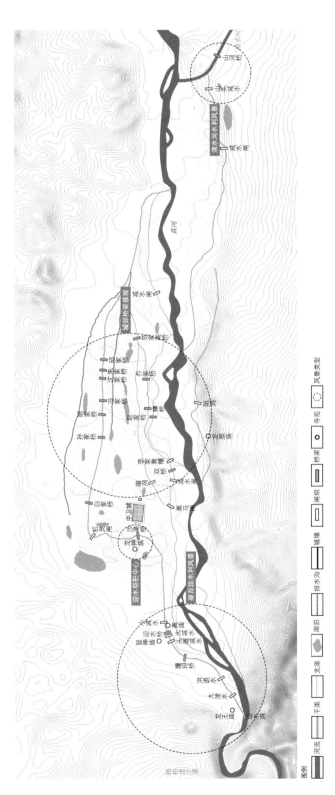

图10-10 明清时期中卫城人工水网下的近郊风景布局图
[图片来源：作者自绘]

> "庙东厢向渠为观水堂。棂窗洞启，凭栏观水，活流新涨，顿洗尘襟，令人目爽神怡，邑之士民咸赛神游赏，称盛会云。"[18]

此外，中卫各渠首处的水利设施丰富且因地制宜，形成类型多样的水利风景。如各渠首因桥设闸，减水闸通常与桥梁合二为一，称"机灵闸"[17]，简易方便，颇有特色。再如，中卫常乐堡一带因田高不受水，设置了水车等提水设施（图10-11）。在中卫各渠中，美利渠渠首段的风景尤胜他渠：渠北沙丘连绵[20]，明长城蜿蜒向东北；渠南则为开阔黄河、沃野良田及沿渠柳树，渠道两侧汇聚了大漠边塞之景与渠道纵横的农田景致。

民国时期，中卫城郊的桥梁已有76座[17]，以美利渠上的桥梁数量为最多，其中，履坦桥、迎水桥、官桥、大通桥四桥的桥幅宽阔，建筑完备，周边风景宜人[21]（表10-3）。此外，清水河上还有两座山河桥，其以阶梯状山石作为桥梁基础，利用古代建筑"斗栱"层层挑出的原理建成"伸臂木梁桥"。此种筑桥方式不仅克服了跨径大的困难，还使桥梁与周边山体景观融为一体（图10-11）。清《续修中卫县志》记载了山河桥的位置、修筑方式与景观特点：

> "桥二，一在上，为自宁安通寺口之道……一在红崖子东，为自宣和通宁安之道……其桥皆因崖岸垒石作基阶，节节相次。排木纵横接比，更为镇压。对岸俱相赴，中去三四丈……外施钩栏，悬空而行，唯人马可渡。"[21]

图10-11　常乐水车与山河桥现状
[图片来源：引自《宁夏回族自治区中卫县地名志》[46]]

清至民国时期中卫城城郊主要桥梁　　表10-3

名称	位置	景观记载
履坦桥	县西美利渠上头道桥梁	古为中卫通皋兰的道路桥。清光绪二十四年（1898年），修筑木土面石基桥
迎水桥	县西美利渠上第二道桥	桥畔有显神庙、高庙各一座，桥西为美利渠头道减水闸和大减水闸，桥东则为小减水闸
沙渠桥（官桥）	中卫城西门外	桥西建河渠龙神庙
大通桥	东关外	过大通桥可达教场，上建牌坊

[资料来源：根据清《道光续修中卫县志》[21]整理]

第四节　山丘环峙、揽摄形胜的远郊景观

中卫城"左联宁夏，右通庄浪，东阻大河，西据沙山"[22]，"其东则青铜牛首，锁钥河门；其南则香岩雄峙，列若屏障。"[23]城邑形胜险要，并在交通上占据重要位置。中卫城所在的卫宁平原是两山相夹的河谷平原（表10-4），城北由低矮的贺兰山南段余脉、卫宁北山丘陵所环抱，山势平缓，自西至东连绵不绝，其海拔比中卫城高100～200m，为城邑镇山，其中的单梁山、照壁山、骆驼山等处都是景观汇聚之地；城南的香山山脉，沟谷发育强烈，峰峦叠嶂，山体呈多层梯状[13]，最高峰香岩寺山（2361.6m）为中卫城望山，近城

中卫城周边山体及其景观　　表10-4

山体	支山	位置	景观描述
香山	—	城南35km	"周环五百余里，东南接壤灵州胭脂川，西南与靖远柴薪梁高峰子芦沟联界"，主峰香岩寺山因建香岩寺而得名，其岩石裸露、高插云霄
	老君台山（炭山）	城西南17km	山体西北走向，海拔1964m，因山间有煤自燃而得"炭山夜照"之景
	天景山	宣和堡西南29km	山体北西走向，海拔2159m，"远望峰峦屏障，苍翠可把"，山顶圆平
	米钵山	天景山东南	山体东西走向，海拔2219m，旧有米钵寺
	羚羊山	城南	山麓有羚羊角渠、羚羊殿渠、羚羊夹渠，各渠因山得名，山中建羚羊寺，有"羚羊松风"之景

续表

山体	支山	位置	景观描述
黑山	—	城东北17km	属贺兰山系，海拔在1300~1500m。"自沙岭蜿蜒西来，绵亘起伏，至县东结为石山，其色皆黑，盛夏常积雪，山之南支如怒犀奔饮于河，胜金关山也。石峰横峙，与泉眼山相对，拱抱县城为一关键云"
	单梁山	城北	海拔1339m
	照壁山	城东北	海拔1476m，似南北屏障的照壁而得名
	骆驼山	城东北	海拔1531m
	麦垛山	城西北	海拔1446m
	石空寺山	城东46km	山石横亘，嵯峨中若陶穴，因石凿削镂成佛像，旧建梵宇，皆倚山结构
沙山	—	城西29km	因沙所积，随沙岭曲折而上，高百米余
泉眼山	—	宁安堡西17km	七星渠渠口，与胜金关山隔河相对

[资料来源：根据清《乾隆中卫县志》[24]整理]

邑的香山支山羚羊山、天景山、米钵山和老君台山则是城南山地景观的主要营建地；城西北紧邻腾格里沙漠南缘，沙漠中的沙丘高出平原区10~20m，沙山（沙坡头）则高达百米[13]。

黄河干流位于中卫城南约5.8km处，在县域内长118km，宽2km左右。黄河进入沙坡头后河道宽阔，水流减缓，"可通舟辑，颇称安澜"[23]，河中黄沙堆积，多洲渚。面积较大的洲岛有黑林滩、倪家滩、柳马滩、时家滩、康家滩、野猪滩、黄羊滩和乏马滩等[10]，大河滩多被开垦为农田。中卫城附近还有黄河支流——清水河及季节性河流——长流水。由于中卫城附近的河床古道积水较多，西北部低山丘陵的沙漠边缘还形成了多个淡水塘湖，如洛阳湖、蒲塘、马槽湖、龙宫湖等[24]。民国时期，随着水利的发展，各渠灌溉余水在城周汇集形成若干个泄湖，面积较大的有张家涝池、教场湖、史湖等[17]。

中卫城的营城视野北至沙山、黑山嘴，南至黄河、香岩寺山，山水形胜极佳。西夏以来，各时期营城者对城邑山水秩序进行了营建、继承与调整，最终形成较为理想的"山为首，城依之"的城山格局。夏元筑城，基本确立了城邑的山水秩序：城邑在河谷平原上

第十章 平原西塞——中卫

择中而立,背山面水;还在近郊山岳处多建寺观石窟,形成山川风景胜地。明清两代,在元应理城的基础上加强了城门、楼阁等城内地标与山水的空间对位关系,城邑的东西、南北两条轴线凸显;城内兴文风,建寺观,点染景致;近郊通过水利设施的风景化,丰富了地区的河渠文化。清代,中卫城的形势、风水更为考究,山水秩序十分清晰(图10-12)。

中卫城位于开阔平坦的卫宁平原,背靠连绵的北山和沙山,以北山罗盘山为镇山,以香岩寺山为朝山。北山山势向西隐入沙漠,向东延展与黄河结成山河一线之势,北山山脉三面围抱中卫城,黄河则自城南而过,山川形胜使气流动并停留于此,结穴为藏风纳气、负阴抱阳的"明堂";同时,明长城由西南蜿蜒至东南,补辅北山山势,进一步强化了以中卫城为中心的内向型山水空间格局(图10-13)。

图10-12 清代中卫城山水形胜分析图
[图片来源:作者自绘]

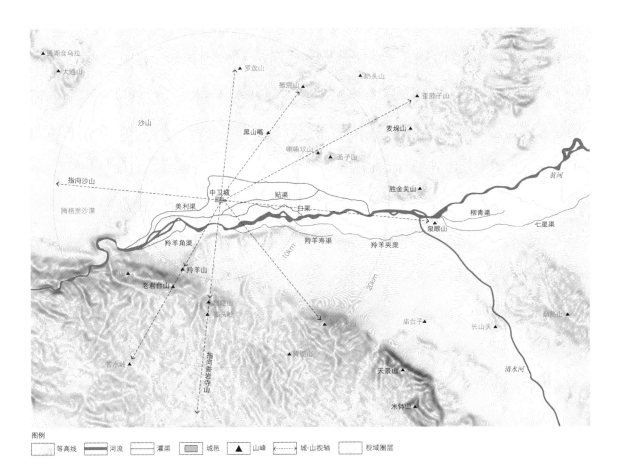

图10-13 中卫城山水空间格局
[图片来源：改绘自清《乾隆中卫县志》[19]卷首《县境舆图》]

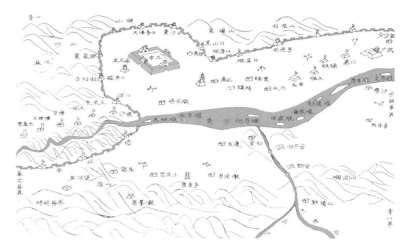

从区域视角来看，中卫城城邑轴线的营建突破了城垣的限制，巧妙因借周边山水形势。城邑东西通衢与沙山——泉眼山一线基本平行，南北轴线过黄河向南延伸，指向窟窿山、猫头岭，并继续向南延伸，直指香山最高峰香岩寺山，由此形成以老君山和黄沙水山为双天阙、香岩寺山为朝山的"双阙夹朝山"的南北城山轴线。这条轴线的文化内涵也十分突出，北穿高庙，南向香岩寺，彰显了中卫城好佛信道的城邑文化。

历代中卫城的山水风景营建延续山水脉络，追求整体形胜。在山巅与黄河处营造寺观和塔楼，起补辅山水形胜的作用。中卫城的远郊寺观选址有山林型和平川型两类，山林型占多数（图10-14）。山林型寺庙多分布在中卫城南20~30km的圈层内，散布于香山诸峰的峰顶、山腰和沟谷山林之间；城邑北侧多利用低矮的北山开凿佛寺和石窟，如石空寺"山半楼台殿阁，遥望在画图间""突启洞天，现三尺六身，土石相凝结，宛然肖佛像。居人因凿削成之……有真武阁，亦因山窟而室"[25]。至民国后期，中卫城远郊的大小寺庙已多达100多座[13]。

远郊的山林型寺观占据着香山风景优美、形胜极佳的山林幽深地带。在城南20~30km的圈层内，由西至东依次为宏佛寺、老君台、羚羊寺、香岩寺、灵塔寺、苏武庙和米钵寺等[25]（图10-15）。各寺背山面河，并顺应山势而建。有的寺庙位于山顶呈开阔之势，

第十章 平原西塞——中卫　　205

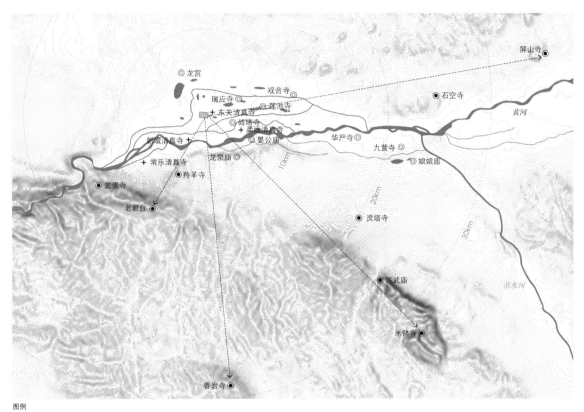

图例
☐等高线 ■河流 ☐干渠 ●湖泊 ▨城邑 ◉近郊寺观 ⦿远郊寺观 ✚清真寺 ┈┈景观视轴 ──视域圈层

图10-14　明清时期中卫城远郊寺观分布图
[图片来源：作者自绘]

如老君台建在兴龙山山顶不足3300m²的圆峁上，开阔幽静，祠堂楼阁依山势排列，由北向南高低错落、东西延伸，"参差观宇白云隈，翠绕千岩抱野台。"[26]有的寺庙则利用地形逐层修筑，建筑群与山体紧密嵌合，呈阶梯状布局，如石空寺："寺在山半，为两院。其东院山门内，重楼倚山，……西院梯土阶而上……因山筑台，凭栏远眺，河流环抱，村堡错落"[25]。有的寺庙在山腰处凭借山险而筑，寺观乍现于曲径通幽处，凸显出世之境的幽深奇绝。

中卫城郊的柔远、新墩等地是回民聚居区，这些地区修筑了多座小型清真寺[13]，其尖顶造型突出，与山寺城楼相映成趣，为中卫城远郊景观增加一抹亮色。此外，中卫城南的黄河两岸还矗立着多座高耸的佛塔，佛塔多为阁楼式，体型瘦削，在开阔的黄河之滨构

(a) 香岩寺

(b) 老君台

图10-15 中卫城远郊山林型寺观现状
[图片来源：图a引自文献[27]，图b引自文献[28]]

成区域的视线焦点，与近郊的城邑、楼阁以及远郊的山峦、寺观交相辉映，于平川之滨起补辅邑境形胜的重要作用。

渡口景观也是中卫城郊风景体系的组成部分。元代所设的"黄河九渡"，大多在中卫段。至明清时期，中卫一带已形成固定渡口，自西向东依次为冰沟渡、常乐渡（新墩渡）、永康渡（莫家楼渡）、泉眼山渡（胜金关渡）、宁安渡、老鼠嘴渡（铁通堡渡）、张义渡、广武渡和青铜峡渡[21]。清至民国时期，中卫地区的渡口位置和数量屡有变更[29]，各渡口更为繁忙，中卫知县黄恩锡在《竹枝词》中便描绘了初春时期渡口集散商品的情景："解冻河开欲暮春，船家生理趁兹晨。土窑瓷器通宁夏，石炭连船贩水滨。"[18]在中卫"八景"中，渡口景观也被列为黄河之滨的重要一景，如"黄河晓渡""黄河泛舟"：

"不独春秋风雨，即诘朝唤渡……夹岸堤柳，村花映带，洪流触目，渚凫汀鸥，飞鸣芦蒲。""洪波舣楫泛中流，凫渥鸥汀揽胜游。数点渔舟歌欸乃，诗情恍在白萍洲"[26]。

新墩渡和莫家楼渡是清末民国时期黄河水路的交通枢纽，经过长期发展，两渡口处形成了集航运、贸易、盐运服务于一体的市镇。

市镇主要街道两侧商号林立[30]，其中，盐运老字号"尽盛魁"经过刘姓四代人的传承经营，至民国时期已是中卫巨商。民国时期，尽盛魁在其经营之地营建了3座别墅花园——2座位于新墩，1座位于莫家楼（图10-16），其中，规模最大的是位于中卫城西南2.5km处的新墩别墅花园。民国初年，刘汉卿在临近黄河之地择址修建了4000m²的新墩别墅花园[30]。花园空间舒广，西南处建养心斋。这座建筑是一座两层楼阁，坐西朝东，斋前叠石环抱。园中遍植古柏老槐和珍奇花木，草木葱郁，还罗列奇石盆栽，以供观赏。这一时期的新墩花园不仅是园主宴客消暑、怡养性情的地方，还在开花时节对公众开放，因而也是民众与客商观赏花木的风雅之地。民国中后期，新墩花园被赠予宁夏省主席马鸿逵[30]。他将别墅花园扩建至1.3hm²，并新建了望河楼、纳凉亭等，景致更胜从前。

（a）莫家楼别墅花园

（b）新墩别墅花园

图10-16 莫家楼与新墩别墅花园复原示意图

[图片来源：引自参考文献[30]]

第五节 中卫城的"八景"意象体系

1904年,英国伯爵德·莱斯顿在中卫城居住半月,记述了中卫城的周边形胜:"该城形势很特殊,城外不到7英里(11.27km)处的北边和西边是高沙丘,突起的沙丘一眼望不到边……城南流着有益的黄河,向东穿过平原,与渠道交错"[31]。短短的描述,突出了中卫城紧邻沙漠、河流穿越、渠系环抱的区域环境。除旅行者的记述外,明清时期也形成了广为流传的中卫"八景"体系,景观意象可基本涵盖中卫城独特的城郊景观。

中卫"八景"体系在明清两代略有差异。明代中卫"十景"以自然景观为主,涵盖山、河、湖、沟、泉等意象。清乾隆时期,知县黄恩锡考辨了旧十景的存续情况,并扩展了"八景"体系的空间分布范围,重新编订形成清代"中卫十二景":除保留"石空灯火""暖泉春涨"和"黑山晴雪"三处旧景外,还增添了许多人文与自然相融合的景观,如"青铜禹迹""香岩登览""官桥新水"等。综合选取明清中卫的"八景"体系,将相同、相似的意象合并后,甄别区域景观为山岭山峰、山谷沟壑、河流渡口、湖泊泉井、山林佛寺和林田水利六类(表10-5),前四类属于自然景观,后两类是自然景观与人文附会的结合。

中卫城"八景"分类与景观提炼　　　　表10-5

类型	位置	"八景"名称	景观描述
山岭山峰	羚羊山	羚羊夕照	羚羊山势壮边州,每到斜阳翠欲流
		羚羊松风	梨、杨、枣、杏,园林相望;寺阶下有松一,为中邑所仅见者。响传于林木,与寺松声相和,殊动人小冉出尘之想
	黑山	黑山晴雪	翠壁丹崖指顾间,随时风物自阑珊。六花凝素寒侵眼,徒倚危楼看玉山
	炭山	炭山夜照	城堡几万家,朝暮炊,障日笼雾,至冬春则数里不见城郭。近西一带有火,历年不熄,为之燃自何时,第见日吐霏烟,至夜则光焰炳然,烧云绚霞,照水烛空,俗称为"火焰山"
	青铜峡	青铜禹迹	支流汇合,两山紧束,几如龙门之状,第水势稍平耳。对岸山势嵯岈,与河流映照,时作青红色,疑返照至翻赤壁,此殆青铜之所有名与。入峡,北岸有禹王庙,因石穴为殿宇

续表

类型	位置	"八景"名称	景观描述
山谷沟壑	寺口子	芦沟烟雨	晓风晴日草如茵，景入芦沟总是春。夹谷娇莺留醉客，隔山啼鸟唤游人。杏花带雨胭脂湿，杨柳含烟翡翠新。愿得琴书身外乐，海鸥洲鹭自相亲
		红崖秋风	寥落边关怆客情，空山风撼作秋声
河流渡口	黄河	黄河晓渡	河流东下自昆仑，浊浪排山晓拍津
		黄河泛舟	每于浊浪土崖间，见蓑笠渔人，苇蓬小艇，举网得鱼，于时买鲜浮白，啸咏沧洲，令人流连忘归
湖泊泉井	马草湖	槽湖春波	十里平湖一鉴空，烟波雪浪焕生风
	暖泉	暖泉春涨	青青石眼涓涓发，流出桃花洞口东
山林佛寺	石空寺	石空夜灯	楼台殿阁，遥望在画图间。至夜，佛灯僧烛，柄若列星，乃中卫古名刹也
	香岩寺	香岩登览	香山之巅，峰峦巍耸，顶旧建佛寺。每登临远眺，群山皆俯
林田水利	美利渠	石渠流水	渴壤常资灌溉功，分流汹自大河中，滔滔不息含生意，万折谁知竟必东
	官桥	官桥新水	渠流至近城三里许，为官渠桥。戊寅立夏，新建河渠龙神庙成。桥两岸建二坊
	七星渠	星渠柳翠	七星渠沿岸植青杨垂柳，春夏之交，渠流新涨，千株挂绿，翠色涵波，足供人游赏不置云
		河津雁字	乱潦古渡，嘹唳晴空，睹纵横回翔之致，转增烟云飞舞之思

[资料来源：根据明《嘉靖宁夏新志》[7]、清《乾隆中卫县志》[32]整理]

中卫"八景"的空间分布有三个特点（图10-17）：一，"八景"未涉及城内风景意象，均为城郊景观；二，"八景"分布在远郊层与近郊层两个圈层中，远郊圈层以山岭山峰类、山谷沟壑类和山林佛寺类为最多，近郊圈层中的林田水利类景观最为丰富；三，两个圈层上的景观在分布方位上有所侧重，远郊圈层景观缺少西北郊的风景意象，而近郊圈层景观则在四个方向均有分布，尤以西北、东南向为最多。

山川、湖泊等自然意象是中卫"八景"的重要组成部分。山是中卫"八景"体系中重要的远郊景观意象，中卫四面皆山，北山、香山及清代以后划入县邑的牛首山、青铜峡等均是重要的风景地。"黑山晴雪""羚羊夕照""羚羊松风""炭山夜照"概括了中卫城南

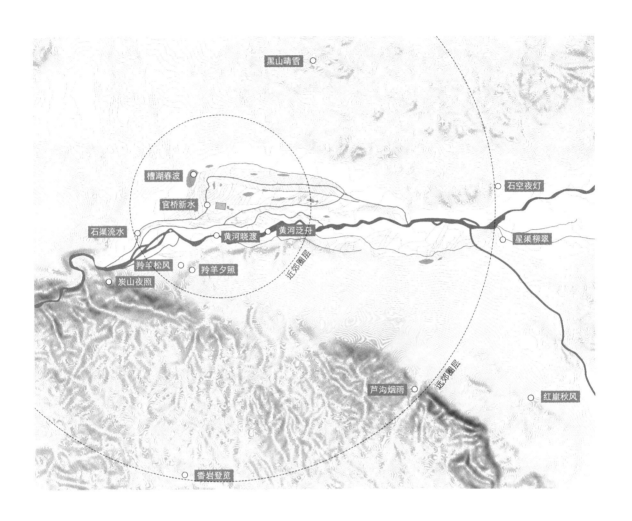

图10-17 中卫城"八景"分布图
[来源:作者自绘]

北侧山体的气象、植被、矿产等重要特征。其中,羚羊山为城南最近山峰,以其山势壮丽而颇为有名,山麓果园风景秀丽,羚羊殿渠、羚羊角渠、羚羊夹渠和羚羊寺等皆因山得名;城邑西南的炭山因有炭自燃而被誉为一大奇景。"红崖秋风"和"芦沟烟雨"则描绘了香山寺口子秀丽的山沟景色,山谷水流潺潺,杏树、柳树生长葱茏。"石空夜灯""香岩登览""青铜禹迹"集中了石空山、香岩山和青铜峡处著名的古刹石窟和道观名祠。此外,黄河、湖泊也是主要的题咏对象。"黄河晓渡""黄河泛舟"展现了黄河中卫段渡口的繁忙和渔业的发达;"暖泉春涨"和"槽湖春波"二景则凝练了城邑周边的湖泊和泉流景致。

第十章 平原西塞——中卫

林田水利等生产景观意象是另一类重要的"八景"表现要素，颇能概括灌区城市邑郊的景观特色。"石渠流水""官桥新水""星渠柳翠"从灌溉、祭祀和护渠林等角度拆解城郊灌溉水利景观。其中，"官桥新水"展现了美利渠迎水与谢水祭祀的胜观，凝结了城邑的水利文化与地域信仰；"星渠柳翠"描绘七星渠两侧柳树青青、春意盎然的景观。"河津雁字"展现鸣沙州一带雁过农田、欣欣向荣的农业景观。

参考文献

[1] （唐）魏征. 隋书. 地理志.

[2] 谭其骧. 中国历史地图集：第五册（隋·唐·五代十国时期）[M]. 北京：中国地图出版社，1982.

[3] 鲁人勇，吴忠礼，徐庄. 宁夏历史地理考[M]. 银川：宁夏人民出版社，1993.

[4] 中卫县人民政府. 宁夏回族自治区中卫县地名志[M]. 中卫：中卫县人民政府，1986.

[5] （明）宋濂，王袆. 元史. 卷一·太祖本纪.

[6] （明）杨寿. 万历朔方新志·卷一·城池.

[7] （明）胡汝砺，编. 管律，重修. 嘉靖宁夏新志·卷三·西路中卫.

[8] （清）黄恩锡. 乾隆中卫县志·卷二·建置考·城池.

[9] 罗成虎. 中卫市文史资料（第三辑）[M]. 银川：阳光出版社，2016.

[10] （清）黄恩锡. 乾隆中卫县志·卷首.

[11] 李福详，编. 王学义，绘. 中卫史话·连环画[M]. 银川：宁夏人民出版社，2017.

[12] （清）黄恩锡. 乾隆中卫县志·卷二·建置考·祠祀.

[13] 中卫县志编纂委员会. 中卫县志[M]. 银川：宁夏人民出版社，1995.

[14] （清）郑元吉. 道光续修中卫县志·卷二·建置考.

[15] J. P. Koster. Ground and Aerial Views of China [EB/OL]. （2023-01-20）[2020-10-18]. https://www.shuge.org/view/ground_and_aerial_views_of_china/.

[16] （清）黄恩锡. 乾隆中卫县志·卷一·地理考·水利.

[17] （民国）曹尚经，等. 宁夏省水利专刊[M]. 银川：宁夏省政府建设厅，1936.

[18] （清）郑元吉. 道光续修中卫县志·卷八·杂记.

[19] 杨继国，何克俭. 宁夏民俗大观[M]. 银川：宁夏人民出版社，2008.

[20] （清）郑元吉. 道光续修中卫县志·卷九·艺文.

[21] （清）郑元吉. 道光续修中卫县志·卷四·边防考·关梁.

[22] （明）宋濂，王袆. 元史. 卷六十·地理志三.

[23] （清）郑元吉. 道光续修中卫县志·卷一·地理考·疆界.

[24] （清）黄恩锡. 乾隆中卫县志·卷一·地理考·山川.

[25] （清）张金城. 乾隆宁夏府志·卷三·地里.

[26] （清）郑元吉. 道光续修中卫县志·卷十·艺文.

[27] 陈学仁. 中卫香山寺[EB/OL]. （2017-03-27）[2020-10-18]. https://www.meipian.cn/fujk9pg.

[28] 陈学仁. 常乐太青山老君台庙会[EB/OL]. （2017-03-12）[2020-10-18]. https://www.meipian.cn/eu2ji2m.
[29] （清）昇允，长庚. 宣统甘肃新通志.
[30] 口述宁夏. 宁夏人文地理：中卫有个莫家楼[EB/OL]. （2017-03-19）[2020-10-18]. https://mp.weixin.qq.com/s/slSMJbm0PTl4ThwTsSxR1w.
[31] 德·莱斯顿. 从北京到锡金——穿越鄂尔多斯、戈壁滩和西藏之旅[M]. 王启龙，冯玲，译. 拉萨：西藏人民出版社，2003.
[32] （清）黄恩锡. 乾隆中卫县志·卷八·杂记·中卫各景考.

第十一章

襟河古邑——灵州

第一节 从"居河之中"到"阻河而城"

灵州城位于宁夏平原南部的河东灌区，是宁夏平原建城历史最为悠久的城邑，《汉书》记载，灵州城始建于西汉惠帝四年（公元前191年）[1]。后经北魏、隋唐、西夏和元明清的历代营建、修缮和迁移，虽经历建置变化、城名更改，但城邑的文化和景观营造却从未间断地持续了2200多年。历史上，灵州城的城池频繁迁移，城邑景观的营建范围基本涵盖了今吴忠市利通区和灵武市一带：今吴忠市利通区为西汉至明洪武十七年（1384年）期间的灵州城所在地，今灵武市区则为明代三次迁城后的灵州城所在地。

灵州城的主要建设阶段在西汉、隋唐至西夏、明清三个时期（图11-1），可考的城池是明清灵州城。灵州城的发展历史以明代为界，分为"古城"（公元前191—1384年）和"新城"（1428—1949年）两个时期[2]。"古城"时期，因灵州城址1500多年未迁移，属稳定发展时期；"新城"时期，因黄河东渐，灵州城三迁三筑，进入了"频繁迁移—快速发展"时期。

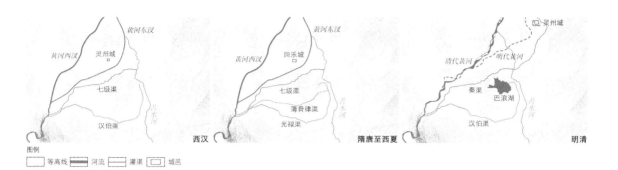

图11-1　西汉至明清时期灵州城城址变迁图
[图片来源：作者自绘]

"古城"时期

"古城"时期（公元前191—1384年），灵州城经西汉、北魏的经营，于唐宋西夏时期达到兴盛。这一时期，灵州城坐落于黄河的河心洲之东南，四面为水环绕，天然形胜极佳（图11-2）；且河心洲水草丰茂，是天然的牧场。根据白述礼考证，古河心洲大致位于今吴忠市西、黄河河心岛的陈袁滩一带[2]。2003年，吴忠市利通区出土的唐代东平郡吕氏夫人墓志铭并序记载，墓主人"殡于回乐县东原"[3]，这为考证灵州"古城"的地望提供了可靠线索。据此，学界基本达成共识，认为灵州"古城"大致位于今吴忠市利通区西北的古城湾村西侧、陈袁滩东侧的黄河公路大桥之下[4]。

西汉惠帝四年（公元前191年），西汉政府在黄河河心洲的东南一带兴建灵州城；因洲上水草丰茂，还建"河奇苑"和"号非苑"两个官营牧场[1]。颜师古在《汉书注》中阐明了灵州城的得名由来、城邑周边环境以及两大牧苑在河心洲上的位置：

图11-2　西夏时期灵州城与黄河的空间关系
[图片来源：改绘自《西夏地形图》[5]]

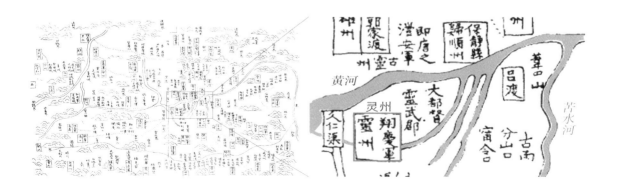

> "水中可居曰洲。此地在河之洲，随水高下，未尝沦没，故号灵洲，又曰河奇。二苑皆在北焉"[6]。

十六国时期，大夏国赫连勃勃在西汉灵州城的基础上建果园城，并在洲岛上遍植果树。北魏太武帝拓跋焘太延二年（436年），"置薄骨律镇在河渚上，旧赫连果城也"[7]；北魏郦道元在《水经注》中也记述了该城的情况："河水又北，薄骨律镇城在河渚上，赫连果城也。桑果余林，仍列洲上"[8]。这两条史料表明，北魏薄骨律军城沿袭自赫连果园城，城邑被河水环绕，颇得地势之险，周边林木茂密，已是地区的重要军事中心。

隋代承接北魏建置，灵州被改为灵武郡，郡治仍设在灵州城。唐开元九年（721年），灵州被升为朔方军节度[5]，成为北方最大军镇，承担守卫北域门户的军事防御职责，同时也充当民族融合、商贸文化交流的窗口。受到政治军事因素的影响，唐代灵州城的城市规模、建设水平有了较大发展。根据灵州城的政治、军事、商贸功能推测，城邑发展具有以下特点。一，城池更加坚固、城防体系更加完备，据《资治通鉴》记载，唐开元九年（721年），灵州城内驻兵已达六万四千七百人[9]，因此，城池规模应有所扩大。二，城内不仅营建总管府、都督府、朔方节度使司、羁縻州府治等衙署建筑，还于唐肃宗灵州登基后，修建了供皇帝办公居住的"受命宫"，宫殿群大致包括天门闾阖、王庭正殿、斋宫、金匮及延英、集贤等配殿[10]。三，作为丝绸之路上的重要节点，唐灵州城应有大量驿馆、商铺，能满足城内往来人口停驻的需求。四，唐代灵州还是佛教东渐的必经之地，城内外建多座佛寺，见于文献记载的有津凉寺、龙兴寺等[11]。

北宋咸平五年（1002年），夏国主李继迁将灵州改置为西平府，灵州起初作为夏国都城、后续作为西夏陪都而长达220余年，期间得到较快发展。李继迁在唐宋灵州城的基础上，"立宗庙，置官衙，挈宗族"[12]，设东南经略司、大都督府、左厢神勇监军司、刺史府等重要的公署机构[13]，营建影殿寺、弥勒寺（明代改为兴教寺）、胜佛寺（明代改为石佛寺）等寺庙[14]。西夏后期，任得敬在灵州拥兵自重，再次对城池进行大规模营建，"役民夫十万大筑灵州城，以翔庆军监军司所为宫殿"[15]。

"新城"时期

"新城"阶段（1428—1949年），由于黄河改道与泛滥，灵州城址频繁迁移，且由于黄河水文环境的变化，灵州城与黄河的关系由"城在河中"转变为"阻河而城"。灵州城三迁后，城邑在较为稳定的政治环境和卫所体制下形成独特的边塞景观，并在清至民国时期延续发展。

终明一代，黄河在灵州城段有三次较大的改道，灵州城"城凡三徙，皆以河故"[16]（图11-3）。明洪武十七年（1384年），黄河向东迁移，原东岔河成为黄河主流，河心洲以西被淹没，灵州城"西南角被河水冲激崩圮"[17]，于是新"筑城于故城北十余里"处[17]，洪武新城约在今吴忠市利通区北部的双墩子村与新华二组自

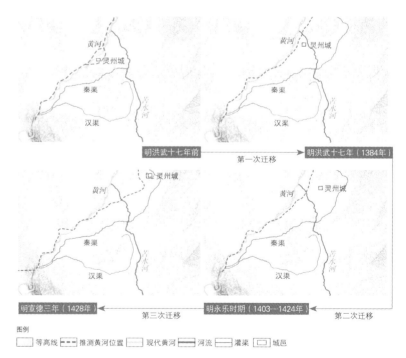

图11-3 明代灵州城三迁及其与黄河空间关系示意图
[图片来源：作者自绘]

然村之地[4]。明永乐年间（1403—1424年），灵州新城再次"为河水冲圮"[17]，二筑的灵州城大致位于今灵武市灵武农场一站附近[4]。明宣德三年（1428年），新筑的灵州城第三次"潭于河水"[17]，并于"卜沙山西、大河东，西去故城五里余……督工筑者。地土高爽，视旧为胜"[17]，三筑的灵州城即今灵武市老城区。

明景泰三年（1452年），明政府扩建灵州新城；明弘治十三年（1500年），灵州城新增南关，南关城开东、南各一门。至明万历五年（1577年），灵州新城（含南关城）的周回已达"七里八分"（4493m），城垣高9.6m；护城河宽16m，深3.2m；城池开4座城门，"东曰澄清，西曰孕秀，南曰洪化，北曰定朔"[18]，4座城门均建城楼与瓮城[18]；新增角楼4座，敌楼4座，炮台4座[18]。

清雍正三年（1725年），灵州守御千户所被改为灵州直隶州。清乾隆五年（1740年），清政府重建了在地震中坍毁的灵州城。清灵州城延续明旧城的规模和形制，其城墙由条石所砌筑，坚固更胜从前。城内主路是连通4座城门与2座鼓楼的一横两纵式道路，4街8巷串联了城中大多区域。城北为衙署区；城东南为精神文化区，建文庙、书院、学宫等。据《灵武市志》记载，清灵州城内有庙宇15座、祠堂4座、牌楼6座[19]。此外，灵州城还因其地理位置优越，逐渐成为商品交换和物资交流的重要地区，城内设米粮市、骡马市、毛皮市等固定的集市以及每三日一次的庙会[18]。

第二节　灵州城的城内景观

明清灵州城墙坚池深，雉堞楼台雄踞城墙之上。城内街道纵横，房屋井然，官署殿堂、店铺、庙宇、鼓楼、牌坊错落有致，雄伟壮观（图11-4）。民国初年，随着河东一带的商贸发展，灵州城内的商铺、银楼和当铺多达42家[19]，在东西大街两侧鳞次栉比。

城邑轴线为一横两纵式，城内有两座鼓楼。东鼓楼与东城门楼、西城门楼构成城邑的东西轴线。南鼓楼与南城门楼、南关城、牌楼及上帝庙（高庙）构成城邑的一条南北轴线，另一条南北轴线

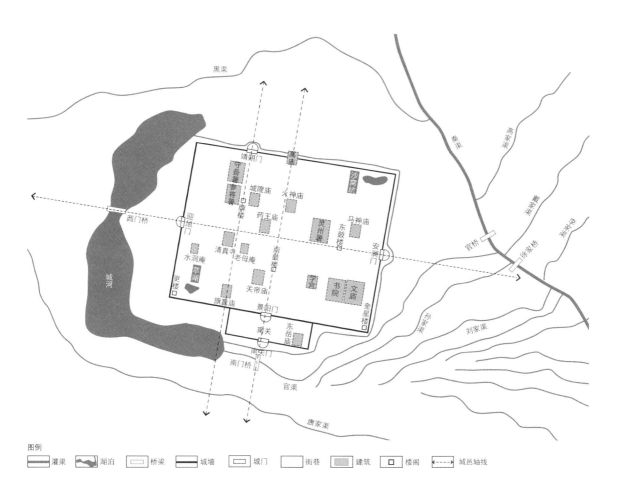

图11-4 清代灵州城城景布局图
[图片来源：作者自绘]

则由北城门楼、牌坊和旗纛庙串联形成。城墙东南角建奎星楼（文昌阁）、西南角建更楼，以补辅城邑风水。城内还建文武衙署、仓廪等公署及万寿宫、学宫、文庙、书院等文化建筑[11]，赋予了灵州城雄伟的气势与灵秀的底蕴（图11-5）。

（a）城墙　　（b）南城门楼　　（c）南鼓楼　　（d）高庙　　（e）土神庙

图11-5 民国灵州城内主要建筑
[图片来源：引自《灵武文史资料：第四辑》[20]]

灵州城的南鼓楼始建于清康熙三十四年（1695年），台基为方形夯土包砖台，其上建2层木楼，左置鼓，右设钟，建筑轻盈挺拔；台基开4门，东西南北门依次名为"迎旭""安澜""景阳"和"靖朔"[11]。清代改建的奎文书院紧靠西城墙，"占地十余亩，有渠自书院东南侧绕至其北"[21]，书院选址"远离阛阓，其地清穆而敞闲"，内建环碧轩、逊敏斋和活水天来堂[21]；书院借助城郊灌渠，营造了静谧氛围；书院东建一处园林，"郁然深秀……杂莳栗、枣、松、韭之属……墙藩庖碧列置备具，可以庋图史，可以设琴樽"[21]。

灵州城位于边塞，为"朔方之要区……往往变生叵测，赖于神灵之保障"[22]，城内及近郊多寺庙、坛祠等。民国记者范长江记述："灵武城内的大庙特别多，北半城全是庙宇"[23]。据《宣统灵州地理调查表》统计，灵州城内外的庙观祠庵共计16所[24]，城内13座，城郊东北、西北各有1座祭坛，东南还有忠孝祠、节义祠、三公祠等[11]。

城内外的十几处湖泊为灵州城增添了柔和的景观，规模较大的有城东门以南的草池坑、城西南隅的萃湖、城东北隅的沙窝坑以及北门外西北隅的监坑等[25]。城内及近郊植被茂盛，遍植槐树、桑树和柳树，直至民国时期，树木仍遍及城中各处（图11-6）。清代许多诗词记述了灵州城树荫蔽日的优美景致：

"即此清荫蔽我庐，生意欣欣超清越。更兼桑榆荫四郊，鹰鹯徙兮鸾凤巢。古树生枝征嘉政，芙蓉绿水聊解嘲""沙黄偏映日，树绿正连云""青柯经百代，素影傲三冬……老干应栖鹤，虬枝欲化龙，崇高排巨阙，茂密隐疏钟""灵州衙斋有槐，树轮因离奇饶生趣……不材之木常能寿绿，饱耐霜雪神愈坚"[21]。

图11-6 民国时期灵武城景观
[图片来源：劳德·毕敬士1936年摄于灵武[26]]

第三节 渠湖映带、以水全形的近郊景观

灵州城郊的灌溉水利发展与城邑的发展几乎同步进行。早在西汉时期，今秦渠、汉渠的初始渠道就已开凿，后经北魏、唐宋时期的修缮与延长，至西夏时期，两渠基本成型。清光绪三十四年（1908年），清政府在灵州城西的河中堡一带新开天水渠，天水渠引汉渠的灌溉余水灌溉农田（图11-7）[27]。3条干渠形成了纵横交织的渠网，水网覆盖了灵州一带，为城邑四郊农业的发展提供充足的水源。明代以前，城郊河渠的确切空间分布已不可考，下文主要探讨明清至民国时期的灵州城与城郊灌溉渠网的空间关系。

灵州城西有汉渠、天水渠，城东则靠近秦渠。汉渠、秦渠自青铜峡处的黄河东岸引水北流，于灵州城北经涝河、清水沟复归黄河[21]。至民国时期，3渠共有支渠585道，溉田17534km²[27]（表11-1）。

明代以来，黄河在青铜峡段东迁频繁。据考证，黄河一度向东改道至今灵武市西南的西湖北至安家湖一线[29]。明代灵州城据河而筑，在短短30余年间，就因黄河改道而三迁三筑。明天启二年（1622年），黄河改道后再次逼近灵州城，黄河冲刷已侵蚀至距离灵州城西城墙"数十武"之处（一武约98.1cm），河东兵备道副使张九德见势在灵州"城西十里处"[27]（大致位于今灵武市西农场渠）修建了疏堵结合的堤防工程，采用丁坝、顺坝组合的方法治理黄河，

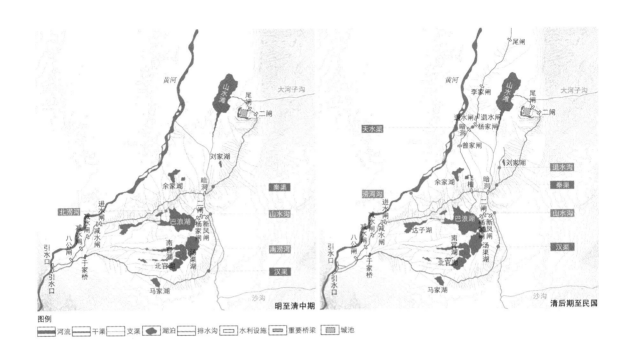

图11-7 明清至民国时期灵州城郊渠网分布图

[图片来源：根据清《嘉庆灵州志迹》[28]、民国《宁夏省灵武县秦渠流域图》[27]《宁夏省灵武县汉渠流域图》[27]绘制]

民国时期灵州城周边干渠规模及溉田数　　表11-1

名称	支渠数量（道）	水利设施	长度（km）	溉田数（km²）
秦渠	223	进水口2道，正闸1道，退水闸1道，提水闸3道，飞槽6道，暗洞3道	142	9667
汉渠	290	进水口1道，正闸1道，退水闸3道，提水闸9道	98	7200
天水渠	72	正闸1道，提水闸10道，飞槽3道，暗洞1道	36	667
总计溉田数				17534

[资料来源：根据《宁夏省水利专刊》[27]整理]

迫使黄河回归故道，成功解除了水患威胁。清代《灵州河堤记》与《灵州张公堤记》记载了这道河堤的规模与功能：

"从南隅实地始，累石为堤首四十余丈，用遏水冲。继以欠迤西北，其以累石亦如之，计堤长六千余丈""高厚坚致，亘如长虹，水无雍滞泛滥"[30]。

参照民国《灵武县秦渠流域图》可知[27]，灵州城郊的河堤堤首位于今峡口镇草河村。河堤向北逶迤20km，纵亘于灵州城西的黄河东岸处（图11-8）。

因黄河改道与泛滥，秦渠进水口及渠首段常被河水冲决，导致河水外泄淹没农田，且造成渠道下段无水溉田。因此，明政府在秦渠进水口附近修筑了数百丈的长堤以防河水冲刷，石堤"可导、可障、无荡、无涸、无淤"，长堤以下数里许建猪嘴码头（挑水坝），横亘河中，保证了下游渠身的安全。清代，秦渠长堤与猪嘴码头得到多次整修。至民国时期，秦渠的渠口长堤"宽十八丈，长八十余丈，斜亘河中，水始循流故道"[27]。

明清灵州城位于河东灌区中部，城邑靠近秦渠尾部，城郊水系密集。灵州城郊水系分内外两层。内层水系为西侧湖泊和东侧人工河道连通形成的护城河，外层水系则是由秦渠的干支渠和渠间洼地湖泊组成的区域水网。内外层水系相互连通，形成了活水环流、安全可控的灵州城水环境（图11-9）。

图11-8 明代灵州黄河河堤位置示意图
[图片来源：根据清《嘉庆灵州志迹》[28]《灵武县秦渠流域图》[27]绘制]

第十一章 襟河古邑——灵州　　223

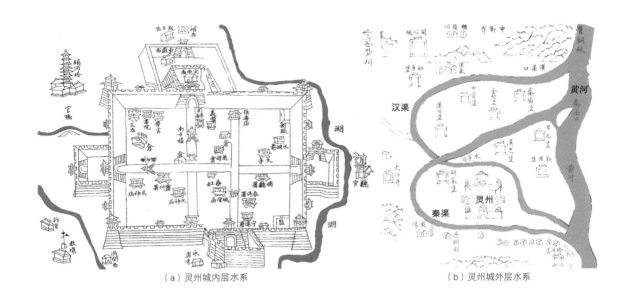

（a）灵州城内层水系　　　　　　　　　　　　　（b）灵州城外层水系

图11-9　清代灵州城城水格局
[图片来源：改绘自清《嘉庆灵州志迹》[28]卷首《州境图》《灵州城图》]

灵州城的护城河由城湖与人工水道组成：城湖从城西北经西门绕至南门，对城邑西南形成包被之势，不仅连同城东起伏的马鞍山一起，构建起城邑的近郊形胜，还组成灵州城护城河的一部分；护城河东侧是人工河道，河道宽16m[11]，其南侧、西侧与城湖连通。灵州城的外层水网由秦渠、天水渠、山水滩及排水沟等灌排水利系统组成：秦渠自城南经城东向北流，渠尾在城西北处汇入山水滩，6道支渠在东南向环绕着灵州城，官渠与城湖相连；城西北的山水滩承接秦渠灌溉余水及马鞍山的黑泉沟等山沟汇水，后汇入黄河；山水滩西侧的天水渠支渠纵布，构成了灵州城西的主要灌溉水网。

根据《灵州地理调查表》记载，清代灵州城内有水关1道，阴沟2道，水井12口[24]，城内还有数处湖泊洼地。清灵州城的城内供水主要依靠水井，而排水则通过排水沟道以水关泄入西门外的城湖，后经山水沟排入黄河。

在区域水网之上，灵州城在渠首和湖泊等处开展地区风景营建（图11-10）。

渠首段是灵州城近郊风景营建的重要区域。汉渠渠口及秦渠上下两渠口均设迎水埠，其上栽植树木，"碧绿成荫，树根盘结，堤基巩固，既饶风景，复庆安澜"[27]（图11-11）。二渠的渠首处设进

中篇　宁夏平原的典型传统城邑景观

图 11-10　明清时期灵州城人工水网下的近郊风景布局图
［图片来源：根据清《嘉庆灵州志迹》[130]、《宁夏省水利专刊》[127]绘制］

图 11-11　民国时期汉渠迎水湃景观
［图片来源：引自《宁夏省水利专刊》[127]］

水闸、减水闸等水利设置，构成了灵州城郊"渠分一派清流水，井授千家沃壤田"[31]的水利农业景观。汉渠渠口和秦渠上渠口附近还建龙王庙，作为举办迎水祭祀和岁修祭祀的地区水利活动中心，碑亭内的水利碑刻记述了修渠的具体事项，也是渠首处重要的公共空间。

因汉渠东靠山麓，西临秦渠，支渠余水无法直接排入黄河。为解决汉渠排水，其西侧的黄河故道一带，形成大小十数个渠间泄湖，接纳灌溉余水[27]（表11-2）。这些湖泊散布于汉渠各支渠的渠尾，相互连通，发挥了重要的生态、经济和景观作用：湖泊消减瞬时水量、防止农田淹浸，渠尾湖承接支渠灌溉余水，并通过水路组织，汇入巴浪湖；湖泊与灵州城所属的各堡城相邻，是当地回汉人民发展渔业、种植蒲草的重要场所；湖泊景致优美、一望豁然，湖滨植被茂盛，也是城郊重要的游赏胜地，为灵州城南郊景致增添了江南情韵。

民国时期灵州城南郊渠间人工湖泊及规模　　表11-2

名称	位置	规模
巴浪湖	金积堡东5~10km之间	周围10km，为各湖汇归之，为周边最大的湖泊
牛毛湖	巴浪湖西南	周围5km，与巴浪湖连通
苏盖湖	巴浪湖东南	周围4km，湖水汇入巴浪湖
温渠湖	巴浪湖南	与巴浪湖、苏盖胡连通
北官湖	巴浪湖南	周围2.5km，与温渠湖连通，承接闫家渠余水
南官湖	北官湖南	周围4km，与北官湖连通
吕家湖	南官湖南	周围3.5km，与南官湖连通，承接赵连渠余水
鞑子湖	金积堡北	周围2.5km，由上游丁家湖、袁家湖、汪家湖、毛家湖等汇聚归入，下通魏家湖，入清水沟，归于巴浪湖
杨家湖	金积堡东4km处	周围2km，北为套子湖
方家湖	北官湖西	周围2km，承接上游马荒、李家、贾家等湖泊汇水
马家湖	汉渠南侯家桥附近	周围4.5km

[资料来源：根据《宁夏水利专刊》[27]整理]

众多诗词都描述了灵州城郊外的湖泊景观：

"昨夜湖光带雨昏，春波碧草荡新痕""平林漠漠晚烟孤，十里岚光接鹳湖，欸乃一声秋色里，夕阳残照上浮屠"[32]。

第四节　遥揖远峰、寺宇凝边的远郊景观

灵州城位于军事与交通的要冲，其"北控河朔，南引庆凉，诚宁镇之控扼，实关陕之襟喉"[33]"灵邑独限大河，具喉唇襟带之势"[28]，东山西川的地理格局使城邑处于背山面川、山环水绕的穴居之内，山水形胜优良。

灵州城位于灵盐台地与银川平原的交界处，周边地势东高西低。城东的丘陵台地是广袤无垠的草原荒漠景观，由东北至东南，低山丘陵和缓坡丘陵相间分布。低山丘陵主要是位于城邑东侧、南侧的诸山，山体多为南北走向，西陡东缓，海拔在1400～1500m[19]；缓坡丘陵则位于城邑西南，呈波状起伏、平岗连绵之势，平均海拔比平原区高50m，连接了城东、南两侧的低山区[19]。总体而言，城邑周边的山体平缓连绵，形成三面包被之势，《嘉庆灵州志迹》描述为："黄河为带，金积如砺。峡口遥峙西南，马鞍环抱东北"[30]。

城郊主要山体有马鞍山、磁窑山、牛首山和峡口山等（表11-3）。马鞍山靠近灵州城东南，由多个低矮山丘组成，最高峰为杨家窑山。牛首山与峡口山即青铜峡两侧的山体，距离城邑较远，其山势峭立，束河中流，峡口处：

"岩崿对峙，似重楼之百常；突兀相望，伴圆阙之双起。奔湍为之束缚，碛石为之鏊落。下通伊阙，旁带流沙。宵崖辟鸟兽之门，骇水集蛟鼍之窟"[21]。

灵州城周边山体及其景观　　　　表11-3

山体	位置	景观记载和描述
马鞍山	城东29km	形似马鞍，主要支山有旗眼山、猪头岭、牛布朗山、面子山、杨家窑山和红砂梁，杨家窑山为马鞍山最高峰，海拔1652m
磁窑山	城东35km	出石炭，山色暗黑
牛首山	城西南58km	海拔1585m，山巅南北两峰对峙，宛若牛首。峰峦耸峙，岩壑苍秀，上有梵宫，寺庙群依山而建，霞飞云掩。"英华文武翠相连，并峙兰峰壮九边……池留幻迹金牛隐，地涌灵光宝塔悬。"
峡口山	城西南81km	"黄流之险隘，紫塞之巨防"
炭山	城南29km	—
打狼山	城东南	—
平山	城东46km	—
长乐山	城南	又名铎落山，因山下有铎落泉而得名

[资料来源：根据清《嘉庆灵州志迹》[30]整理]

历史上，灵州城郊的水文环境变化很大。明以前，灵州城在黄河的河心洲上持续发展了1500多年。明代，黄河不断东迁，城邑随之更迭，城邑阻河而建，城河空间关系持续变化。此外，苦水河由灵州城东南汇入黄河，数条季节性山沟则在灵州城北、城西汇入黄河，构成区域水系的一部分。同时，由于黄河改道，城邑周边形成众多地质性湖泊，面积较大的有东湖、鸳鸯湖、草场湖、蒲草湖等[19]。

灵州城郊的水文环境变化，导致了城邑山水格局的变迁。西汉至元时期的灵州古城具有四面环水、三面环山的山水格局，明清时期灵州新城则是三面环山、西临河川的形胜（图11-12）。明清灵州城的朝向与贺兰山山脊线大致相同，其横纵轴线与周边山体联系较弱，但城邑背靠镇山而南望天阙：马鞍山、磁窑堡山等山体位于灵州城东五六十里处，为城邑镇山；金积山、牛首山等低山丘陵距灵州城稍远，为城邑朝案；牛首山上的武英峰与文华峰两峰对峙，构成城邑双阙。

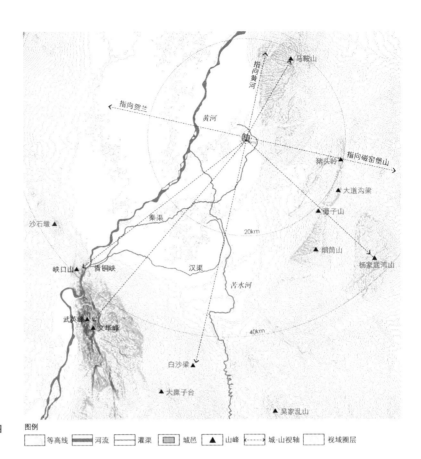

图11-12 明清时期灵州城山水形胜分析图
[图片来源：作者自绘]

自唐代以来，不少阿拉伯人和波斯人在灵州城定居，成为此地回族的先民[19]。蒙古大军西征后，大批归降元政府的中亚和西亚穆斯林屯驻于灵州，使当地回族人口增加[34]。明初，大批归附的"蒙古回回"被安置于灵州城一带，灵州就此成为宁夏平原回民的主要聚居区之一，伊斯兰教得以广泛传播。至明清时期，灵州城一带的清真寺日益增多，风格逐渐成熟。清真寺的数量多且分布范围广泛，清中期，城内及四郊清真寺已有22座；清末，清真寺的修建逐渐由近郊拓展至秦渠以西；民国二十九年（1940年），清真寺已增至129座[19]，较为著名的有南关清真大寺、台子清真大寺等30座（图11-13）。

灵州城一带的清真寺大多以其附近的渠、湾、洼、坑、沟、滩、海子、湖、渡、桥、坝等来命名[19]，显示了清真寺的选址与水

第十一章 襟河古邑——灵州

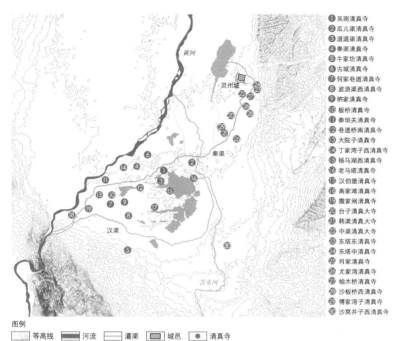

图11-13 民国时期灵州城城郊清真寺分布图
[图片来源：根据《灵武市志》[19]绘制]

系、水利设施的密切关系，从中也能一窥此地清真寺的分布规律：集中于邻近自然水系或灌溉发达的回族村庄内部，并靠近水系、灌渠、分水口和桥梁、渡口等水源和交通资源良好的区域，彰显了清真寺在回族社会和地域文化中的核心地位。在回族社会中，清真寺兼具宗教职能与社会职能[34]，围绕清真寺，通常形成功能各异的庞大建筑群，构成回族寺坊。

灵州城一带的清真寺遵循中国伊斯兰建筑的共同规律，形成独特的伊斯兰宗教建筑形制与风格，同时，受灵州城的地理位置、气候条件、民族风俗、地方材料和传统建筑技艺的影响，此地清真寺在规模、平面布局、空间处理和外观上又展现出鲜明的地域特征[34]。礼拜殿是清真寺的中心，一般因朝向圣地麦加而坐西朝东，礼拜殿的朝向决定了清真寺以东西向作为中轴线，围绕轴线多形成三合院或四合院的传统院落建筑群。礼拜殿规模宏大，空间高敞，屋顶是卷棚与平顶相结合的形式（图11-14）。

灵州城位于佛教东渐的必经之路上。隋唐时期，灵州城内常有高僧居住和传教，城中兴建了大量寺庙。西夏时期，全民信奉佛教，

（a）平顶清真寺　　　　　　　　　　　（b）王家台子清真寺

图11-14　民国时期灵州一带的清真寺
[图片来源：引自参考文献[35]]

灵州城作为西夏陪都西平府，城内外的佛寺得到良好的修缮与营建。明清时期，城内外古寺不仅得到整修扩大，大批新寺还被营建起来（图11-15）。如明代，牛首寺的佛殿扩增至25座，各殿宇依山展开、层层分布，顺势排布于牛首山的山巅、沟谷和山麓处。《牛首寺碑记》记载了扩建后的牛首寺规模与格局：

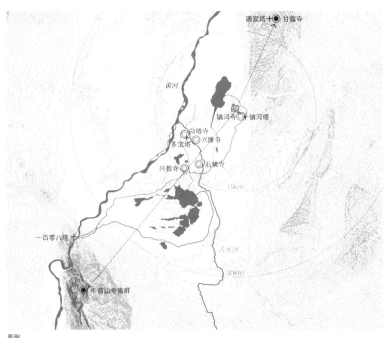

图11-15　明清时期灵州城寺观分布图
[图片来源：作者自绘]

(a) 灵州城镇河塔　　　　　　　　　(b) 一百零八塔

"前为罗汉殿，殿北为祖师殿，南为伽蓝殿……随形势之胜而布置其位，各具美瞻……蹊径崎岖，盘旋百折，如蓬其岭。登山纵目，则层壶峻宇，复道飞甍，辉煌昆耀，远迩相射"[36]。

图11-16　民国时期灵州城镇河塔与一百零八塔
[图片来源：J. P. Koster摄于1937年[37]]

灵州城郊的佛塔大多建于西夏、明清时期，许多佛塔选址特殊，具有补足风水、监测水位、丰富城邑景观的作用。灵州城东的镇河塔既是佛塔，也是为了"固河溢、护城垣"而修建的水口塔，寄托了当地人企盼城邑不再受黄河水患的愿望。青铜峡处的一百零八塔位于唐徕渠引水口下游，藏传佛教形制的塔群依山势而排列，相传可被用作度量黄河水位的"刻度"（图11-16）。

第五节　灵州城的"八景"意象体系

灵州"八景"体系产生于明清时期。八景以山川、河湖、植被为主要景观意象，也涵盖了楼台寺庙、水利桥梁等人工景观，具体可分为自然山峦、河流湖泊和农田水利三类（表11-4）。

灵州"八景"的分布特征为：一，"八景"中，城郊意象丰富、城内景观单一；二，"八景"主要分布在远郊与近郊两个圈层中，远郊圈层以山峰、泉眼、植被景致为最多，近郊圈层中，湖泊和农田

灵州城"八景"分类与景观提炼　　　　　　　　　　　　　　　表11-4

类型	表现景观	八景名称	位置	景观描述
自然山峦	山体形态	牛首飞霞	牛首山	山形突兀，上有古刹，时现霞光
	山岭气候	青峡晓映	青铜峡	旭日方升，水光山色，映若图画
		黄沙夕照	马鞍山	城东之山半为沙砾，每晴日夕时，苍黄映远，光照人目
	山林植被	滴水秋梧	牛首山东北	山崖陡峭，有水自石泄，若倒囊出珠，冬夏不竭。下有梧桐，枝柯繁茂可亲，每秋凋零输液，水声淙淙映响
	山地涌泉	龙泉喷玉	牛首山龙泉	泉在牛首山北崖石板下，其水清冽可掬，滚滚若珠玉倾泻，居民赖之
河流湖泊	平川湖泊	晏湖远眺	城南，具体位置不可考	晏湖古为水泽，台制似宁河。西山环绕，水碧沙明，足以豁目
	河滨高台	宁河胜览	宁河台	黄河东渡，筑台高五丈余，登眺于上，则河山景物，举在目中
农田水利	桥梁植物	高桥春柳	城南高桥	城南有桥，以形高古名焉。自萧关北，荒沙无迹，至是忽觌，林木阴森，柳更条畅，若屏然

[资料来源：根据清《嘉庆灵州志迹》[11]整理]

水利景观最为丰富；三，各圈层景观分布在方位上有所侧重，远郊景观分布在东北、西南两个方向上，近郊景观则集中在城南一带（图11-17）。

自然山峦是"八景"远郊圈层内的重要景观：牛首山、青铜峡、马鞍山是主要意象，"牛首飞霞""青峡晓映""黄沙夕照"表现山体形态、山体气候景象等，"滴水秋梧"展现山林繁盛之景，也属山岭景观的范畴。河流湖泊和农田水利是近郊圈层内的主要景观："宁河胜览"是登宁河台远眺黄河的壮阔景观；"晏湖远眺"高度概括了灵州城南郊大面积的连湖景致；"高桥春柳"表现灌区内桥梁两侧的柳树茂盛，展现了河东灌区田畴四望、渠流纵横、柳丝飘飞的农业景观。

第十一章 襟河古邑——灵州

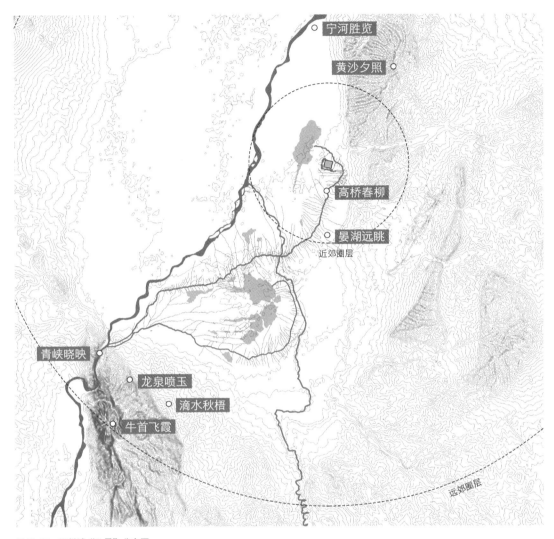

图11-17 灵州城"八景"分布图
[图片来源：作者自绘]

参考文献

[1] （东汉）班固. 汉书·卷二十八·地理志·北地郡.

[2] 白述礼. 灵州史研究[M]. 银川：宁夏人民出版社，2018.

[3] 国家文物局. 中国文物地图集：宁夏回族自治区分册[M]. 北京：文物出版社, 2010.
[4] 艾冲. 灵州治城的变迁新探[J]. 中国边疆史地研究, 2011, 21（4）: 125-133.
[5] （清）张鉴. 西夏纪事本末·卷首·西夏地形图.
[6] （唐）颜师古, 注. 汉书注·卷二十八·地理志下·北地郡.
[7] （北宋）乐史. 太平寰宇记·卷三十六·关西道十二·灵州.
[8] （北魏）郦道元. 水经注·卷三·河水.
[9] （唐）李吉甫. 元和郡县图志·卷四·关内道四.
[10] （清）郭楷. 嘉庆灵州志迹·卷三·艺文.
[11] （清）郭楷. 嘉庆灵州志迹·卷一·名胜.
[12] （元）脱脱. 宋史·卷四百八十五·夏国上.
[13] 史金波, 聂鸿音, 白滨. 天盛改旧新定律令[M]. 北京：法律出版社, 2000.
[14] 史金波. 西夏时期的灵州[J]. 西夏学, 2017, 12（1）: 5-19.
[15] 戴锡章. 西夏纪[M]. 罗矛昆, 点校. 银川：宁夏人民出版社, 1988.
[16] （明）杨寿. 万历朔方新志·卷四·词翰.
[17] （明）朱栴. 正统宁夏志·卷上·属城.
[18] （明）杨寿. 万历朔方新志·卷一·城池.
[19] 灵武市志编纂委员会. 灵武市志[M]. 银川：宁夏人民出版社, 1999.
[20] 灵武市政协文史资料委员会. 灵武市文史资料：第四辑[M]. 灵武市政协文史资料委员会, 1999.
[21] （清）郭楷. 嘉庆灵州志迹·卷四·艺文.
[22] （清）佚名. 光绪灵州志·艺文志.
[23] 范长江. 中国的西北角[M]. 北京：新华出版社, 1980.
[24] （清）佚名. 宁灵厅志草·宣统灵州地理调查表.
[25] 刘宏安. 灵州记忆[M]. 银川：宁夏人民出版社, 2014.
[26] 天下老照片. 1936年宁夏灵武县老照片[EB/OL]. （2022-08-05）[2022-10-18]. http://www.laozhaopian5.com/minguo/2065.html.
[27] （民国）宁夏省政府建设厅. 宁夏省水利专刊[M]. 北京：北平中华印书局, 1936.
[28] （清）郭楷. 嘉庆灵州志迹·卷首.
[29] 翟飞. 明代黄河银川平原段河道位置新探[J]. 人民黄河, 2020, 42（3）: 34-39, 72.
[30] （清）郭楷. 嘉庆灵州志迹·卷一·地里山川.
[31] 刘建勇. 宁夏水利历代艺文集[M]. 郑州：黄河水利出版社, 2018.
[32] （清）张金城. 乾隆宁夏府志·卷二十一·艺文四.
[33] （清）张金城. 乾隆宁夏府志·卷二·地里.
[34] 王军, 燕宁娜, 刘伟. 宁夏古建筑[M]. 北京：中国建筑工业出版社, 2015.
[35] 天下老照片网. 1936年的宁夏老照片[EB/OL]. （2020-03-25）[2022-10-18]. http://www.laozhaopian5.com/minguo/88.html.
[36] （清）张金城. 乾隆宁夏府志·卷十九·艺文二.
[37] J. P. Koster. Ground and Aerial Views of China[EB/OL]. (2023-01-20) [2024-10-18]. https://www.shuge.org/view/ground_and_aerial_views_of_china/.

第十二章 北关锁钥——平罗

第一节 从边关所城到商贸门户

平罗城位于宁夏平原北部、河西灌区下游。平罗城兴建于明初，但该地区城邑营建的历史却相当悠久。宁夏平原北部的城邑变迁集中于西汉、唐至西夏、明、清至民国四个时期（图12-1），可考的城池形制在明清时期。

汉元狩四年（公元前119年），西汉政府在宁夏平原北部设立廉县[1]，安置了大量的中原移民。廉县城遗址至今尚存，其位于今平罗县崇岗镇下庙乡暖泉村三队附近[2]，城池近方形，南北向、东西向各为200m[3]。

唐先天二年（713年），"郭元振以西城远阔，丰安势孤"[4]，于是修筑了定远军城，"募兵镇之"。定远城位于今平罗县姚伏镇东田州塔南500m处[2]。北宋建隆元年（960年），定远城被改置为定州城[5]。西夏政府在唐宋定远（州）城的基础上建定远县城[6]。但由于长期的修渠、垦田活动，唐宋至西夏时期的定远城遗址早已消失在大地上，其城池形制已无法考证。

明永乐时期，为防御蒙古势力南下，明政府在平原北部设立

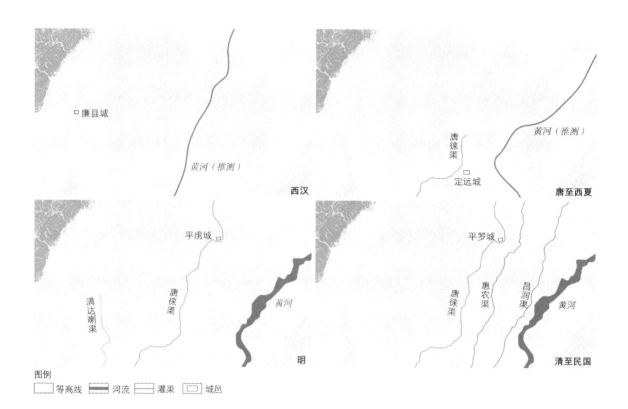

图12-1 西汉至明清时期宁夏平原北部城址变迁图
[图片来源：作者自绘]

哨马营[7]。明景泰六年（1455年），哨马营被改建为平虏守御千户所，宁夏前卫的军队驻扎于此[8]，负责平原北部的战守任务。平虏城"东当河套，西拒贺兰，北御沙漠，三面受敌"[8]，明《北关门记》从地理形势上分析了平虏城在区域军事防御系统中的重要作用，强调了它在贺兰山北部各山口军事防御中的瞭望作用：

> "平虏城屏蔽镇城迤北一面，北当镇远、打硙（大武）诸关口之冲，东当套虏浮河之扰，西南当汝箕、大风、小风、归德、镇北、宿嵬、黄峡诸口之警"[8]。

镇远关城、镇北关城、平虏关城构成平虏城北的犄角防御之势。平虏城指挥3座关城"东西联属，远迩观望，烽火严明"[8]（图12-2），连同新旧两道北边墙以及拱卫于平虏城外围的十数座堡城，共同抵御敌犯南下，形成了完善的平原北部军事防御体系。

第十二章 北关锁钥——平罗

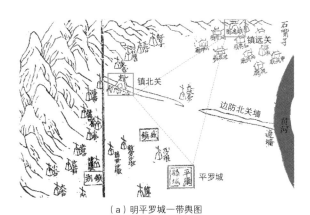

(a) 明平罗城一带舆图

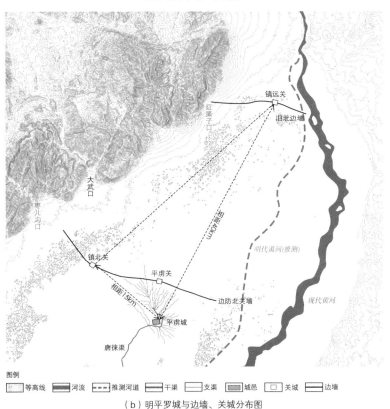

(b) 明平罗城与边墙、关城分布图

图12-2 明代平罗城与边墙、关城的位置关系
[图片来源：图（a）改绘自清《道光平罗记略》[9]卷首《贺兰山图》，图（b）作者自绘]

明初所建的平虏所城大致呈正方形，周回二里[8]（1152m）。明弘治六年（1493年），"居人繁庶，展筑新城"[8]，原城被扩建为矩形，东西倍于南北，周回三里（1728m）；城垣高11.2m；护城河宽6.4m，深3.2m[8]。明万历三年（1575年），以砖石重建了城墙，使城池固若金汤；城池规模达"周回四里五分"[10]（2592m），基本形成四方城，

有南北二门[10]。明晚期，平房所城被设为明蒙互市的市口之一，北门外定期设集，商贸得到初步发展[11]。

清雍正二年（1724年），平房守御千户所被改为平罗县[12]。清乾隆四年（1739年），清政府对明平房旧城进行震后重建[13]。清平罗城基本延续明万历时期的方形城池格局，周回四里三分[13]（2577m），总面积为0.36hm²[14]；城墙高近7.7m；护城河宽16m，深2.6m；城池有南北2座城门，"南曰永安，北曰镇远"，两门外均建瓮城[13]；城内还建角楼4座，敌楼8座，东西堆房2座，南北堆房2座[13]。清平罗城中有6条街道，14条巷道[5]，城南、城东2条街道各有1座牌楼，南牌楼为"抗逆弧忠"，东牌楼为"精忠固圉"[15]；城中心建鼓楼，城内设官署、学校、寺庙[13]。

民国时期，平罗城内的主要街道宽8m，多数巷道仅宽3～5m，街道两侧多栽种柳树[14]。平罗城位于甘宁交通运输的必经之地，是西北通往中原的重要皮毛集散地和水旱码头，因而地区商贸较为繁荣。民国时期，城内设集贸市场，"列肆数十处，每逢二日交易"[16]，城中还开设"谦益元""庆丰永"等20余家商号和店铺，主要售卖布匹、杂货、中药、煤炭、米粮等。

第二节 平罗城的城内景观

明代平房城为宁夏镇的北部千户所城，在城池规制、道路结构、寺庙营建等方面都具有明长城军事城池的显著特征，这一特征在清至民国时期的城邑营建中仍有延续。平罗城景观特征有：城中设十字形道路，道路中央建鼓楼[17]；城墙高厚，角台、敌台等防御设施完备，护城河既阔且深[13]，由城郊的灌渠和湖泊供给水源；城中及近郊设置多种军事性质的建筑设施，如仓储、草场、马营和教场等[13]；城中除衙署、指挥所等政治性建筑外，还建学宫、文昌阁、各类祠堂等文教建筑[18]；为迎合守城军士的多种信仰，城中通衢两侧及城垣四隅建寺庙、道庙、庵庙等众多寺观坛祠[19]，有的为佛道合一的场所。

第十二章 北关锁钥——平罗

经过明清两代的经营，清代平罗城形成规则的十字形景观轴线，鼓楼是控制两条轴线的重要建筑（图12-3）。城邑的东西通衢穿越鼓楼、东牌楼，构成"东北—西南"向轴线，公署、寺庙等分布在东西通衢的两侧[17]。城邑的南北两座城门楼、鼓楼、南牌楼串联一线，形成"东南—西北"向轴线。这条轴线还向城外延伸，继续控制着城北郊的景观营建。清代，城北郊1km处营建玉皇阁，其作为轴线上的一处节点建筑，与鼓楼南北呼应；民国时期，玉皇阁东西两侧开挖两方鱼池[5]，对称的景观布局进一步强化了平罗城的"东南—西北"向轴线。

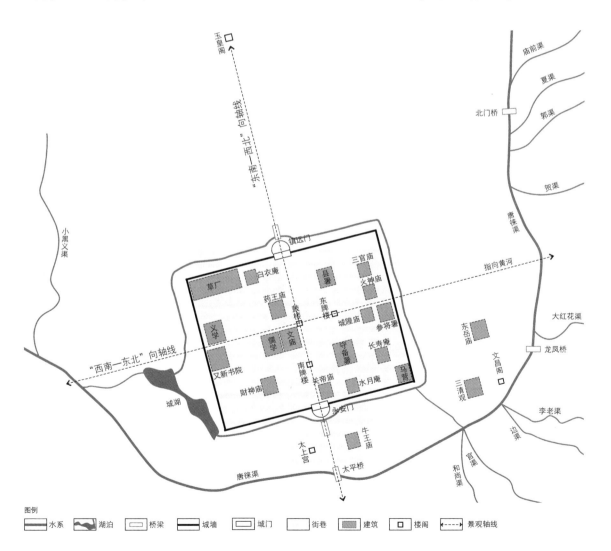

图12-3 清代平罗城城景布局图
［图片来源：作者自绘］

（a）鼓楼　　　　　（b）玉皇阁　　　　　（c）文昌阁　　　　　（d）"抗逆孤忠"牌坊

图12-4　民国时期平罗城景观建筑
[图片来源：引自《影像平罗》][14]

民国时期，平罗城内及近郊兴建众多殿宇、坛祠、楼阁与牌坊[19]（图12-4），这些建筑与城墙上的城楼、敌楼和角楼等，都属于视觉焦点，构成了平罗城起伏变化的建筑天际线，丰富了城邑的景观层次。

文昌阁是平罗城重要的文化祭祀性建筑。清乾隆二十四年（1759年），城东南郊建文昌阁，"阁左右，钟鼓楼各一，后为寝殿，前为两庑，再前有过庭厅三楹"[9]。嘉庆七年（1802年），当地士人集资拓建了文昌阁的前庭，营建了以文昌阁为中心的城郊公共空间：

> "于阁前拓地数丈，增筑台基，甃以砖石……前立山门，门之内树以屏。建南北轩各三楹，窗棂皆外向，以便观眺。其过庭之旁，悉为转道游廊，旷如而奥如也。又于门前竖旗二杆，高可三丈余。自阁至门，各处悬以匾聊，金碧晃耀"[9]。

第三节　三渠布列、安固民生的近郊景观

明代，平罗城郊仅有唐徕渠。清雍正时期，为开发平罗城以东及黄河河漫滩一带，清政府相继开凿惠农渠和昌润渠两条干渠[18]，并于平罗城东新设通义堡、通成堡等48座民堡[20]，招徕垦户，大力发展灌溉农业。唐徕、惠农及昌润三渠自黄河西岸开口，蜿蜒北上，至平罗以北归入黄河。三渠由西至东，将平罗城四郊划分为四条带状的子灌区（图12-5），尤以唐徕渠与惠农渠、惠农渠与昌润渠之

第十二章 北关锁钥——平罗

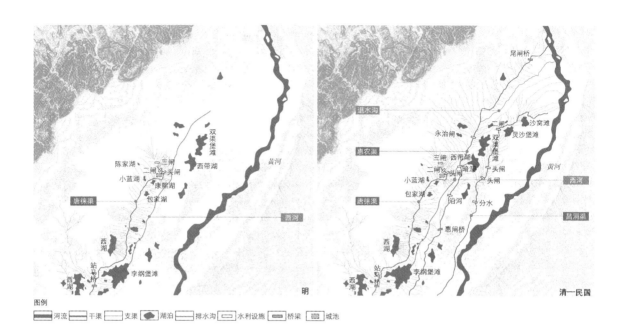

图12-5 明清至民国平罗城城郊渠网分布图
[图片来源：根据民国《宁夏省水利专刊》[21]中《宁夏全省渠流一览图》绘制]

间的两个子灌区最得灌溉之利。民国时期，三渠在平罗县共有支渠1091道，灌溉农田2000km²有余[21]（表12-1）。

民国时期平罗城周边干渠规模和溉田数　　表12-1

名称	本段支渠数（道）	本段水利设施	长度（km）	灌溉田数（km²）
唐徕渠	212	提水闸3道，退水渠1道，尾闸3道	27.5	87.5
惠农渠	664	进水闸1道，退水闸2道，滚水坝2道，暗洞4道，飞槽6道	184	1869
昌润渠	215	退水渠1道，提水闸8道，退水渠1道	75.5	43.8
总计溉田数				2000.3

[资料来源：根据《宁夏省水利专刊》[21]整理]

在宁夏平原排洪不利或河水汇流的咽喉之地，堤防工程起到举足轻重的作用。平罗城位于宁夏平原地势最低的北部区域，当黄河流量超过4000m³/s时，惠农、昌润两渠之地就有被河水淹没的可能性[5]。为防止黄河泛涨淹漫渠系、农田和村庄，清政府沿惠农渠和昌润渠以东修筑了两道防洪长堤。清《乾隆宁夏府志》记载，惠农渠东岸的旧长堤自王泰堡（今永宁县南王太堡）至平罗县石嘴口，长"二百五十里"；乾隆五年（1740年），在旧堤西侧加筑一道新堤，新堤从王泰堡延伸至贺兰山坡，总长"三百二十里"[18]。乾隆八年（1743年），昌润渠长堤建成，其自通澄堡至石嘴子，长约"一百二十里"[22]，可保障"堤内之田永享安澜之利"[23]。

清代平罗城位于唐徕渠与惠农渠纵横交织的渠网中。在空间上，唐徕渠与城邑的空间关系更为密切，其自城南向北环城而过，形成弓形将平罗城环抱于大弯之内（图12-6）。唐徕渠及其支渠为平罗城的生活用水及城壕蓄水提供充足水源。从水网结构上而言，唐徕渠渠系与护城河构成了平罗城的双层水网体系，形成了渠水环绕、城水交融的空间格局。护城河"周回五里有余"[13]，城河两岸栽植高大的杨、柳等，点缀了近郊风景。

平罗城人工水网的风景化表现为围绕渠庙桥梁所营建的城郊公共空间和护渠林景观（图12-7）。

明代，当地军民在唐徕渠各段共建3座龙王庙，其中一座位于平罗城北郊的唐徕渠尾闸处[20]。围绕渠系建造渠庙的传统被保留下来，在惠农、昌润二渠落成后，修渠官员也在两渠渠口各建起1座龙王庙[9]。围绕渠庙，一般还营建水廊、设立碑亭、栽植树木，营造以渠庙为中心的水利祭祀公共空间，民众不仅在此处祭拜水神，还开展各类乡村公共事务。

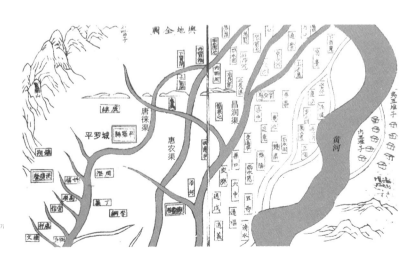

图12-6 清代平罗城城水空间格局
[图片来源：改绘自清《道光平罗纪略》[17]卷首《平罗舆地全图》]

第十二章 北关锁钥——平罗

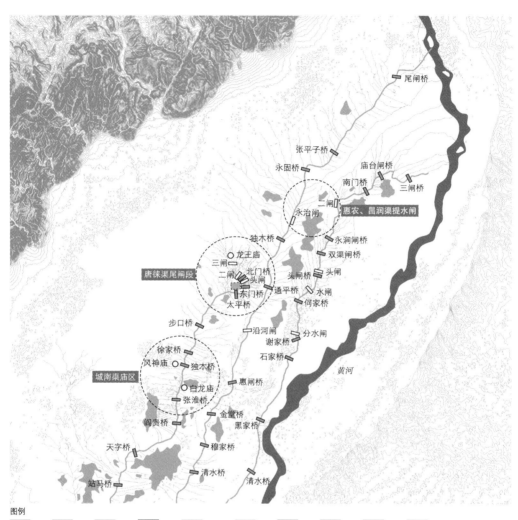

图12-7　清代平罗城人工水网下的近郊风景布局图
[图片来源：根据《宁夏省水利专刊》[21]中《宁夏全省渠流一览图》绘制]

　　清代，随着平罗城四郊的灌渠增多，桥梁数量也从明代的5座增加至24座之多[13]。重要桥梁处常修建寺庙、亭楼，栽植杨、柳、桃等植物，各景观要素互为映衬、融为一体（图12-8）。因桥梁处风景优美而多为文人题咏，如清末"平罗八景"之一的"官桥烟柳"，便展现了平罗城南门外太平桥一带的优美景致，清《道光续修平罗记略》收录了多首有关"官桥烟柳"的风景诗：

（a）南门外太平桥　　　　　　　（b）太平桥廊房　　　　　　　（c）黄渠桥

图12-8　民国时期平罗城郊的太平桥与黄渠桥
[图片来源：引自《影像平罗》[14]]

"跨岸虹通砥道平，绿杨莘莘水盈盈……桥上轩楹带画栏，林阴羃历嫩于烟。""渠流跨土梁，水田飞白鸟。""桥槛檐楹照水新，两行杨柳画中春。"[24]

清末至民国时期，平罗城的商贸逐渐繁盛，许多桥梁处于交通要道的关键位置，其桥头空间往往成为商贸集散、人烟辐辏的重要场所。如平罗城东的惠农渠黄渠桥，是宁夏平原北上河套的必经驿站，随着商贸的发展，黄渠桥的桥头一带逐渐形成了繁荣的"南北大街"，民国时期，该地已集聚形成聚落[14]，即为今石嘴山市黄渠桥镇的前身。

自西夏以来，宁夏平原就保留着沿渠种树的传统。当地人深刻认识到，护渠林"盘根可以固湃，其取材亦可以供岁修"[22]，具有保持水土的实用功能。于是，从政府到民众，都十分重视干渠两侧护渠林的培植。清代，唐徕渠两侧的树木十分茂盛，至民国时期，渠身两侧"仍扶疏在望"[21]。惠农、昌润两渠落成后，清政府亦号召民众在两渠两侧栽植杨树、杨柳，惠农渠"夹植垂杨十万余木"[22]，昌润渠"两旁俱插柳秧、资其根力以固湃岸"[22]"夹岸千株树绿杨，烟云掩映何苍苍"[9]。大规模的护渠林，促使平罗城四郊形成了农田、渠道和林带相互交织的独特风景。

第四节　锦岭西屏、秀谷藏幽的远郊景观

平罗城西临贺兰山，东近黄河，城邑的山水形胜为：

第十二章 北关锁钥——平罗

"贺兰背于西北,黄河面于东南"[8]"地势平旷,土脉蜿蜒。背山面河,溁洄环抱。高关耸峙于河北,昌润缭绕于城南"[25]。

城西60里处是贺兰山的中段至北段(表12-2),此段山体宽20~50km,海拔在1500~2000m,少数山峰的海拔超过2000m,如白石房子山(2724.8m)、汝箕沟山(2451m)、大山头山(2284.7m)、黑白岭山(2265.7m)、黑水沟山(2227.8m)、韭菜沟垴子山(2058.7m)[26]。总体而言,山势较缓,局部陡峭,其山脊线自南向北曲折而断续,隐没于乌兰布和沙漠之中。此外,中段至北段贺兰山有大小沟谷27道,主要的7条大沟谷由南至北依次为大水沟、小水沟、汝箕沟、小风沟、大风沟、归德沟和大武沟[26]。大沟谷平坦宽阔,多为宁夏平原通往内蒙古阿拉善高原的天然通道,也是明代设置军事防御工事的重要区域[27]。

平罗城周边山体及其景观　　　表12-2

名称	位置	记载和描述
贺兰山	城西北35km	主山北段有山峰35座,东麓主要山峰10座
黑山	城北173km	贺兰之尾,"形似虎踞,饮河扼隘"
石崖山(今桌子山)	城东北81km	贺兰支山。"崖上自然有文,若战马之状,灿然成著,类图焉,故亦谓之画石山"
老虎山(今五虎山)	城北104km	贺兰支山。"自老虎山而西,为长流水、蒲草泉等险,距宁夏卫数百里,皆可收为外险"
石嘴山(今红崖子)	城北52km	"山石突出如嘴"

[资料来源:根据《道光平罗记略》[28]整理]

平罗城周边水系由黄河干流、贺兰山季节性山沟汇水以及平原洼地湖沼组成。黄河在平罗城段属宽浅型,断面宽1000~3000m,水深3~6m不等[29],因这段黄河的河床比降较小,河中多河心滩、边滩,河汊密集,水流散乱。汛期来临后,河床加宽,河水常淹没滩涂。贺兰山东麓则发育出多条"西北—东南"向的沟谷,这些沟谷中多有季节性河流。受地形与气候的影响，季节性河流的水量变化很大，常在7～8月暴雨期出现洪水[29]。此外，平罗城四郊洼地形成天然湖泊与渠间泄湖：城西南29km的西大滩洼地湖是由古黄河道与地下水共同补给形成的[29]，其余人工湖泊则多位于唐徕渠、惠农渠、昌润渠三渠各支渠的渠尾处，面积较大湖泊有明水湖、康熙湖、陈家湖等[21]。

城邑的纵轴线以正南北向为基准向西偏转了约15°，呈西北—东南向，这是顺应贺兰山与黄河走向的结果，也体现了城邑对周边山峰的因借。在贺兰山与黄河共同定义的山水秩序中，平罗城具有背山面水的地理格局。城邑横轴向西南延伸，以贺兰山最高峰敖包疙瘩峰与中段的照北山为天阙意象，向东北延伸以黄河为终点；城邑纵轴指向西北向的贺兰山北段余脉，向东南延伸至灵盐台地（图12-9）。

此外，由唐徕渠、惠农渠、昌润渠及其支渠构成的灌溉水网补足了平罗城位于平原内部、近处无山水可借的形势缺失。唐徕渠支渠纵横交错，将平罗城环抱其中。在灌区尺度下，城邑三面临水，借助渠网形势获得"龙坑"之位，满足生存与防御需求。

平罗城山水环境的风景化集中在贺兰山东麓的各沟谷中，大武口沟是风景最为集中的沟谷之一。西夏时期，李元昊在此修筑皇家巡防的离宫及兵营等，遗址台基至今尚存[30]。明代，为抵御蒙古鞑靼部通过大武口进入宁夏平原，明政府自大武口南的枣儿沟起向东修了一道"四十里长"[8]的高大边墙，"高二丈，厚二丈"[8]，清代以后，这座雄伟的北边墙成为平罗城北郊的一处重要的人文胜迹。

清代，宁夏平原的政治军事环境较为稳定，贺兰山再次成为城郊重要的风景区。如韭菜沟口山势逶迤，古树苍劲繁茂，环境清幽，有三眼清泉，水源丰沛[9]。清康熙四十年（1701年），当地人在此新建北武当寺[14]（图12-10），其依西侧山麓而建，布局高低错落，前后有致；寺庙坐南朝北，由四进院落组成[9]，经过数次增建，如今寺庙的建筑面积已达4300m^2 [5]。北武当寺风景优美、香火鼎盛，每

第十二章　北关锁钥——平罗　　247

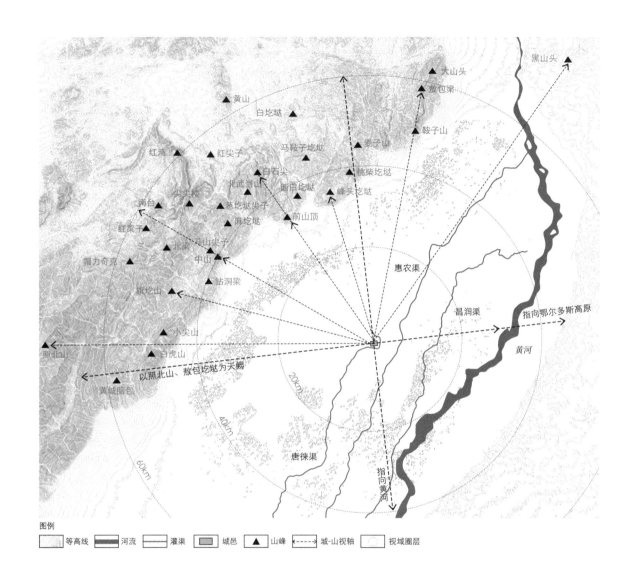

图12-9　明清平罗城山水形胜分析图
[图片来源：作者自绘]

到庙会时节，当地男女老幼前往祭祀[9]。清代以来，平罗"八景"收录了"北寺清泉"一景，清人记述了北武当寺清幽的环境：

"梵呗香花，于斯为盛。绀宫琳宇，自古为昭"[9]。

"风迴溪涧响泠泠，闲倚僧寮洗耳听。不见飞来峰落翠，置身恍在冷泉亭。爽气西腾佛座前，慈云宝月近诸天。暗弹杨柳枝头露，滴作山僧煮茗泉"[9]。

图12-10 韭菜沟口北武当寺现状
[图片来源：引自《影像平罗》[14]]

第五节 平罗城的"八景"意象体系

平罗"八景"萌芽于明代，成型于清道光时期。平罗"八景"包含山岳景致、黄河渡口、山林佛寺、军事防御、水利设施和城邑建筑六类（表12-3）。

平罗"八景"的空间分布特征是：一，"八景"集中于城郊，涵盖了远郊与近郊两个圈层，远郊景观包含山岳景致、黄河渡口、山林寺庙和军事防御4类，其中又以贺兰山东麓为景观汇聚之地，近郊景观则以水利设施和城邑建筑为主；二，远郊景观的分布集中于平罗城的西侧与北侧，近郊景观则分布于城邑的南侧、东侧，总体而言，平罗城的"八景"以西北郊一带为最多（图12-11）。

平罗"八景"大多是自然景观与人文景观的结合，主要有三类。一是以山形山势和山岳气象为主要表现对象的自然景观。如"贺兰夏雪""虎洞归云"二景是贺兰山山巅之雪终年不化的特殊景观，以及山势与气候结合所致的仙境意象。二是以河流、清泉、植

第十二章　北关锁钥——平罗

平罗城"八景"分类与景观提炼　　　　　表12-3

类型	八景名称	位置	景观描述
山岳景致	贺兰夏雪	贺兰山	山中四时多雪
	虎洞归云	城西北白虎洞	连亘贺兰，山间白云缭绕，远观如仙境
黄河渡口	磴口春帆	城北磴口渡	帆船往来，斑斑点点
山林佛寺	佛寺清泉	北武当寺	有泉三道，自地溢出，水清且冽
军事防御	边墙晚照	明北边墙	城北一带颓垣，古边墙迹
	马营远树	镇远关南的黑山营	地处山坡，树木葱郁
水利设施	西园翰墨	城外西南树林中的亭榭楼阁	亭榭高耸，树木荫浓
	官桥烟柳	永安门外太平桥	—
城邑建筑	傑阁层阴	城外东南的文昌阁	文昌阁临唐徕渠，杨柳参天，携榼凭栏，倏然意远

[资料来源：根据清《道光平罗记略》[24]整理]

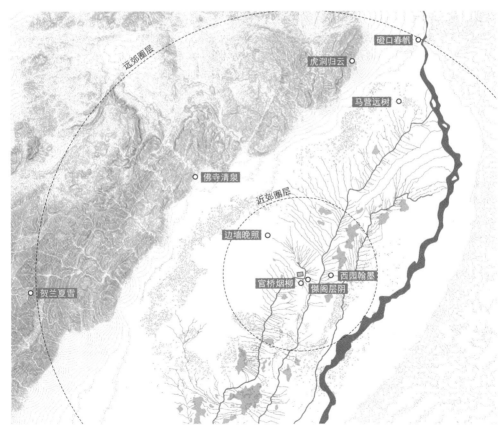

图12-11　平罗城"八景"分布图
[图片来源：作者自绘]

被等自然景致与渡口、寺庙、营堡、桥梁、楼阁等人文构筑物相结合的景致。平罗"八景"中大多景致都属于这一类,在特定的自然环境下,构筑相宜的人工设施,组合形成了具有代表性的地域景致,如"磴口春帆""佛寺清泉""马营远树""西园翰墨"和"官桥烟柳"。三是以标志性的人工建构筑物为载体形成特殊人文景观。如"边墙远照"以平罗城西北的明边墙遗迹为表现对象,具有强烈的怀古含义;"傑阁层阴"则遴选了平罗城最具标志性的文风建筑——文昌阁,展现其层叠耸峙、楼水相映的景观特点。

参考文献

[1] 鲁人勇,吴忠礼,徐庄.宁夏历史地理考[M].银川:宁夏人民出版社,1993.
[2] 国家文物局.中国文物地图集:宁夏回族自治区分册[M].北京:文物出版社,2010.
[3] 牛达生,许成.贺兰山文物古迹考察与研究[M].银川:宁夏人民出版社,1988.
[4] (唐)李吉甫.元和郡县图志·卷四·关内道.
[5] 平罗县志编纂委员会.平罗县志[M].银川:宁夏人民出版社,1996.
[6] (明)李贤,彭时.明一统志·卷三七·宁夏卫.
[7] (清)佚名.嘉庆平罗县志·城池.
[8] (明)胡汝砺,编.管律,重修.嘉靖宁夏新志·卷一·北路守备.
[9] (清)徐保宁.道光平罗记略·卷八·艺文.
[10] (明)杨寿.万历朔方新志·卷一·城池.
[11] 平罗县文史组.平罗文史资料(第七辑)[M].平罗:宁夏回族自治区平罗县委员会,1994.
[12] (清)张金城.乾隆宁夏府志·卷二·地里.
[13] (清)徐保宁.道光平罗记略·卷二·建置.
[14] 平罗县档案局.影像平罗[M].银川:宁夏人民出版社,2016.
[15] 平罗县文史组.平罗文史资料(第二辑)[M].平罗:宁夏回族自治区平罗县委员会,1985.
[16] (民国)王之臣.朔方道志·卷五·建置下.
[17] (清)徐保宁.道光平罗记略·卷首.
[18] (清)张金城.乾隆宁夏府志·卷八·水利.
[19] (清)徐保宁.道光平罗记略·卷五·祠祭.
[20] (清)张金城.乾隆宁夏府志·卷五·建置.
[21] (民国)宁夏省政府建设厅.宁夏省水利专刊[M].北京:北平中华印书局,1936.
[22] (清)张金城.乾隆宁夏府志·卷二十·艺文三.
[23] 刘建勇.宁夏水利历代艺文集[M].郑州:黄河水利出版社,2018.
[24] (清)张梯.道光续增平罗记略·卷五·艺文.
[25] (清)徐保宁.道光平罗记略·卷一·形势.

[26] 李学军. 时空岁月——贺兰山的根与魂[M]. 银川：宁夏人民出版社，2017.
[27] （明）杨寿. 万历朔方新志·卷二·外威.
[28] （清）徐保宁. 道光平罗记略·卷一·舆地.
[29] 石嘴山市志编纂委员会. 石嘴山市志[M]. 银川：宁夏人民出版社，2001.
[30] 汪一鸣. 宁夏人地关系演化研究[M]. 银川：宁夏人民出版社，2005.

第十三章 宁夏平原传统城邑景观特征

宁夏平原的传统城邑景观以区域山水为骨架,以灌区水网为基底,融入人文情怀,形成了包含城市、灌区、山水三个层级在内的城郊一体的邑境景观综合体。

城邑变迁规律

银川、中卫、灵州和平罗4座城邑发展历程各异(表13-1),大多在明清时期达到稳定。

4座城邑的城池变迁历程　　　　　　　　　　表13-1

城邑	迁城次数(次)	迁城过程	筑城次数(次)	筑城过程
银川	1	唐仪凤二年(677年),西汉旧城被黄河冲毁,迁移至黄河西岸今银川兴庆区位置	7	西汉北典农城→大夏饮汗城→北魏隋唐怀远城→西夏国都兴庆府→元宁夏府路→明宁夏镇城→清宁夏府城
中卫	1	地区统治需要,城池迁至东侧平原今中卫沙坡头区位置	6	隋唐丰安城→西夏至元应理城→明正统中卫城→明天顺中卫城→明万历中卫城→清中卫城
灵州	3	黄河改道,城池3次迁移至今灵武市老城区位置	5	西汉至元灵州城→明洪武灵州城→明永乐灵州城→明宣德灵州城→明弘治灵州城
平罗	2	地区发展与军事防御需要,先由廉县城向其东南迁移至定远城,后再向北部迁移至今平罗县位置	4	西汉廉县城→唐宋、西夏、元定远城→明平虏城→清平罗城

[资料来源:根据《银川建城史研究》[1]《中卫县志》[2]《灵州治城的变迁新探》[3]《平罗县志》[4]整理]

银川城"一迁七筑",城邑的发展历史可追溯至西汉;经过北魏至唐宋的稳定发展,城邑从管理屯田的典农城逐渐发展为西北边陲的小镇[1];西夏时期是银川城的快速发展期与繁荣期;明清时期,城邑发展进入了稳定发展阶段。

中卫城自隋唐筑城至明代,始终具有强烈的军事防御色彩,城池"一迁六筑"。明万历以后,城池的规模逐渐扩大,格局基本稳定[2],清代为中卫城的发展盛期。

灵州城的建城历史最为悠久,自西汉至明洪武时期的1500多年间,灵州城在黄河的河心洲上稳定发展;明代中后期,黄河东徙频繁,灵州城因遭受河患被迫迁移了三次,于明宣德时期才形成了城址稳定的"灵州新城"[3];清至民国时期是其重要的发展时期。

平罗城一带虽在西汉时期就有县城建置,隋唐宋元时期又设立定远城[4],但直至明代才形成了稳定的行政建置和城池形态,其发展历史相对较短。明清时期是其主要的发展期,城池营建受明代卫所军城的影响较深。

纵观宁夏平原4座城邑的发展历程,渐进和突变是城邑历史变迁的两大特点。一方面,在相对稳定的政治、军事环境下,城邑根据地区发展需求而拓展,城邑的发展脉络基本与中原城邑的一般发展规律一致;另一方面,政治军事环境的变化、自然环境的影响极易造成城池的迁移、重建和扩建。以银川城为例,各因素在城市发展的不同阶段分别扮演了重要角色,如唐时黄河改道造成银川城的城址迁移;西夏的统治使银川城从边陲小镇迅速发展为西北地区的中心城市之一;明代的军事防御需求推动了银川城的城防建设;清代安定的政治军事环境,使银川城的文化与经济得到迅速发展。各时期的主导因素在城市演进中起到突变式的推动作用。

城内景观特征

城池方整,防御鲜明

4座城邑规模大小不一,但均为方形或矩形的规整形态(图13-1)。主要原因是宁夏平原的城邑大多位于地势平坦的川区,城池形态受地形变化的影响非常小,城墙走向能够完全按照横平竖直的筑城范式

图13-1 4座城邑的城池形态对比
[图片来源：作者自绘]

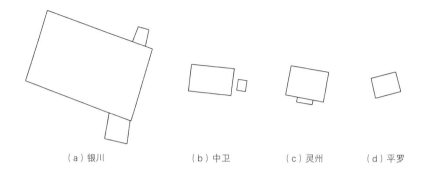

(a) 银川　　　　(b) 中卫　　　(c) 灵州　　　(d) 平罗

修筑，包括明清时期新建的关城，依然延续着方整的形态。

与中原地区的城池相比，4座城邑的军事防御设施十分突出，表现为城坚池深、雉堞密布、楼台高悬。表13-2对比了清代各城邑军事防御设施的规模，数据表明[5]：4座城邑城墙厚度均在8m左右，高度亦在8～10m；城壕深阔，灵州、平罗2城的护城河宽16m，银川、中卫的护城河宽度也近10m；各城城门外均设瓮城，城墙上修筑楼台建筑用以瞭望，还有密布的垛口用作战守设施，处处体现出边塞城池强烈的军事防御色彩。

清代4座城邑的军事防御设施规模对比　　表13-2

城邑	城周规模（m）	城墙（m）		城壕（m）		城门（个）	瓮城（座）	关城（座）	城楼（座）	角楼（座）	敌楼（座）
		厚	高	宽	深						
银川	8640	8.0	7.7	9.6	3.2	6	6	2	6	4	12
中卫	3283	8.0	7.7	9.6	3.2	3	3	1	3	3	8
灵州	4493	8.0	9.9	16.0	3.2	4	4	1	4	4	4
平罗	2577	7.7	7.7	16.0	2.6	2	2	—	2	4	8

[资料来源：根据《乾隆宁夏府志》[5]整理]

轴线纵横，武备文荫

4座城邑在城景营造中逐渐形成了横纵垂直的城邑轴线，与方整的城市形态和规则的道路系统相适（图13-2）。轴线可分作两类：以银川、灵州为代表的一横两纵式轴线和以中卫、平罗为代表的十字式轴线。城邑轴线多以道路骨架为基础，城楼、城门、钟鼓楼和

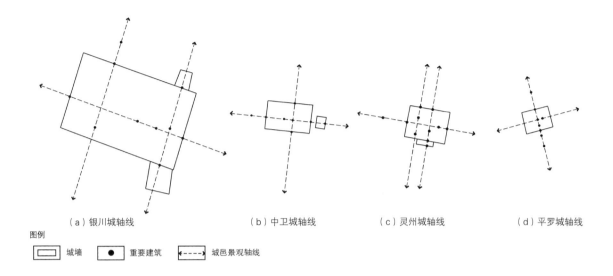

图13-2 4座城邑主要轴线对比
[图片来源：作者自绘]

佛塔、寺观等作为节点，并随着城邑的建设而逐渐凸显，起到划定城邑功能区、凸显文风教化、彰显城邑精神和引导城邑发展的重要作用。

城邑轴线的塑造蕴含着关照防御安全和塑造人文化育的人居营建智慧。城邑主轴常为城内通衢，其连通城门、城楼和鼓楼，各节点建筑常具有一定的防御功能，彰显了"修武备"的城市氛围。通衢上设立牌楼，通衢两侧集中分布着县署、书院、文庙等政治文教类建筑，点染出城邑主轴的文风内涵。城邑的次轴线串联主要的精神空间，常以寺观、佛塔、园林等作为轴线节点，也体现出城邑在"显文荫"方面的着力营建。

塔楼起伏，寺观密集

4座城邑内营建了许多文风、宗教类的楼阁建筑，如鼓楼、文昌阁、魁星楼、尊经阁、玉皇阁及佛塔等（图13-3）。高低有致的台楼阁塔构成了起伏互望的观景视线，为城邑的景观增添立面层次。

鼓楼通常位于城池的通衢中央，与城门相对，常是举办宗教祭祀与庙会集市的重要场所，鼓楼及周边空间承载着城邑丰富的文化生活。寺观和佛塔一般位于城隅幽偏之地，许多寺观建筑还与城墙结合，形成层层迭起的建筑群，如中卫高庙、灵州高庙等。文风建筑一般位于城池一角，如文昌阁、魁星楼，多有补风水、兴文风的

图13-3　4座城邑的台楼阁塔分布对比
[图片来源：作者自绘]

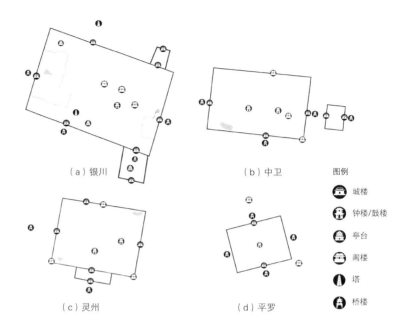

作用。各类建筑高低起伏，与宁夏地区的平顶民居建筑群形成了鲜明对比，打破了城中较为平直的天际线（表13-3）。

4座城邑的寺观坛祠数量众多（表13-4）。因五方杂居，宗教信仰多样，又受儒释道和伊斯兰教的影响，城内多佛寺、道庙、庵庙和清真寺，宗教活动频繁。坛祠数量在明清时期逐渐增多，由此衍生出多种城市宗教活动，如供奉神仙、祭祀鬼神、祭奠祖先、讲经布道等。宗教祭祀影响了4座城邑的城市文化，大量寺观坛祠的兴建，也在一定程度上凝聚形成地方共识。

明清至民国时期4座城邑主要景观建筑对比　　　　　　　表13-3

城邑	楼	阁	亭、台、宫、塔
银川	鼓楼、谯楼、财神楼、四牌楼、马神楼	玉皇阁、东奎阁、西奎阁、尊经阁	无量台、北斗台、承天寺塔、海宝塔
中卫	鼓楼2座、牌楼6座	玉皇阁、藏经阁、奎星阁	文昌宫、万寿亭、城隍亭
灵州	鼓楼2座、牌楼、更楼	文昌阁	万寿宫
平罗	鼓楼、牌楼2座、	玉皇阁、文昌阁	—

[资料来源：作者绘制]

第十三章　宁夏平原传统城邑景观特征

明清时期4座城邑的寺观坛祠数量对比　　　表13-4

城邑	佛寺（座）	道庙（座）	清真寺（座）	坛庙（座）	总计（座）
银川	16	4	2	23	45
中卫	11	17	—	4	32
灵州	3	11	1	7	22
平罗	4	13	1	4	22

［资料来源：作者自绘］

湖塘散布，景观多样

宁夏平原虽地处西北，气候干旱，但因黄河改道及人工水利的开发，城周的湖泊星罗棋布，城内也有众多湖塘（图13-4）。城内湖塘有的是从城外灌渠引水汇集形成的，有的则是城内低洼处潴水而

图13-4　4座城邑湖塘分布对比
［图片来源：作者自绘］

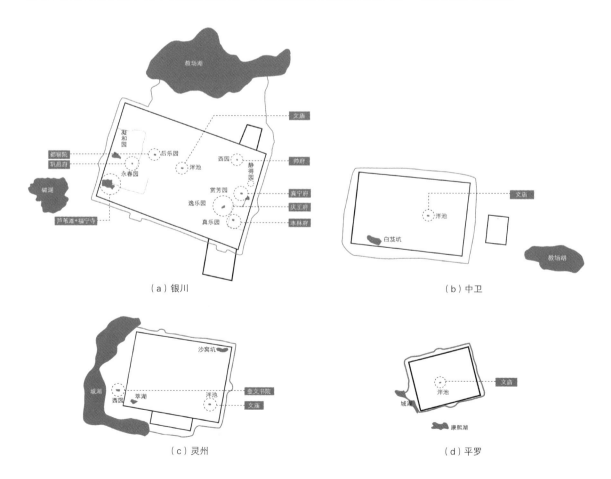

（a）银川　　（b）中卫

（c）灵州　　（d）平罗

成的。城中的大小湖池周围，常建亭台楼阁或营造园林。如明代，银川城的西北、东南的湖塘区营造了一系列的环水小园，较为著名的有凝和园、静得园等，城西北的湖沼区还建有清宁观、北斗台等；城中湖塘生长芦苇、蒲草等，为城邑增添了柔和的景致。

灌溉水网下的近郊景观特征

渠田林网，层层围抱

4座城邑均为灌区城市，渠系、农田和护渠林相互嵌合，层层环抱于城池之外。如将一条干渠的灌域看作一个子灌区，那么4座城邑位于多个子灌区的中部（银川城、中卫城）或尾部（灵州城、平罗城）。城邑外围纵横密集的渠道、平畴四望的农田和阵列的护渠林构成了主要的近郊景观（图13-5）。

4座城邑选址有一个共同特征——均紧邻一条干渠，如银川城西、平罗城东的唐徕渠，中卫北的美利渠和灵州城东的秦渠。除干渠外，城周边常常分布着数条至十数条支渠，它们与干渠组成了城外的人工灌溉水网，不仅浇灌农田，还为城市建设提供水源。城市水系与灌溉水网关系密切。以银川城为例，明代，渠水被引入城中，循绕城池，内外连通，形成了集供水、排水和景观为一体的城市水利，城市水系作为区域水系的一部分，具有多元的景观服务功能。

双层水系，环护城邑

在灌域这一中观尺度下，人工渠网常与城池形成"水抱城"的形态（图13-6）。水网在城邑周围呈现双层水网结构，内层水系是从渠道引水构筑的护城河，外层水系则是由干渠、支渠、湖泊串联形成的灌溉水网。4座城邑双层水系格局的营造，不仅是军事防御的需

图13-5 4座城邑外的灌区水系结构示意对比
[图片来源：作者自绘]

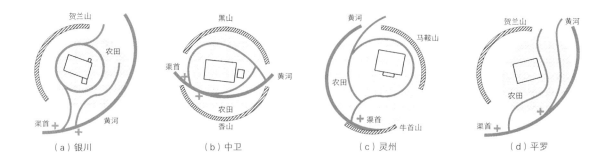

(a) 银川　　(b) 中卫　　(c) 灵州　　(d) 平罗

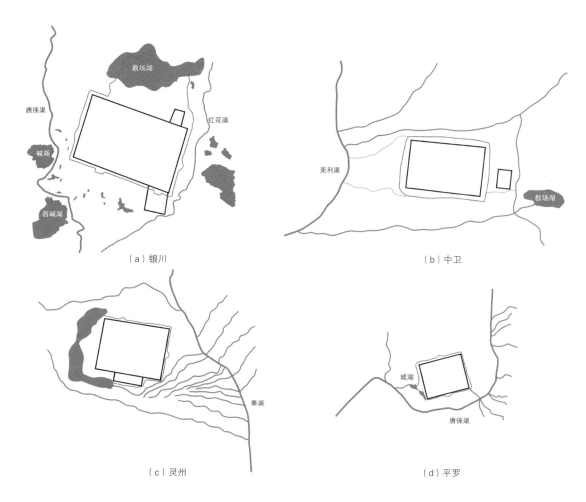

图13-6 4座城邑的双层水系对比
[图片来源：作者自绘]

要，也体现了对理想风水模式的追求：4座城邑地势低平，近处缺少山川围合，为追求"昆仑墟"的理想风水模式，通常借助近郊渠道形成围合的内向性空间，以弥补形势不足。

　　4座城邑的双层水系作为区域水系的重要组成部分，参与调节区域的水文安全。双层水系向内与城邑引水渠、排水沟相连通，向外与湖泊、干支沟以及黄河连通，发挥着灌溉、引水、排涝、防洪等重要作用，保证了城邑的生态安全。

　　4座城邑的护城河十分宽阔，受渠道供排调控而具有活水环流的特点，护城河两侧种植柳树，城邑掩映于葱郁之中。明清时期，各城护城河生长菱荇、莲花、芦苇等水生植物，形成了富有特色的近郊景观。

渠首桥梁，文景汇聚

城郊的重要水利设施和桥梁处，常是地区风景营造与人文诗化的汇聚之处。

渠首是地区水利祭祀与水利文化的中心，中卫城与灵州城围绕着渠首处的引水口、进水闸或迎水桥等，建造河渠龙神庙、龙王庙、观音庙等，用以举办一年两度的祭祀活动。在这些庙宇附近，还常营建水廊、栽植柳树桃花，形成公共空间。渠首处还设立水利碑亭，水利碑刻大多记述此渠开凿或疏浚等事宜、记载地区水则与修渠准则[6]，用以铭记水利社会的共同规范。银川城与平罗城分别位于唐徕渠的中部与尾部，其重要桥梁处也营建了龙神庙、暗洞庙等，展现了城郊丰富的水利景观。

桥梁常是城郊风景营建的另一个重要区域。各出城大道、大车道跨越护城河与渠道的桥梁通常为坚固优美的石拱桥，桥头建风景亭，栽植树木，形成重要的公共空间与商贸集散地，如银川城西门外的官桥、平罗城南门外的太平桥等。

平湖成景，引水造园

宁夏平原的地质湖泊众多，后经历代持续的水利开发，渠尾处常潴水成泄湖，致使平原形成了渠湖串联的水系结构。银川平原中部的银川城一带的湖泊最为密集，古有"七十二连湖"之称；灵州城东南一带也有巴浪湖等十几个大小湖泊；中卫和平罗一带湖泊数量较少，但仍有临近城邑的湖泊，如中卫城东的教场湖、平罗城西的城湖等。

城邑外的湖泊以平远之景见长，湖边生长芦苇、蒲草等，可供渔业生产，其景观肌理不同于农田，观赏价值很高，为大漠孤烟的塞上地区增添了水乡情韵，各城的"八景"体系中均有以湖泊为主要表现意象的景观。

部分城邑利用丰富的湖泊资源建造园林。如明代银川城郊的金波湖、南塘等，都是在湖泊基底上改建而成的水上游园；丽景园、小春园则从金波湖及周边渠系中引水造园。各园林常以大面积的湖泊为中心进行向心性布局，凸显了以水为主景的西北江湖园的特质。

山形水势下的远郊景观特征

山川坐标，城随山向

中国古代对山川的崇拜形成"山川为尊、城次之"的营城理念，城邑方位大多跟随山川走向。4座城邑在营城实践中所参照的坐标体系便是由"贺兰山—黄河"所定义的山川坐标（图13-7）。贺兰山、黄河大致为西南至东北走向，大约沿正南北向朝东偏转了15°，因而，"西南—东北向为纵轴、西北—东南向为横轴"的坐标系便是区域营建的重要空间参考。4座城邑均以此坐标为基准，根据立地的山水环境稍加调整，形成大致相同的城池走向，山川坐标的影响几乎贯穿于城邑营建的各个阶段，发挥重要的定向作用。

山岳镇域，山城互望

贺兰山、香山、北山诸山是4座城邑营城的主要空间参照。城邑与山岳的关系分为两类：平原望山型与河谷临山型。山体对于平原城邑而言，具有屏障、围合的作用，常作为城邑的望山或镇山。不管山与城的物理距离如何，山岳都对城邑的方位、道路走向和轴线塑造起到强有力的控制作用，并形成特殊的山城互望视线轴（图13-8）。

营城实践中十分注重邑境主要山峰对城邑轴线的控制作用，重视两山对峙形成的"双阙"意象，并采取了以"双阙"间隙定城邑轴线的方法。银川城和平罗城属平原望山型，以贺兰山为坐山。银川城以贺兰山巴彦笋布尔峰和干沟岭形成的双阙来限定城邑横轴线，

图13-7 4座城邑的方位走向与山川坐标的对应关系
[图片来源：作者自绘]

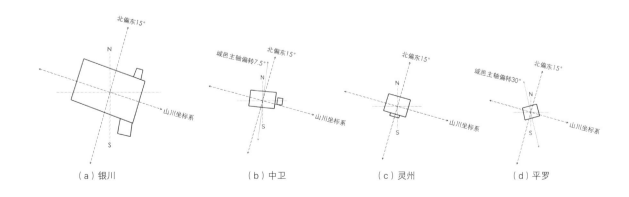

(a) 银川　　(b) 中卫　　(c) 灵州　　(d) 平罗

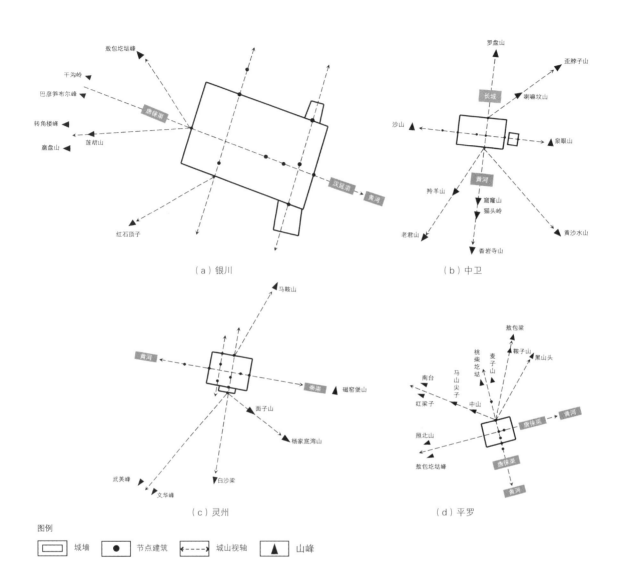

图13-8 4座城邑的山城互望视线对比
[图片来源：作者自绘]

平罗城则以贺兰山照北峰和敖包圪垯峰为"双阙"限定其横轴线。中卫城和灵州城属河谷临山型，城邑以北有低矮的镇山，南侧则以远山为朝岸，山城格局明确。中卫城位于四面围合的河谷平原，横纵轴线皆有山峰控制，以纵轴更为典型：纵轴向南延伸，穿过老君山与黄沙水山的"双阙"，直指香山最高峰香岩寺山。灵州城三面环山，一面临水，主要轴线与山体对位关系虽不显著，但城邑以马鞍山为镇山、牛首山为朝案的格局却十分清晰，武英峰与文华峰是城邑重要的"双阙"意象。

山川化育，寺塔林立

4座城邑所处的山水环境决定了城邑的选址、定向和营建方式，城邑的风景营建也突破了城墙的限制，延伸至山水之间，从而促成了邑郊的人文化育。宁夏平原的城邑营建是自然孕育人文而又以人文化育自然的过程。人们选择山口、山腰、河畔等水源丰沛、植被葱郁的地带建寺观、修佛塔、造石窟，在自然环境中点缀了丰富的人文景致。4座城邑的营建均以山水脉络的延续为出发点，追求整体形胜，又以人文的兴盛为最终归宿，体现了自然与人文相互交融的营城理念。

历代对银川城的山川化育实践主要集中在贺兰山东麓：西夏在多个山沟谷口修筑大规模的离宫别苑以及皇家寺庙、佛塔等，在贺兰山洪积台地修筑皇家陵园，将贺兰山的人文化育并入京畿总体规划建设中；明代则利用贺兰山构建山险墙，充分发挥了高大山体抵御外侵的重要作用，为贺兰山增添了一层坚固崇高的色彩；清代，贺兰山东麓的佛寺道观较多，山林之处是宗教活动频繁之地，贺兰山的人文化育更进一步。中卫城、灵州城和平罗城的山川化育成果体现为数量众多的佛寺、道观，其大多依山而建：中卫城的寺观集中在黄河南岸的香山，灵州城的山川风景则集聚于城东南的牛首山一带，平罗城的人文景观也集中在贺兰山东麓的七个大沟谷内。

渡口纵列，堤防布设

黄河两岸是邑郊风景营建的另一个重要区域。元代以来，宁夏平原的黄河水运十分发达，黄河两岸靠近城邑的区域，设置了多座渡口和码头，后续发展为村落、风景点和风景带。另外，黄河银川平原段较易改道，在其上游段和下游段，分别设置了大规模的堤防工程，堤坝长数百丈，构成了地区特有的黄河水利景观。

城境意象体系特征

4座城邑的"八景"可分为山岳型、河湖型、渠田型和建筑型四类，四类景观均为自然景观与人文景观的交叠共融。从"八景"的分类统计结果来看（表13-5）：

"八景"大类以山岳型景观数量为最多，渠田型景观次之。山

4座城邑的"八景"意象分类统计（单位：个）　　　　表13-5

地区	邑境意象分类															
	山岳型				河湖型					渠田型				建筑型		
	气象	色彩	植被	建构	河势	湖泊	泉井	船渡	舟楫	渠系	桥渡	园林	农田	遗迹	楼塔	寺观
银川	1	—	1	—	1	2	—	1	—	2	1	3	—	1	4	2
中卫	5	1	—	3	—	1	1	1	1	2	1	—	1	—	—	—
灵州	3	—	1	—	—	1	—	1	—	—	1	—	—	—	1	—
平罗	2	—	—	1	—	—	1	1	—	1	1	1	—	1	1	—
小计	11	1	2	4	1	4	2	3	1	6	3	4	1	3	6	2
总计	18				11					14				11		

[资料来源：作者自绘]

岳型这一类别中又以表现山岳气象的景观最为丰富，如"贺兰晴雪""羚羊夕照""牛首飞霞""虎洞归云"等，而山岳的人文化育类景观也有一定的数量，如寺观、石窟、遗址等；河湖型以湖泊和船渡的意象为最多，着重表现宁夏平原湖泊众多和黄河水运繁忙的地域景观；渠田型中以渠系景观为最多，桥渡也是重要的表现意象，桥渡还常与柳树并列出现，如"官桥柳色""官桥烟柳"；建筑类以楼塔意象最为丰富，遗迹也是城邑中的重要意象，代表了城邑景观的历史层积性、自然与人文的高度交融性。

4座城邑的"八景"在空间分布上均有明显的圈层性，各层景观在分布方位上各有侧重（图13-9）。银川城与中卫城的景观分布在各方位上较为均衡，灵州城的景观集中在西南方向，平罗城则以城北郊为最多。"八景"的分布与城市的规模及周边的山水环境有关。银川城的规模较大，城内景观丰富，占据了"八景"体系中非常重要的一部分；城郊景观中，渠田层的景观最多，尤以城西唐徕渠一带最为集中，山川层的景观则集中于城西北贺兰山与城东南黄河一带。中卫、灵州和平罗三城规模较小，"八景"体系缺少城邑层的景观意象。中卫城四面有山，山岳层的景观较为丰富；灵州城位于平原阶地，城周山体低矮，山岳层的景观相对较少；平罗城西北有贺

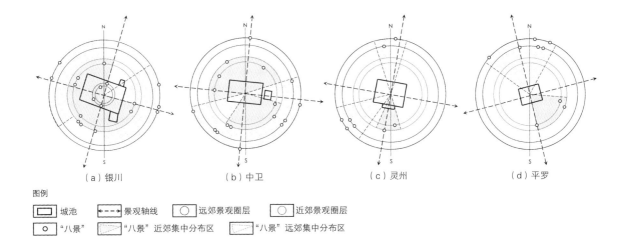

图13-9 4座城邑"八景"分布示意对比
[图片来源：作者自绘]

兰山，故"八景"多集中于城西北，包括了山岳景观与遗迹景观。

4座城邑"八景"提炼自城内外的重要景观，并以诗画艺术为表达途径。"八景"体现了地方文化的集成，也是地区诗化风景的集中展现。宁夏平原的"八景"文化自西夏时期就已萌芽，于明清时期得到广泛流传。当地文人以"八景"为题咏对象，通过诗词作品，对抽象的景观意象进行诗意创作与内涵扩充。各城的"八景"中，除了展现优美的自然景观与壮观的人文景观外，也突出了当地人的活动对区域环境所产生的影响。如明清方志中收录的大量八景诗中，较多地展示了当地的生活和劳作场景，可见"八景"的提炼，不仅是对客观风物的记录，更是情感外化的表征，将人们对土地的热爱和对富裕生活的追求整合为风土的一部分，经过时空的互动，精准地表达了地域风景的核心内涵。

"八景"诗画的广泛流传，丰富了城邑文化的底蕴，触发了地方的认同感，实现了文风教化，对城邑景观的在地实践形成推动作用。"八景"体系将一座城邑的主要景观凝练并留存下来，概括性地展现了城邑景观的变迁，也为当代城市传统景观的存续提供了重要的参照。

参考文献

[1] 洪梅香. 银川建城史研究[M]. 银川：宁夏人民出版社，2010.

[2] 中卫县志编纂委员会. 中卫县志[M]. 银川：宁夏人民出版社，1995.

[3] 艾冲. 灵州治城的变迁新探[J]. 中国边疆史地研究，2011，21(4)：125-133.

[4] 平罗县志编纂委员会. 平罗县志[M]. 银川：宁夏人民出版社，1996.

[5] （清）张金城. 乾隆宁夏府志·卷五·城池.

[6] （清）张金城. 乾隆宁夏府志·卷二十·艺文三.

下篇 宁夏平原传统地域景观的保护与发展

宁夏平原的传统地域景观是几千年来自然与人文交融互促的结果，其风貌特征的形成有赖于时间与空间的二元互动、制度与文化的共同作用。明清时期，宁夏平原的地域景观基本形成，包含了地表各要素耦合叠加的区域景观系统，也包含了城邑尺度下山水、灌区、人居相融合的城郊一体的城邑景观。

　　随着人类社会的转型与发展，地区的人居环境发生剧变，传统地域景观随之改变。本篇延续前述篇章，观察现当代的社会经济环境下，宁夏平原的地域景观有何变化；并根据古今差异，结合地区发展需求与目标定位，提出传统地域景观的保护与发展策略。

第十四章 宁夏平原传统地域景观的当代变迁

现当代以来，随着生产和交通方式的转变、现代水利设施的建设以及其他社会条件的影响，宁夏平原的地域景观产生巨变，具体表现为生态环境改变、水利系统变更、城市规模扩张以及传统景观消隐四个方面。

为适应现代社会的发展需要，区域内的水土资源、植被资源和矿产资源得到高度的使用开发。原本较脆弱的生态环境更为岌岌可危。现代水利工程以十分高效的方式满足了灌溉农业的生产需求，但改变了区域无坝引水的方式，原本的人工水网形态与空间格局随之改变，对城乡格局与灌区水利景观产生较大影响。随着城市规模的急速扩张，传统城市空间格局转变，上千年形成的城市轴线不再引导城市发展，以致新城风貌与旧城严重脱节，城市特色减弱。山水环境对城市建设的影响力式微，传统的城郊景观保护受到极大挑战，城郊一体的地域景观渐渐消隐。

第一节 生态环境改变

宁夏平原位于水蚀、风蚀的活跃地带，地区干旱且多风，导致环境的容量较低,生态的稳定度小,因而抵御自然灾害与人为破坏的能力十分薄弱,多数地区一旦遭到污染或破坏,就难以恢复如初。

民国时期,地区的垦殖与烧荒力度加大,导致土壤肥力下降,土壤沙化、盐碱化的现象日益严重。20世纪60年代以后,随着工业的发展和城镇人口的增加,大量固体垃圾、废水废气造成土壤、水源和空气的污染,其中,以水污染最为严重。宁夏平原的水体自净力差,尤其是在工矿集中的石嘴山和银川地区,以至于黄河、唐徕渠、湖泊和排水沟等水系都遭到了不同程度的污染。此外,化学农药也对水体造成严重污染,进而影响了农作物生长与渔业生产。2019年,宁夏回族自治区出台了一系列环境保护条例,涉及生态保护红线、河湖管理、农业农村污染治理,以期进一步完善宁夏生态文明建设的制度体系[1]。但在实际执行中,由于各部门分而治之,自然资源、生态环境、林业和草原以及农业农村、水利等部门还尚未形成合力,地区生态环境的根本性治理仍然任重道远。

宁夏平原位于干旱、半干旱地区,境内植被稀疏,森林面积较小,"木材向极缺乏"[2]。从明中后期开始,为了修建大量军事防御设施和民屋,贺兰山、香山浅山区的林木已经过度采伐,山地植被遭受了严重破坏。民国时期,贺兰山三关口以南、小松山以北"森林绝迹,仅生长灌木杂草,或竟岩石毕露……以致摧残过甚,大才甚少"[2],"贺兰山足迹易到之处,皆可见从前乱伐四至九寸之树木痕迹"[3]。20世纪70年代,浅山区的开山、采矿活动又进一步加剧了林线退缩、林分变劣和森林动物种类减少等山地生态恶化的情况。如贺兰山北段的汝箕沟等处,因无序采矿造成了山体的严重破坏,植被减少了近250km²[1],加剧了山体水土流失。2017年,宁夏回族自治区政府关停了所有露天煤矿,并对贺兰山生态环境着手整治,欲恢复地形地貌,开展植树增绿项目[4]。

第二节 水利系统变更

新中国成立后,陆续修建的现代大型水利设施从根本上改变了宁夏平原的引水方式,改变了渠系的结构和规模[5],也对地区的人居环境和风景营建产生了重大影响。

渠首景观改变

随着青铜峡、沙坡头两大水利枢纽落成,宁夏平原结束了两千多年的无坝引水方式。现代水利设施解决了各渠引水不稳定、渠道易淤积的问题,极大地提升了灌溉效益,并能更精准地调控各地区的生产、生活用水。但与此同时,青铜峡与黑山峡地区独一无二的传统渠首水利景观也几乎消失殆尽。

宁夏平原各渠首处的引水湃、退水闸、溢流闸堰、进水闸等水利设施的组合应用,是应对黄河特殊水文条件的在地性实践,蕴含着宝贵的水利、生态、景观、文化内涵,因为现代水利工程的取代而致使这些宝贵的水利遗产破败与湮灭,是非常令人遗憾的。此外,围绕渠首的水利景观和祭祀文化也不复存在。如青铜峡水利枢纽建成后,形成了近200km²的水库(图14-1),淹没了大量农田和村镇,以渠首为中心的乡村聚落格局被迫改变,而靠近唐徕渠、汉渠等渠首处的寺宇、堡寨和烽墩等遗址都消失在库区之中(图14-2),据统计,被淹没的寺观就有24座[5],其大多与水利祭祀有关,如青铜祠、龙神庙、河渠庙等。渠首文化景观的消失,削弱了传统乡村格局的

图14-1 青铜峡库区现状
[图片来源:作者自摄]

（a）民国时期一百零八塔与唐徕渠引水口

（b）一百零八塔附近遗址淹没在库区中

图14-2　一百零八塔附近的景观变迁
［图片来源：图（a）左由J. P. Koster. 摄于1938年，图（a）右由李鹏提供；图（b）由荣开远提供］

延续与灌区水利文化的传承，不利于传统乡村人居环境的保护发展和地域文化的弘扬。

渠系结构和规模嬗变

新中国成立后，宁夏回族自治区政府针对八大干渠的弊端进行整改（表14-1）：对输水不畅、易淤积泥沙的弯曲处进行裁弯取直；缩短部分渠系、减少部分渠段的支渠与陡口数量；改建重要水利设施，提高输水效益。尤其是在青铜峡水利枢纽落成后，河西、河东

新中国成立前后宁夏平原古干渠建设情况与规模统计　　　　表14-1

名称	改建措施	改建前规模	改建后规模	改建后水利设施
唐徕渠	①原正闸以上形成河西总干渠，引水口改为河西总干渠分水闸；②裁弯取直，合并陡口，缩短渠线；③修建潜水坝，增加了1倍的进水量；④改建进水闸、退水闸	渠长212km，溉田400km²	渠长154.6km，最大进水量160m³/s，溉田733km²	节制闸8座，退水闸12座，桥51座，暗洞19座，跌水1座，支斗陡口319座
汉延渠	①引水口改为原唐徕渠头道退水闸（关边闸）；②裁弯取直，改建退水闸，新建进水闸；③调整断面、比降、堤顶宽度	渠长120km，引水40m³/s，溉田171km²	渠长88.6km，最大进水量65m³/s，溉田360km²	进水闸1座，退水闸5座，提水闸与桥12座，桥梁30座，飞槽7座，暗洞5座，支斗陡口278座
惠农渠	①引水口改为原唐徕渠三道退水闸（汇昌闸）；②培高堤岸、改建阻水桥；③扩建渠段98.87km，并裁弯15处；④新建节水闸、退水闸10座	渠长184km，溉田189km²	渠长175km，口进水量85m³/s，溉田500km²	桥梁、暗洞、水闸、飞槽等建（构）筑物157座，支斗陡口529座
大清渠	①改建引水段，废弃原引水段，引水口改为唐徕渠进水闸6.5km处，在上桥处接入原渠道；②裁弯取顺，缩短流程；③新建渠口，改变渠线	渠长35km，溉田39.8km²	渠长25km，最大进水量23m³/s，溉田49.5km²	桥梁19座，水闸6座，暗洞5座
秦渠	①引水口改为河东总干渠分水闸；②裁弯35处，缩短渠线22km，延长渠尾段9km；③翻修节制闸、退水闸等主要水利建筑；④扩大渠身，增大流量	渠长73km，溉田124km²	渠长60km，进水量70m³/s，溉田267km²	桥梁49座，暗洞12座，水闸10座，飞槽2座，提水闸1座，支斗陡口145座
汉渠	①引水口改为河东总干渠分水闸；②裁弯3处，缩短3.89km，合并陡口41座，渠尾段延长；③将高闸张家小渠一段改道；④修建暗洞、节制闸等	渠长50km，溉田89km²	渠长44.3km，最大进水量42m³/s，溉田133.3km²	桥梁31座，暗洞18座，水闸7座，跌水5座，飞槽1座，支斗陡口128座
美利渠	①改建引水段，原渠口至姚家滩一段改建为北干渠总渠段；②新建进水闸、退水闸，结束美利渠无控制进水的历史；③加固迎水湃，新建分水闸；④拓展支渠，新建渡槽等	渠长77km，溉田120.6km²	渠长138.19km，渠口最大进水量40m³/s，溉田163.5km²	桥梁、暗洞、水闸、飞槽、支斗陡口等建（构）筑物651座
七星渠	①改建引水口和进水闸；②裁弯10多次，缩短渠线13km；③扩建涵洞，修建节制闸；④修建拦河滚水坝	渠长68km，溉田56.4km²	渠长87.6km，溉田156km²	桥梁15座，退水闸14座，节制闸3座，飞槽6座，暗洞5座，跌水6座，支斗陡口231座

[资料来源：《宁夏水利志》[5]《青铜峡市志：上》[6]]

灌区的渠系结构改变较大。一方面，两大灌区的多渠首制转变为一渠首制（图14-3），如唐徕渠的头道退水闸（关边闸）被改作汉延渠的进水闸，其三道退水闸（汇昌闸）被改为惠农渠的进水闸[6]，唐徕渠、汉延渠、惠农渠和大清渠的渠首被整合为一处；河东灌区

(a) 建设前: 青铜峡多渠首制无坝引水结构（1958年）

(b) 建设后: 青铜峡水利枢纽—渠首制有坝引水结构（2024年）

图14-3 青铜峡水利枢纽建设前后的渠首结构对比

[图片来源: 图(a)由李鹏提供, 图(b)作者自摄]

同样做了调整，原汉渠上游段被扩建为河东总干渠，秦渠、汉渠和马莲渠经过整合，由余家桥分水闸引水（图14-4）。另一方面，库区水位升高，引水更为便利，河西、河东灌区分别新开了西干渠、东干渠，以灌溉地势高亢之田。渠系结构与规模的改变，引发了灌区规模与农田开垦范围的变化，进而影响着乡村聚落的变迁与发展。

(a) 河西灌区的唐汉惠清分水闸

(b) 河东灌区的秦汉分水闸

图14-4 青铜峡河西、河东灌区的现代分水闸
[图片来源：作者拍摄]

农田肌理与农业景观变化

明清至民国时期，平原各级灌渠满足农田灌溉的需求，也划分出形态多样的农田肌理。新中国成立后，由于灌溉渠系大多被取直，农田也趋向更为规整的条田形态（图14-5）。此外，在适应现代化机械生产作业的同时，宁夏平原的农田肌理形态也产生了一定变化。

（a）水浇田旱作农业景观　　　　　　　　　（b）水田稻渔农业景观

图14-5　宁夏平原现代农业景观
[图片来源：作者自摄]

由于现代水利系统供水稳定，农作物的种植结构也有所调整。当地主要种植小麦、水稻等粮食作物，还间种油料、蔬菜等经济类作物，复种、套种的农田面积扩大[7]。由于水稻种植面积增加，水旱作物轮作的农田面积也有所增加，这使得平原农业景观的季节性变化更为丰富。

第三节　城市规模扩张

改革开放以来，城市化进程加快，近30年间，宁夏平原12个城市的规模快速扩张。根据《宁夏统计年鉴》的数据，截至2019年底，宁夏平原4市10县的城镇化率已达62.45%，银川市的城镇化率更是高达79.05%[8]。在城市建设用地的变化方面，以银川市为例，1988年，建成区面积为108.82km²；截至2020年，这一数据已扩大为194.74km²[9]。建成区面积的扩大对应着城郊耕地面积的缩减[10]，快速城镇化背景下城市的急剧扩张，对城市原有风貌及周边农田、风景系统造成较大破坏。

城市风貌变化

"文化大革命"期间，4座城邑的大多城墙、城门都被拆除，目前的保护修复工作不容乐观：中卫、平罗两城的城墙、城门彻底不存；银川城西北角的古城墙因作为中山公园的围墙而得以保留，但也已残破不堪；灵武市仅保留了灵州古城西北隅的一段城墙，修复情况不尽如人意（图14-6）。

（a）银川市明清古城墙遗址　　　　　　　　　　（b）灵武市明清古城墙遗址

图14-6　银川、灵武两市的古城墙遗址现状
[图片来源：作者自摄]

　　城市的快速建设和发展使古城失去了独特的风貌。一方面，在现代化建设浪潮中，除鼓楼和部分寺观建筑得以保留外，城内传统的楼阁建筑已大多不存。标志性建筑的消失，不仅弱化了城市的整体风貌，还使传统的城邑轴线不复存在，城市传统景观体系逐渐瓦解。另一方面，大体量现代建筑的拔地而起，忽视了城市建筑风貌的协调性，不仅影响了城市的天际线景观，还截断了山城互望的视线通廊。以银川市为例，明清时期，城内承天寺塔向西可望贺兰山，向北与海宝塔两塔对峙，且城中的东西视线通廊也畅通无阻。但如今再登上承天寺塔，西不能望连绵的贺兰晴雪，东不能见巍峨的海宝塔影，目之所及，只有杂乱不堪的天际线，不免令人怅然所失。古城的东西视廊也早已彻底消失在现代城市的钢筋水泥之中了，独特的城市印记再难寻觅（图14-7）。

图14-7　由承天寺塔西望和北望的现状
[图片来源：作者自摄]

（a）由承天塔向西望贺兰山　　　　　　　　　　（b）由承天塔向北望海宝塔

城水格局变迁

随着城市的扩张，中心城区扩大至原本的城郊地带，城市发展逐渐突破了双层水系的环抱。如银川、中卫、灵武等市的发展均朝黄河拓展，城水空间格局由原来的渠绕城周转变为城靠黄河、渠穿城过，许多干渠与城市建成区的空间关系十分密切（图14-8）。如，银川古城西郊的唐徕渠在西夏至民国时期，一直都作为城外水系，为银川城供给水源；而如今的唐徕渠已成为银川市内的一条水系，沿渠修建绿道，除作为灌溉干渠运输黄河水外，还成了银川市的一条重要景观水系，参与构建了城市的蓝绿系统（图14-9a）。

城市的扩张也使城周的灌溉水网密度急速下降。城郊的农田转变为城市建设用地后，许多支渠、斗渠失去灌溉作用而遭到废弃。废弃的水渠大多未得到更新，渠系周边成为城市的消极空间，在物理空间与心理距离上均阻碍了人的靠近。如，红花渠原为唐徕渠八大支渠之一，明清时期，红花渠自银川城东南经过，灌溉城东郊的农田，还为城内供给水源，是老银川记忆中一条重要的渠系；但随着城市的东拓，红花渠两侧的农田被开发为建设用地，红花渠的灌溉功能逐年弱化，直至被完全弃用；如今，渠内水系早已干涸，渠道周边污水四溢，景观破败（图14-9b），难以想象这条不起眼的土沟曾是银川城赖以生存的水系。诸如红花渠的废弃灌渠在平原各城市中并不少见，由于建设用地的扩张，城市与灌渠的关系似乎需要适应新的发展需求，也需为水系的新生寻求新的途径。

图14-8　灌渠与城市的空间关系
［图片来源：图（a）引自文献[11]，图（b）引自文献[12]］

（a）唐徕渠穿越银川市　　　　　　　　　　　（b）秦渠穿越吴忠市

（a）银川城区内的唐徕渠干渠

（b）银川城区内的红花渠渠道遗址

图14-9 银川城区内古灌渠现状
[图片来源：作者拍摄]

精耕土地减少

宁夏平原引黄古灌区所覆盖的区域，有着上千年的耕种历史，土壤肥沃且灌溉条件优越，是全区品质最优的精耕田。宁夏平原的重要城市都位于渠网密集的核心地带，城市扩张范围与古灌区范围高度重合。以银川平原为例，2000—2010年，城市建设用地扩张明显，其面积增加了322.6km²，其中有91.32%来自耕地转化；2010—2018年，增加的建设用地中有66.52%由耕地转化[10]。

由上述数据可知，随着城市建设用地的增加，平原正逐渐丧失最精华的灌溉农田，如果不转变城市的发展模式，作为遗产、生态和生产价值最高的独一无二的引黄古灌区将面临大幅缩减的风险，这对地区的经济、文化、生态的可持续发展而言，无疑是极大的威胁。

值得欣慰的是，2021年，宁夏回族自治区开展《宁夏回族自治区国土空间规划（2021—2035年）》的编制，在公示的征询意见稿中，提出对精耕农田进行严格保护：应划定永久基本农田的界限，积极推动永久基本农田储备区的建设，限定了城镇开发边界范围控制在2020年城镇建设用地的1.3倍以内[13]。2023年，该文件得到国务院的批复，其中的规划措施也将在未来的区域农业空间优化与精耕农田保护上起到关键作用。

第四节 传统景观消隐

"山水—人居"秩序失调

传统城市的营建在山水环境中展开，山水控制和影响着人居的建设，为人们提供生活和劳作的自然场所，也成为人们安放心灵的充满意境的家园环境。然而，在现代城市建设中，普遍忽视区域山水与城市间这种密不可分的物质与精神联系。山水脉络不再作为城市建设的空间依据，一地一城的山水特色式微，"山水—人居"秩序逐步瓦解。这样的局面正是城市地方特色缺失与城市胜境难觅的原因之一。

湖泊大幅缩减

历史上，宁夏平原的湖泊数量多、面积大。但随着气候干燥化、排水系统完善、农田垦殖规模加大，湖泊面积逐年缩减。

宁夏平原的自然湖泊具有生态、经济和美学的价值：地质类湖泊深1～3m，成湖历史悠久，是鱼类产卵越冬的场所[14]；贺兰山扇缘湖作为天然水库可滞蓄山洪，有保护地区生态安全的重要作用。但因气候的暖干化和过度的围湖垦田，平原的自然湖泊大幅缩减，1989—1999年的10年间，就有71.82km²的自然湖泊永久消失[15]，这对地区的生态环境保护、渔业生产和景观多样性来说，都是不小的损失。

人工泄湖的面积也有大幅缩减。新中国成立后，平原上新建了功能完善的排水系统，渠尾处的泄湖规模不再扩大；许多面积较大的泄湖还被排干后改建为农场，如连湖农场、西湖农场、巴浪湖农场等[8]，明清时期的"七十二连湖"景观不复存在。人工泄湖的锐减，可从两方面来看。一方面，人工泄湖大而浅，强烈的蒸发容易加剧土壤盐碱化，如将其适度排干，则有利于改良土壤、促进农业生产。另一方面，人工泄湖减少也会造成一些问题：第一，泄湖作为排水系统的一部分，起到延缓灌溉余水入沟的作用，随着湖泊的减少，平原排水完全依靠沟道，致使沟道排水压力增加，埋下了区域水安全的隐患；第二，当地在湖泊密集的土地上形成高地种田、滩地放牧、湖沼捕鱼的传统生产模式，湖泊的减少改变了土地利用的方式，使混合式的生产模式转为单一的种田模式，影响农业经济；第三，湖泊减少，影响了城乡小气候，改变了地景格局和乡村环境。因此，保留多少人工湖泊，如何在其中取得平衡以获得生态、生产的最大利益，是一个值得研究的问题，未来可作为湖泊保护工作的科学依据。

城乡景观衰败

现代工业发展及城市化进程加快，引发宁夏平原以自然山水为骨架、水网农田为基底的"城郊一体"传统城市景观产生巨变。现代城市在格局与规模上的变化，削减了古城的风貌特色。城市的楼阁亭台、寺观佛塔、园林湖塘大多已难觅踪迹，城中的借景视线也早已消隐于高楼林立之中，城中人再难望山见水。城外邑郊环境也发生了很大变化，山水林田渠湖与城市关系较为疏离，传统的水利景观与山水风景几乎消失殆尽。各城市缺乏对现代景观的有序规划与管理，更加缺乏对历史景观的保护、继承和发展。

随着灌溉水网的变迁、林地减少和传统农耕方式的没落，宁夏平原的乡村环境也发生了很大变化。首先，村周的湖泊面积大幅缩减，渠系密度降低，改变了"堡寨、渠系、果林、农田、道路为一体"的传统乡村格局与风貌（图14-10）；其次，村落建设步伐加快，配套设施缺乏，人居环境未得到实质提升，且同质化的村落建设，抹掉了珍贵的乡村景观基因；再次，乡村生活垃圾及生产污染，造成土壤、水系的严重污染，乡村的生态环境保护面临严峻挑战。

图14-10 宁夏平原乡村环境现状
[图片来源：作者拍摄]

（a）灌区内部较有序的乡村景观（沈闸村）　　（b）城市边缘无序混乱的乡村景观（红旗村）

参考文献

[1] 宁夏社会科学院. 宁夏生态文明建设报告（2020）[M]. 银川：宁夏人民出版社，2020.

[2] （民国）周之翰，梅白逵. 宁夏省新农政[M]. 银川：宁夏省农林处第二科，1946.

[3] R. W. PHILLIPS. R. G. JOHNSON. R. T. MOYER. 中国之畜牧[M]. 上海：中华书局，1944.

[4] 人民日报. 宁夏石嘴山市推进贺兰山生态修复——矿山复青山 愿景变美景[EB/OL]. （2023-03-27）[2023-10-18]. http://www.forestry.gov.cn/main/586/20230327/082645356502462.html.

[5] 《宁夏水利志》编撰委员会. 宁夏水利志[M]. 银川：宁夏人民出版社，1993.

[6] 青铜峡市志编纂委员会. 青铜峡市志：上[M]. 北京：方志出版社，2004.

[7] 宁夏农业志编纂委员会. 宁夏农业志[M]. 银川：宁夏人民出版社，1999.

[8] 宁夏回族自治区统计局，国家统计局宁夏调查总队. 宁夏统计年鉴2020[M]. 北京：中国统计出版社，2020.

[9] 银川市统计局. 银川市2020年国民经济和社会发展统计公报[ER/OL]. （2021-04-22）[2023-10-19]. http://www.yinchuan.gov.cn/sshc/ycgk/jjshfzqk/stjj/xxgkml_2517/tjxx_7670/tjgb_7671/202104/t20210422_2795968.html.

[10] 毛鸿欣，贾科利，高曦文. 1980—2018年银川平原土地利用变化时空格局分析[J]. 科学技术与工程，2020，20（20）：8008-8018.

[11] 七道阳光. 唐渠初夏[EB/OL]. （2017-05-16）. https://card.weibo.com/article/h5/s#cid=230418551d11890102y2lk.

[12] 宁夏日报. 千年古渠：流润千秋 惠泽至今[EB/OL]. （2023-11-24）. http://www.nxnews.net/zt/23zt/ssjwcqh/ssjwcyw/202311/t20231124-8729461.htm.

[13] 国务院公报. 国务院关于《宁夏回族自治区国土空间规划（2021—2035年）》的批复[EB/OL]. [2023-08-17]. https://www.gov.cn/gongbao/2023/issue_10686/202309/content_6902581.html.

[14] 汪一鸣. 银川平原湖沼的历史变迁与今后利用方向[J]. 干旱区资源与环境，1992，6（1）：47-57.

[15] 李文开，汪小钦，陈芸芝. 银川平原湿地资源遥感监测[J]. 宁夏大学学报（自然科学版），2016，37（1）：99-105.

第十五章 宁夏平原传统地域景观的保护发展路径

宁夏平原的传统地域景观系统，是古人在自然山水环境间生产与栖居之际，通过山川风物的自我观照，在凝练了生命与哲学的思考后，所营建形成的自然景观与人文景观交融共生的综合体。结合上一章的研究可知，宁夏平原的可持续发展面临威胁，其人居环境现状也仍有许多亟待提升之处。因此，充分发掘传统地域景观的营建智慧，并将其运用于未来地区的建设之中，将有利于改善城乡风貌格局、提升人居景观质量并丰富地区人文内涵。对宁夏平原传统地域景观的保护与发展，建议从以下四个方面展开。

第一节 存变协同，保护山水生态环境

先秦至宋元，由于土地开发强度与当地水土资源较为适配，地区人地关系保持着相对和谐的状态；自明清以来，由于不合理的农业开发以及人居营建强度的增大，山体、水系和植被均遭到不同程度的破坏，旱灾、黄河泛滥以及土地沙化等生态问题尤为突出。由此可知，环境容量较小始终是制约地区发展的关键因素，因此保护山水生态环境对于地区可持续发展、人居环境优化以及传统地域景

观的保护与发展，意义重大。

在山体生态环境的保护方面。贺兰山作为宁夏平原的重要山体，承担着生态安全屏障的重要作用，应尽力维持山体的生态平衡：推进贺兰山东麓矿坑的环境治理，对已遭受破坏的山体加以修复，防止水土进一步流失；推进山麓地区的防洪治理，为平原区构筑安全的生态环境[1]。此外，结合历史经验，应采取分区保护与开发的策略。贺兰山的生态保护与风景开发并不是对立的，山地不是不能染指的生态禁地，而应通过合理的分区开发实现活态保护。西夏时期，贺兰山多处山谷中修建了规模宏大的离宫，各大型宫殿群顺应山势布局，利用植被、水系等自然要素得景成景。党项人在保护山地环境的基础上，也开发了当地的风景，并将个体对生命、宇宙的哲学思考融入景观营造中，使得山林风景既具有物质表象，也富有精神内涵，优美的山地风景成为地方共同珍视的环境，山地生态的保护也成为共识。以此为借鉴，应对山地环境有序开发，坚持自然保护区、森林涵养区、山前戈壁区不开发的原则，减少对山地生态的扰动；同时对风景资源较好的地段进行适度开发，挖掘其景观价值。

在河流生态环境的保护方面。黄河的生态安全，不仅保证了宁夏平原赖以生存的水资源，也关乎黄河中下游地区的生态与人居安全，因此，保护黄河水系，是全流域的生存发展大计。应加大黄河水域的保护力度，明确保护范围，防止污染。2021年，宁夏回族自治区出台了《宁夏回族自治区河湖管理保护"十四五"规划》，该规划在以往"修复水生态、防治水污染、治理水环境、管理水资源"等措施的基础上，进一步提出建设河湖的生态保护体系、智慧管控体系、法治监管体系和社会管理体系四大支撑系统[2]，为推进黄河生态的整体性、系统性、智慧性保护奠定了基础。在此基础上，应加大滨河带的整治与生态化建设、重视水生态空间的分区管控；应利用河道水生态带、滩涂湿地生态带的建设，加强黄河滩区治理，塑造滩河林田草交融共生的沿黄绿色生态带[1]；应开展水利风景区与水美乡村的建设，从河湖系统的源头和末端把控流域综合整治，并建设黄河水文化传播平台；应推进河湖管理的智慧性、法制性与社会性，进一步健全河湖管理机制。

此外，还应强化森林、湖泊、湿地、沙漠和地质遗迹等重要自然景观资源的保护，其中，尤以灌区景观资源的保护最为关键。护渠林网与湖泊是灌区自然景观中重要的组成部分，两者可提升地区生态安全，促成渠湖串联、林田交织的地域景观。在当下的国土空间规划中，应扩大护渠林网的规模，继续增加灌区的林木种植；应加大对湖泊的保护与治理力度，控制其自然消亡过程并进行科学利用，而对已经开发为旅游资源的湖泊，应加强对其的生态监管。

第二节 活态保护，强化灌区复合功能

在生态文明建设导向下，宁夏平原引黄古灌区的生态和文化价值正在被重新认识。2017年，宁夏引黄古灌区入选世界灌溉工程遗产名录，成为黄河干流上的首个灌溉工程遗产[3]；2020年，正式实施《宁夏回族自治区引黄古灌区世界灌溉工程遗产保护条例》[4]（下文简称《保护条例》），灌溉遗产的保护与再利用成为宁夏平原发展的新契机。在此背景下，基于灌区的发展现状及其所面临的机遇挑战，提出以下四则构想。

一，构建以灌溉水网为基底的地区生态基础设施，筑牢地区发展基石，同时也重新整合灌溉水网的复合功能，发挥出更强大的生态、经济、景观效益。宁夏平原的引黄灌溉水利系统是一项综合性的土地设计，其针对地区特殊的地形与水文条件，创造性地形成了整体系统的工程。这一灌溉系统具有强大的整合力，整合了宁夏平原广大而多样的生态地带，将河流、土壤等自然资源的价值发挥至最大，将不适宜农耕的草地、滩地转变为安全可控的农业生产环境。这项工程也是弹性的系统，它能顺应黄河变迁而变化，并提供灌溉农田、供给水源、防洪排涝、调节气候、丰富景观等多项生态系统服务，实现了生态安全、环境改善、农业生产、居住建设、社会管理和文化繁荣的多方面统筹。

在快速城镇化的当代人居建设中，宁夏平原的灌溉水利系统仍具有巨大的生态和景观潜力。应充分借鉴灌溉工程的系统性价值、因时因地的营建智慧，以保护与发展灌溉水网整体性、系统性和可持续性为前提，进一步发掘灌溉水网在促进人居与自然系统交融、优化城市布局与城水格局、提高生物多样性、提升城市蓝绿系统耦合等多方面的潜在价值。并应以现有的灌溉水网为基底，探索地区生态设施网络的构建途径，充分挖掘蓝绿基础设施与灌溉水网的高度关联性，塑造宁夏地区蓝绿交融、水网密集的地域生态基底。

二，建设引黄灌溉文化景观保护区，优化灌溉遗产的保护与利用方式。灌溉遗产不是一个单独的层级，而是由多个系统叠加所形成的综合体。对其保护不应仅仅停留在个别的层级与单独的物质要素上，应从系统性的角度全面认识其构成、价值，应对各系统、各构成要素以及内在的关联性加以详细解析。在《保护条例》中，明确了引黄古灌区遗产的保护范围，包括在用类及遗址类的古灌溉工程及其附属的桥梁、碑刻等历史文化遗存和文献资料等物质层面，以及灌溉技术、民俗活动等非物质层面[4]。以此为依据，制定古灌区文化遗产的整体性保护框架。

在此基础上，构建引黄灌溉文化景观保护区，应涵盖工程、生态、景观、文化等多个层级，扩充灌溉遗产的保护内涵，精确其保护范围。所有因灌溉系统而营建的实体均是物质要素，在水利系统上，包括渠首工程、古渠道及各类水利设施、排水沟道、湖泊、桥梁、渠庙和水利碑刻等；在农田系统、交通系统以及聚居系统上，亦需详细甄别并提取相应的物质要素。在非物质层面，应提取灌区的岁修制度、水则制度等水利管理方式，探索分级、协调的水利管理机制以及地区水利文化等，并尽力寻找物质载体，高度重视灌区文化景观的保护。

三，制定渠系的分级保护策略，在渠系保护与农业发展中取得平衡。干渠的保护不应采取各行政区分治的方式，而应从渠系的整体性出发，开展地区统筹维护，并加强以干渠为核心的渠系生态保护；此外，干渠流量大、水面宽阔，可作为城市的主要河道，也应挖掘古干渠在提升城市景观、彰显城市底蕴方面的重要作用，以沿渠风景的建设带动干渠环境的治理，扩大干渠景观效能的辐射范围。支渠的数量、密度与耕地面积相关，应予以适度保护，加强对支渠的维护与疏浚，在地区统筹的基础上，将支渠保护的相关工作落实到各市水利部门，形成合力保护、分责明确的保护策略。斗渠和农渠具有很大的灵活性，对其的保护应坚持需求为先的原则，但其变动应以不破坏干、支渠的整体结构为前提。

四，保护精耕农田及传统农业景观。当代宁夏平原城镇化的基底是两千多年来劳动人民所创造的灌区精耕农业区，有着很高的遗产价值和生态价值。为保护精耕农田，应确立优质农田建设红线，建立优质耕地保护区，坚持以补定占、先补后占。在占补平衡的动态保护原则下，一方面应重视优质农田的数量、质量和生态的保护，另一方面也要积极开展优质农田储备区的建设。应高度重视传统特色农业景观的保护，在保护精耕农田之余，应将人居要素纳入传统农业景观的保护范畴：既应包括末端渠系、湖塘、林地以及传统村落，也应包括传统的耕种方式、复合的生产方式以及乡居信仰、民俗、文化等非物质部分。应实施田、水、林、路、村的综合治理，最大限度挖掘传统农业景观的地域特色，推动灌区生态旅游发展。

第三节　重拾秩序，延续山水融城景观

在人与天调的哲学观下，古人以自然山水为参照，营建城市、经营风景，塑造出的理想人居，被钱学森称为"山水城市"。传统城市营建既注重物质空间的建设，也重视人与山水环境的情感联结。山水既是区域的重要标志，也是营城的空间参照。在山水城市的建设中，山水意象也被不断强化，成为地方共有的精神寄托。在生态为先的发展理念下，重视山水环境并将之融入城市建设，是当代人居环境优化的一条重要途径，建议可从以下三方面展开。

一，重视"山水—城市"的空间秩序。山水与传统城市的秩序关联既体现在空间上的视线通廊，也表现为意识层面上的山川方位

感与城境空间感。历史上，以银川、中卫、灵州、平罗为代表的平原城市在营建中，均与周边山水环境有着密切的联系：城山互望的视廊相当丰富，在城市中可望山见水；各城通过周边山体塑造双阙意象，强化了山水对城市的空间限定关系。

平原城市的未来建设，应尽力维护传统的"山水—城市"秩序，可采取控制城市规模、优化城市布局、留存优秀风景资源等措施。在宏观方面，应强化山水生态在城市生态优化中的重要基底作用；应保护并延续城市发展与自然山水环境、灌区水网格局的内在联系，保护山、水、田、渠、湖、城作为系统的完整性，构建顺应区域山水格局的城市蓝绿基础设施。在微观方面，采取调整建设用地、控高等策略，重塑或恢复山城景观视廊，在连续的城市景观体系中完善眺望体系，强化山水在城市中的视觉感知；还应根据现代社会的价值取向，有理有据地探索历史山水胜景的修复与重建。

二，利用山川坐标，强化城市地标建筑的视点作用。宁夏平原的古城街道为规整的棋盘式，街道走向与山川坐标紧密相关。传统营城在较大的视野内做综合考量，兼顾了城市的风水、防御、生态、生活、景观等，是一项全方位系统性的工程实践，也蕴含着天人合一的哲学观。汲取传统智慧，在当代的城市发展中，仍应延续山川坐标的控制作用。应重新梳理山城关系，适当恢复城山轴线，将轴线上重要的城市建筑、历史建筑确定为视廊节点，在高度和风貌上予以整改，同时对轴线上的其他建筑进行适度整改、拆除，控制新建建筑的高度、体量与形态，以保证城山视廊具有连续的观景序列。

三，保护区域的水网格局，依托历史水系构建城市蓝绿系统。得益于黄河干流及发达的引黄灌溉系统，宁夏平原的各城市并不缺少水系，城内多有干渠、支渠穿越，甚至还有湖泊湿地。城中的灌渠、湖泊都有着悠久的历史，这些历史水系除了生态与生产功能，还应作为宝贵的景观资源加以利用。历史上，多座城市有引水造园、围湖造园的实践先例。现代城市对游憩与观赏的需求更高，有必要利用区域水系增加城市的休憩空间，并丰富城市景观。

宏观上，应从区域性、系统性的视角重新审视历史水系的保护与利用，对关键水系进行科学性的恢复重建，构建弹性系统的水网，从而更为高效地发挥多重功能；应以历史水系为基底，增强水域与绿地的空间联系，构建蓝绿耦合的城市基础设施，增强城市特色。以银川市为例，城市现有历史水系包括灌渠、排水沟及湖泊。1950—2020年，城市水系格局经历了水绕城周、纳水入城、填湖建城和水域恢复4个阶段。目前，银川市水系以唐徕渠与典农河为主干，串联了七十二连湖、宝湖、阅海、中山公园湖泊等大面积水域，所形成的水网系统占建成区总面积的10.65%[5]。但是，水域虽得到一定恢复，水系的完整性与有机性却仍有待提升，还需追寻历史线索，通过恢复关键性水系，加强水系的整体性与连通性；还应打通退水系统，提高水系循环能力，以便改善土壤盐碱化。

微观上，应以干渠等线性水系为依托，打造城市绿道、慢行步道等绿色线性开放空间，增强滨水空间活力。还应划定湿地保护红线，采取科学措施恢复湿地：规划建设城市湿地群、城区湿地群、黄河流域湿地群等。城区重点湿地以保护、恢复为主，恢复湿地的水与植被生态，保护生物多样性，并以湿地公园的建设为契机，合理开展生态旅游；城市远郊湿地应以自然保护为主，退田还湿，扩湖整治、连通水系[6]，提高湿地生态功能。仍以银川市为例，从20世纪50年代起，大面积的湖泊被填埋后转变为城市建设用地，湿地面积相应减少；从21世纪开始，银川市的河流湿地系统得到一定恢复，截至2014年，湿地面积达710km^2[7]，但城中湿地大多为人工湿地与沟渠，自然湿地仍在减少。未来银川市的湿地保护应重视湿地水质污染治理，连通湿地水网，开展湿地生态系统保护；同时借由"国际湿地城市"的称号，宣传湿地价值与保护途径，开展湿地旅游，推动湿地旅游保护向科普教育、休闲体验与研学教育并重的综合化文化旅游类型转变。

第四节　立足地域，重塑城郊一体风景

人对自然环境的适应和改造，不仅是为了生存，也是为了建设理想的人居环境。"城邑—灌区—山水"三重尺度下的景观在长时段的嬗变与层累中形成了地区的"胜景"。而当"胜景"中融入了千百年来的哲学思考、地域文化和风俗民情后，便可连缀化育形成"胜境"。此"境"既是地区人民最为熟悉、赖以生存的物质环境，又是理想人居的现实投射。通过"景以人传、寓情于景"的实践形式，作为"胜境"的区域风景系统融合了客观的景象与人文的情感，在空间上实现了情景的交融。古人以诗词、绘画、雕刻等文学艺术形式将"胜境"意象加以提炼、重组，高度概括了区域的风景特征，也记录和保留了地域化的劳作与生活场景。这种基于物象的情景体系，在千年之后，依然能引发强烈的地方共识与情感共鸣。可见，区域的风景系统具有十分强大的生命力与感染力。为应对宁夏平原城乡风景衰败的普遍现象，应从以下两个方面入手。

首先，应从宏观视角，关注区域山水和灌区水网在区域风景系统营构中的积极作用，前者是风景营建的骨架，后者是风景营建的基底，两者在自然景观与人工景观上奠定了宁夏平原的总体风景面貌。

在山水环境方面，应充分挖掘山水的景观资源，关注山水风景的重塑与强化。具体来说，可提升城市至山水风景地的可达性，可增加城市和山水的视觉关联，可挖掘重要的历史山水风景资源，如建设贺兰山的西夏离宫大遗址公园。

在灌区水网方面，应以"山水田城"层层嵌合的灌区风景系统为蓝本，尽力保护传统的灌溉水网格局和农田基底，保护重要的水文化遗产景观和农业遗产景观，保护传统的灌区乡村景观风貌。

其次，应将传统的风景范式与地域自然、文化相结合，在保留地域特色的前提下，寻找区域风景优化的途径。宁夏平原的传统风景以山水风景和灌区风景最具特色，结合中国古代传统的山水审美范式与城市风景范式，可将宁夏平原的风景特色加以强化。

在传统山水审美的范式影响下，宁夏平原需重视自身的山形水势和山水文化。在山形水势上，应经营贺兰山与黄河在区域风景中的秩序，强化一山一川在景观建设中的空间引导作用；也应重视贺兰山重要山峰与天阙等意象，将山势格局延伸至人居景观营建之中，统一区域风景的总体风貌；还应在平原山水格局的重要位置因地制宜地开展人工景观的经营，强化山水秩序。在山水文化方面，应挖掘贺兰山、黄河在构建地方共识、织就集体记忆上的重要作用，在场所化的风景营建中融入诗词绘画、节令民俗等与山水文化相关的情感符号，为区域风景赋予丰富的人文内涵。

在传统城市风景营建中，结合西湖、八景、楼阁亭台等风景营建范式，建设普及性的城市游览场所。一方面，应在符合当代城市精神的前提下，重新提炼与营建城市的"八景"体系，使区域风景的层积性得以延续。在筛选新"八景"之际，以城市为中心，筛选"四面八方"典型时空景观，尽可能兼顾特色自然景观与历史人文内涵，重视"山—川—物—人"的互动关系。另一方面，应挖掘并利用地区历史文化中隐藏的风景信息、挖掘地区公共景观资源，以此为纽带，重构城乡人居与区域环境的空间秩序与情感联结，特别是地域特色浓厚的范式风景，如城湖关系、城中湖泊等传统地标；再如，可挖掘城市历史记忆，复原亭楼建筑，再现城市标志性景观符号。

参考文献

[1] 国务院公报. 国务院关于《宁夏回族自治区国土空间规划（2021—2035年）》的批复[EB/OL].（2021-11-15）[2023-08-17]. https://www.gov.cn/gongbao/2023/issue_10686/202309/content_6902581.html.

[2] 宁夏回族自治区水利厅.《宁夏回族自治区河湖管理保护"十四五"规划》[EB/OL].（2017-11-09）[2021-11-08]. https://slt.nx.gov.cn/xxgk_281/fdzdgknr/ghjh/slgh/202111/W020220225340792071935.pdf.

[3] 宁夏回族自治区水利厅. 宁夏引黄古灌溉区入选世界灌溉工程遗产名录[EB/OL].（2017-10-11）[2023-10-18]. http://slt.nx.gov.cn/slxc/mtjj/202104/

[4] 中国新闻网. 宁夏立法保护引黄古灌区世界灌溉工程遗产[EB/OL]. （2020-09-02）[2023-10-19]. https://baijiahao.baidu.com/s?id=1676624093664918894&wfr=spider&for=pc.

[5] 银川市人民政府. 银川市概况[EB/OL]. （2021-09-02）[2023-10-19]. http://www.yinchuan.gov.cn/xxgk/bmxxgkml/sjhwqj_2618/xxgkml_2621/tzzc/202109/t20210902_3001985.html.

[6] 银川新闻网. 大美山水展胸怀 民生福祉系心间——银川市自然资源局践行初心使命精彩回眸[EB/OL]. （2021-11-29）[2023-10-19]. https://www.ycen.com.cn/xwzx/sz/202111/t20211129_136360.html.

[7] 国家林业局. 中国湿地资源：宁夏卷[M]. 北京：中国林业出版社，2015.

结语

第一节　时空维度下区域景观的嬗变与层累

本书的上篇在区域尺度的地理环境中审视地域景观的发生、发展及结果，在"历时性—共时性"的主线下，一方面，从零散的史料中重构地区人居的发展脉络，概述了地域景观在纵向时间维度上的演变规律及内在动因；另一方面，提取了影响地域景观演进的六个子系统，从横向空间维度上全面论述各系统的空间分布、形态特征及相互的空间耦合关系，归纳宁夏平原区域景观形成的机制。

区域地理环境是人居营建的基础。我国西北的大山大川造就了多样的地貌地形，并形成独具一格的山水景观。宁夏平原位于黄河几字弯的西侧，黄河摆动、冲刷形成了广阔的河谷平原。平原之周，屹立着的贺兰山、香山、北山等山脉，阻挡了寒流风沙，为平原创造了相对宜人的气候条件。该地区干旱少雨，地表径流量很小，黄河干流是最重要的水系。总之，地理环境为人居营建提供了合宜的土壤和气候条件，但在自然水系的禀赋上却稍显不足。如何发挥本底优势、改善水文环境、规避安全风险，是两千多年来宁夏平原人居营建的核心任务，也是地域景观形成与变迁的重要动因。

不管历代的制度、政令、措施、技术如何，都以实现上述核心任务为首要目标。先秦时期，宁夏平原由西戎方国统治，仍为游牧之所，尚未发现早期城市。秦汉时，中央政府在此移民屯田、驻军置障，将宁夏平原纳入统一开发的进程。汉武帝时期，银川平原南部开凿灌渠，地区灌溉条件得以改善，旱作农业规模有所增加。此时，平原上出现了军事性质突出的县城、障城，城市的格局、建筑风格都与中原地区相近。儒教、道教传入平原，与当地文化风俗融合共生。魏晋至隋唐五代时期，北御突厥是地区主要的军事职责，为巩固边防，唐政府新开灌渠、迁入南方民众、引入稻作技术，以发展旱稻并作的农业。丝绸之路灵州道的开辟则带动了灵州等沿线城市的发展，灵州城的政治、文化、交通职能凸显，以灵州为中心的平原城市格局基本形成。汉族与各少数民族聚居一处，实现了民族大融合，地域文化兼收并蓄，同时，佛教得到广泛传播，佛寺、石窟的数量增多。西夏时，党项人将宁夏平原作为京畿腹地，大力修整汉唐旧渠，产生了分区经营的农业生产模式。李德明将国都改置银川城，开启了银川城作为平原中心城市的历史。围绕国都，党项人开展一系列营建工作：扩建都城，奠定了后世银川城的格局、规模和朝向；打通了连接银川城的驿道、国道，加强其与周边地区的联系；创设十二座监军司，圈层布局在国都之外；开创了都城、离宫、陵寝、佛寺四位一体、城郊融合的大都城规划模式。明清时期，水利系统的营建与农业生产模式渐趋成熟，军事防御体系与水陆交通系统的构建相对完善；城市格局延续自西夏时期，多数城市的经济职能逐渐显著，城市景观营建累积了较多成果；且由于政治军事环境相对稳定，乡村体系逐渐形成并稳固下来，乡居营建获得新进展。总体而言，宁夏平原的人居演进脉络清晰，水利开发带动了农业生产、人居营建与地景变迁，后三者又形成了各自较为清晰的演变规律。

自西汉以来，人们开凿并疏浚灌渠，开挖排水沟，构筑了覆盖平原的人工水利系统。水利系统将地区的水资源进行了时空的再分配：通过各级渠系实现了空间上的均水，解决了地表天然径流难以调蓄灌溉的问题；并通过闸坝设施依农时调用适宜水量，满足各类农作物生长需求。水利系统还将水资源、土地资源与景观资源整合再利用，长时间稳定地提供灌溉、饮用、防洪和景观方面的服务，为居民带来广泛福祉。在广大的人工灌溉水网之上，该地区发展了旱稻并作的精耕农业，依据立地的土壤与水源条件，有序开展屯田生产，并衍生了林业、渔业、园艺业等多种复合的生产模式，形成多样的农田肌理与农业景观。基于特殊的地缘格局，为保证地区人居的安全，宁夏平原构筑了完善的水陆交通，搭建了大纵深的军防工事。交通与防御的合辅确保该地区既有安全可控的环境，又能与中原、西域频繁交流，创造了相对安全但并不封闭的地缘环境。城乡聚落在各系统的综合影响下充分发育，形成较为稳定的城乡建置与分级明晰的聚落格局。

总而言之，不管是从纵向时间维度来厘清宁夏平原人居的发展脉络，还是从横向空间维度来辨别景观子系统的空间关联，各要素都推动了人居的变迁，也在时空二元的互动中投射出区域景观的形成过程与最终面貌。自然山水组构了区域景观的基本格局，渠系纵横、湖泊串联的水网形态与阡陌纵横、良田果林的大地肌理，丰富了土地的面貌。道路、驿站、渡口、桥梁和边墙、堡寨、烽燧等，连缀成两类特殊的连续性区域景观。城市与乡村的景观营建则更为丰富，其与各类自然、人工要素相互交融，跨越了城墙与堡墙的限制，在人工流域的尺度构建起"自然系统—社会系统—文化系统"的整体性秩序，涵盖生产、通行、防御、居住、文化、信仰的方方面面，形成山河渠湖林田和谐相融的区域景观面貌。在灌区小流域下，乡村的发展及其景观营建与灌溉水利系统的关系十分密切，灌区乡村对水系的利用与管控，是形成特定景观模式的根本原因。

宁夏平原的区域景观，反映了人对自然环境的适应、改造、调适及人文化的过程，应对了人在安全生存、安定生活与诗意生栖三个主要阶段中对自然环境与人类社会的诉求。因而，区域景观在不间断的、多目标的人居营建活动中被层积、被塑造，最终呈现出较为具体的面貌。这个复杂的系统只有通过时空分离、逐层拆解的路径，层层递进地剥离景观的结构、组成，才能将古人尚未整合的景观演替规律、环境整治方法和水土治理经验，提取成为科学的空间实践知识，以资鉴当代。

第二节 地域视野下城郊一体的城景营建智慧

除了关注以灌区为单位的地域景观，灌区内重要城邑的景观营建似乎更能显著地展现地区人居建设所取得的丰硕成果。将城市研究范畴扩大至其所依托的自然环境与人文环境，在近年来已成为历史城市研究的一种重要视角。透过这一视角，能完整辨识历史城市的整体价值与营建方法。本书借鉴这种研究视角，依据宁夏平原灌区城市所处的自然—人工环境，构建了"城内景观—近郊灌区景观—远郊山水景观"3个圈层叠加的研究体系。

上述研究体系充分挖掘了城景营建的成果，便于从不同尺度、城郊一体的视角探讨城景营建的理论方法与思想内涵。通过梳理历史城市的营建历程，寻找各时期最重要的营城实践线索，并挖掘城景变迁动因，来探索各城的景观体系。这项工作利于筛选出重要的景观实践内容，进而从层积视角剖切出最为全面的城景体系内涵。在梳理3个圈层融合的景观体系后，以城邑"八景"作为主要切入点，对城境意象展开整体性的聚类与空间分布研究。"八景"包含客观景物与人文情感，客观景物往往选取地区最为特殊的景致，其中蕴含着丰富的时间、方位、气象、自然资源等信息；同时，"八景"也折射了古人所创造的情景交融的诗化意境。

借助银川、中卫、灵州、平罗4座典型城邑，探讨城景营建的共性特征。四城景观营建以城市为核心，及至近郊灌区与自然山水。城景营建以水土整治后的渠湖水网和形胜重构后的山水空间为依托，凝练形成城景塑造、水系利用和山水化育方面的特定科学方法。

在城邑景观体系中，"城内景观"主要探讨城墙以内的人工营建内容，包括城景轴线、标志性景观建筑、园林湖泊、寺观佛塔等。4座城邑一直延续方整的形态，保留并强化了地区城市的军事防御色彩。城市轴线的塑造基于山水形胜与城市的空间关联，利用钟鼓楼、文庙、魁星阁等楼阁亭台景观建筑，构建视线焦点，展现了"修武备，显文荫"的营城意图。道教、佛教和伊斯兰教并行发展，城中营建大量寺观、佛塔，塑造了鲜明的宗教空间，通过信仰提升了城市文化内涵与民众的地方认同。引灌渠之水入城，在合宜处营建园林或湖塘景观，进一步强化城景与外围水系的融合。

"近郊灌区景观"以水网农田为基底，探讨了城郊水利的空间分布、城市与水利系统的空间关系，特别重视灌区水环境对近郊景观营建的影响。4座城邑位于灌区中，城外渠道纵横密集、农田平畴四望，加上大规模的护渠林，构成近郊渠湖林田交织的景观基底。城市水利在灌溉水网的基础上营建，渠网与护城河构成围绕城市的双层水系，使得城市内外水系环汇相连，保证了区域水环境的安全可控。城市近郊景观的营造充分挖掘了灌区的水利景观特色，围绕人工水系与水利设施构建景观，实践内容包括水利祭祀空间、近郊公共空间、近郊园林等。具体而言，重视渠首处的景观营建，通过渠庙、碑亭、水廊等强化地区水利祭祀与水利文化；在城郊重要的桥梁、闸坝等处，营建风景亭，栽种桃柳，营建近郊公共空间，用作商贸与文化交流场所；4座城邑近郊湖泊密集，湖面平远开阔，颇有观赏价值，部分湖泊周边营建亭台楼阁，整修游步道，开辟为园林，甚而还从湖泊中引水修筑别苑，颇得湖中之城意境。

"远郊山水景观"不仅包含山水的自然风景，还融入了人对山水环境的艺术再创造，体现为两方面：城景营造对山水形胜的响应和山水环境的人文化育。各城依据周边山水形胜，构建城与山水的空间秩序。一方面，城市的朝向、布局及重要景观的营建架构于山水定位形成的坐标之上，城景营建被统一在山水标定的秩序中，促成了城市向山水的开放及山水向城市的渗透。另一方面，城景营建汲取了山水的文化意象，重视城市与风水方位、双"天阙"的对位关系，试图达成天人合一的理想人居境界。各城又在立地的山水中选择相宜之处，营建离宫花园、寺观佛塔、渡口高台，进一步点缀了山水环境的人文情致，世俗、宗教和地域文化渗入自然山水，实现了对山水的化育。

宁夏平原城市的景观营建，从未囿于城墙，不论是城景营造对城外水网农田和山川林木的借景，还是对邑郊山水林田湖渠的景观再塑，都体现了城景营建的全局视野——城郊从未分离，城景趋于融合。这种城郊一体的城景营建模式，最大限度地发掘与整合了地区的景观资源，并将人工环境融于自然环境之中，形成"城在景中，景在城中"、浑然一体的城邑景观。城市的防御和水利建设便利民生，也保证城市安全；楼阁亭台、寺观佛塔增补风水，也教化万民，强化城市精神内核；水利景观、湖塘园林凸显水利社会特点，增强地方认同感。无论城景营建的哪个层级，都包含了古代社会为了实现统治的利民、教民思想，其核心目标是为了地区的可持续发展与居民的福祉改善。

第三节 立足当代发展的历史景观研究

本书的下篇将视线转回当代，论述了传统地域景观变迁的基本现象：生态环境的恶化，导致环境容量进一步减小；现代水利设施介入，导致传统水利结构与水利景观的变迁以及传统农业景观的改变；城市急剧扩张，改变了城市的传统风貌、城水格局，挤压了乡村的生产空间；山水秩序对城市的控制作用减弱，湖泊大幅缩减及城乡景观衰败预示了传统地域景观的消隐。对此，重申了宁夏平原传统地域景观营建的历史价值：山水生态环境为人居提供的生态屏障与生存供给、人工水利系统的资源整合作用与景观服务功能、山水形胜在引导城乡发展中的"自然—人工"的在地秩序、城郊一体与城景相融的城邑景观营建模式。在此基础上，提出若干宁夏平原传统地域景观保护与发展的途径。

目前，有关灌区地域景观的研究已有一定积累，但从多角度、多时段、多尺度、多层级的体系中关注特殊人居单元下的地域景观的研究却尚不完善。本书关注制度、文化与人居环境营建的关联，以时间为线索，以空间为依托，在灌区传统地域景观的变迁规律和形成机制、西北水利人居单元的多尺度地域景观营建特征（空间结构和文化特性）、宁夏平原传统地域景观的保护与发展策略上，均有积极深入的探索和推进。

历史景观的研究价值之一，在于通过辨明事物演变的规律来把握未来景观发展之动向，即所谓"究天人之际，通古今之变"[1]，因而，本书以宁夏平原为例，论述历史景观研究资鉴当代发展的可能性与必然性。本书着墨于历史，透过历史空间的现象、结构和特征的梳理，归纳中国古代环境认知与景观营建的哲学理念，以及水土治理与文化实践的科学方法，明晰根本的人地矛盾及其本土解决方案，意在为当代宁夏平原、西北地区乃至黄河流域传统灌区的人居环境优化、文化遗产保护提供理论研究与空间规划的依据。

人在不同自然环境下进行的适应性、改造性的营建活动，塑造了独特多样的传统地域景观，其所展现的人地共生的生态智慧和人在建设理想家园中的创新理念，将成为地区永续发展的不竭动力，必会催生出更为绚烂的文明之花。中国多样化的国土景观是中华文明创造的综合结晶，是人与自然紧密相连的根脉，其中蕴藏的巨大生态价值和历史文化价值，值得探索研究与保护传承，今人应以此为根，继往开来，笃行致远。

参考文献

[1] （西汉）司马迁. 报任安书.

参考文献

（一）基本史料

1 史籍、方志、专志

（先秦）佚名《左传》
（西周）佚名《诗经》
（西汉）司马迁《史记》
（西汉）司马迁《报任安书》
（西汉）恒宽《盐铁论》
（东汉）班固《汉书》
（北魏）郦道元《水经注》
（北齐）魏收《魏书》
（南朝宋）范晔《后汉书》
（唐）魏征《隋书》
（唐）李吉甫《元和郡县图志》
（唐）李筌《太白阴经》
（唐）杜佑《通典》
（唐）颜师古《汉书注》
（后晋）刘昫《旧唐书》
（北宋）欧阳修，宋祁《新唐书》
（北宋）司马光《资治通鉴》
（北宋）王溥《五代会要》
（北宋）沈括《梦溪笔谈》
（北宋）曾公亮《武经总要》
（北宋）乐史《太平寰宇记》
（南宋）李焘《续资治通鉴长编》
（西夏）佚名．史金波，聂鸿音，白滨译　注《天盛改旧新定律令》
（元）脱脱《宋史》
（元）张光祖《言行龟鉴》
（元）苏天爵《元文类》
（元）蔡巴·贡噶多吉　著．陈庆英，周润年　译《红史》
（明）宋濂，王祎《元史》
（明）李贤，彭时《明一统志》
（明）佚名《明太宗实录》
（明）佚名《明英宗实录》
（明）佚名《明实录》
（明）严从简《殊域周咨录》
（明）徐贞明《潞水客谈》
（明）解缙《永乐大典》
（明）朱栴《正统宁夏志》
（明）胡汝砺《弘治宁夏新志》
（明）胡汝砺，编．管律，重修《嘉靖宁夏新志》
（明）杨寿《万历朔方新志》
（清）穆彰阿，潘锡恩《嘉庆重修一统志》
（清）佚名《清世宗实录》
（清）佚名《清高宗实录》
（清）顾祖禹《读史方舆纪要》

（清）昇允，长庚《宣统甘肃新通志》
（清）吴广成《西夏书事》
（清）张鉴《西夏纪事本末》
（清）佚名《钦定大清会典则例》
（清）佚名《宫中档乾隆朝奏折》
（清）王树枏《重修中卫七星渠本末记》
（清）张金城《乾隆宁夏府志》
（清）汪绎辰《银川小志》
（清）黄恩锡《乾隆中卫县志》
（清）郑元吉《道光续修中卫县志》
（清）郭楷《嘉庆灵州志迹》
（清）佚名《光绪灵州志》
（清）佚名《嘉庆平罗县志》
（清）徐保宁《道光平罗记略》
（清）张梯《道光续增平罗记略》
（清）佚名《宁灵厅志草》
（民国）金天翮，冯际隆《河套新编》
（民国）王之臣《朔方道志》

2 民国考察报告、论著

（民国）宁夏省政府建设厅. 宁夏省水利专刊[M]. 北京：北平中华印书局，1936.
（民国）宁夏省建设厅第一科. 宁夏省建设汇刊[M]. 银川：宁夏省建设厅第三科，1936.
（民国）翦敦道，等. 十年来宁夏省政述要[M]. 宁夏省政府秘书处，1942.
（民国）宁夏省地政局编. 宁夏省夏朔平金灵卫宁农田清丈登记总报告[M]. 宁夏省地政局，1940.
（民国）叶祖灏. 宁夏纪要[M]. 南京：正论出版社，1947.
（民国）傅作霖. 宁夏省考察记[M]. 南京：正中书局，1933.
（民国）冯际隆. 调查河套报告书[M]. 台北：文海出版社，1971.
（民国）范长江. 中国的西北角[M]. 北京：新华出版社，1980.
（民国）宁夏省地政局. 宁夏省地政工作报告[M]. 宁夏省地政局，1947.
（民国）戴锡章. 西夏纪[M]. 罗矛昆，点校. 银川：宁夏人民出版社，1988.
（民国）周之翰，梅白逵. 宁夏省新农政[M]. 银川：宁夏省农林处第二科，1946.
（民国）内政部方域司国防部测量局测绘. 银川市城市图（宁夏）[EB/OL]. 台北：中央研究院人社中心提供，1948年.

（二）今人研究成果

1 著作、期刊、学位论文

（俄）克恰诺夫，李范文，罗矛昆. 圣立义海研究[M]. 银川：宁夏人民出版社，1995.
（英）德·莱斯顿. 从北京到锡金——穿越鄂尔多斯、戈壁滩和西藏之旅[M]. 王启龙，冯玲，译. 拉萨：西藏人民出版社，2003.
（美）凯文·林奇. 城市形态[M]. 林庆怡，陈朝辉，邓华，译. 北京：华夏出版社，2001.
（意）马可·波罗. 马可波罗纪行[M]. 法海昂，注. 冯承钧，译. 北京：商务印书馆，2012.
（美）R. W. PHILLIPS. R. G. JOHNSON. R. T. MOYER. 中国之畜牧[M]. 上海：中华书局，1944.
谭其骧. 中国历史地图集[M]. 北京：中国地图出版社，1982.
张芳. 中国古代灌溉工程技术史[M]. 太原：山西教育出版社，2009.
李烛尘. 西北历程[M]. 兰州：甘肃人民出版社，2003.
李范文. 夏汉字典[M]. 北京：中国社会科学出版社，1997.
李学勤. 十三经注疏：周易正义[M]. 北京：北京大学出版社，1999.
高良佐. 西北随轺记[M]. 兰州：甘肃人民出版社，2003.
陈梦雷. 古今图书集成（第107册）[M]. 上海：中华书局，1934.
汪一鸣. 宁夏人地关系演化研究[M]. 银川：宁夏人民出版社，2005.
汪一鸣. 不发达地区国土开发整治研究[M]. 银川：宁夏人民出版社，1994.

《宁夏水利志》编撰委员会. 宁夏水利志[M]. 银川：宁夏人民出版社，1993.

宁夏通志编纂委员会. 宁夏通志·地理环境卷（上）[M]. 北京：方志出版社，2008.

宁夏通志编纂委员会. 宁夏通志·交通邮电卷[M]：北京：方志出版社，2008.

《宁夏商业志》编纂委员会. 宁夏商业志[M]. 银川：宁夏人民出版社，1993.

《宁夏农业地理》编写组. 宁夏农业地理[M]. 北京：科学出版社，1976.

吴天墀. 西夏史稿[M]. 北京：商务印书馆，2010.

李范文. 西夏通史[M]. 银川：宁夏人民出版社，2005.

钟侃，吴峰云，李范文. 西夏简史[M]. 银川：宁夏人民出版社，2005.

王天顺. 河套史[M]. 北京：人民出版社，2006.

吴忠礼，鲁人勇，吴晓红. 宁夏历史地理变迁[M]. 银川：宁夏人民出版社，2008.

杨继国，胡迅雷. 宁夏历代诗词集[M]. 银川：宁夏人民出版社，2010.

杨继国，何克俭. 宁夏民俗大观[M]. 银川：宁夏人民出版社，2008.

高星，王惠民，裴树文，等. 水洞沟：2003—2007年度考古发掘与研究报告[M]. 北京：科学出版社，2013.

（明）计成著，王绍增注. 园冶读本[M]. 北京：中国建筑工业出版社，2013.

陈育宁. 宁夏通史·古代卷[M]. 银川：宁夏人民出版社，1998.

吴忠礼. 朔方集[M]. 银川：宁夏人民出版社，2011.

"台湾故宫博物院". "台湾故宫博物院"清代文献档案总目[M]. 台北："台湾故宫博物院"，1982.

国家文物局. 中国文物地图集·宁夏回族自治区分册[M]. 北京：文物出版社，2010.

洪梅香. 银川建城史研究[M]. 银川：宁夏人民出版社，2010.

鲁人勇，吴忠礼，徐庄. 宁夏历史地理考[M]. 银川：宁夏人民出版社，1993.

盖山林. 和林格尔汉墓壁画[M]. 呼和浩特：内蒙古人民出版社，1977.

张维慎. 宁夏农牧业发展与环境变迁研究[M]. 北京：文物出版社，2012.

杨新才. 宁夏农业史[M]. 北京：中国农业出版社，1998.

宁夏回族自治区农林局综合勘查队. 宁夏土壤与改良利用[M]. 银川：宁夏人民出版社，1976.

王天顺. 西夏地理研究[M]. 兰州：甘肃文化出版社，2002.

李学军. 时空岁月——贺兰山的根与魂[M]. 银川：宁夏人民出版社，2017.

贺吉德. 贺兰山岩画研究[M]. 银川：宁夏人民出版社，2012.

卢德明. 宁夏引黄灌溉小史[M]. 北京：水利水电出版社，1987.

刘建勇. 宁夏水利历代艺文集[M]. 郑州：黄河水利出版社，2018.

唐骥，杨继国，布鲁南. 宁夏古诗选注[M]. 银川：宁夏人民出版社，1987.

饶明奇，王国永. 水与制度文化[M]. 北京：中国水利水电出版社，2015.

"台湾故宫博物院". 宫中档乾隆朝奏折[M]. 第51辑. "台湾故宫博物院"，1982.

樊惠芳. 灌溉排水工程技术[M]. 郑州：黄河水利出版社，2010.

严耕望. 唐代交通图考：第一卷·京都关内区[M]. 上海：上海古籍出版社，2007.

宁夏回族自治区交通厅编写组. 宁夏交通史：先秦—中华民国[M]. 银川：宁夏人民出版社，1988.

王国良. 中国长城沿革考[M]. 北京：

参考文献

商务印书馆，1935.

许成，马建军. 宁夏古长城[M]. 南京：江苏凤凰科学技术出版社，2014.

王毓铨. 明代的军屯[M]. 北京：中华书局，2009.

青铜峡市志编纂委员会. 青铜峡市志[M]. 北京：方志出版社，2004.

王军，燕宁娜，刘伟. 宁夏古建筑[M]. 北京：中国建筑工业出版社，2015.

吴忠礼，杨新才. 清实录宁夏资料辑录[M]. 银川：宁夏人民出版社，1986.

国家档案局明清档案馆. 清代地震档案史料[M]. 北京：中华书局，1959.

银川市地名委员会办公室. 银川市地名志[M]. 银川：银川市人民政府，1988.

银川城区志编纂委员会. 银川城区志[M]. 银川：宁夏人民出版社，2002.

黄多荣. 银川中山公园志[M]. 西安：陕西摄影出版社，1994.

史金波. 西夏佛教史略[M]. 银川：宁夏人民出版社，1988.

陈炳应. 西夏文物研究[M]. 银川：宁夏人民出版社，1985.

牛达生，许成. 贺兰山文物古迹考察与研究[M]. 银川：宁夏人民出版社，1988.

许成，韩小忙. 宁夏四十年考古发现与研究[M]. 银川：宁夏人民出版社，1992.

雷润泽，于存海，何继英. 西夏佛塔[M]. 北京：文物出版社，1995.

韩小忙. 西夏王陵[M]. 兰州：甘肃文化出版社，1995.

许成，杜玉冰. 西夏陵——中国田野考古报告[M]. 北京：东方出版社，1995.

中卫县人民政府. 宁夏回族自治区中卫县地名志[M]. 中卫：中卫县人民政府，1986.

罗成虎. 中卫市文史资料（第三辑）[M]. 银川：阳光出版社，2016.

李福详，编. 王学义，绘. 中卫史话·连环画[M]. 银川：宁夏人民出版社，2017.

中卫县志编纂委员会. 中卫县志[M]. 银川：宁夏人民出版社，1995.

白述礼. 灵州史研究[M]. 银川：宁夏人民出版社，2018.

宁夏农业志编纂委员会. 宁夏农业志[M]. 银川：宁夏人民出版社，1999.

金应熙. 金应熙史学论文集：古代史卷[M]. 广州：广东人民出版社，2006：219.

张杰. 中国古代空间文化溯源[M]. 北京：清华大学出版社，2016.

灵武市政协文史资料委员会. 灵武市文史资料：第四辑[M]. 灵武市政协文史资料委员会，1999.

灵武市志编纂委员会. 灵武市志[M]. 银川：宁夏人民出版社，1999.

刘宏安. 灵州记忆[M]. 银川：宁夏人民出版社，2014.

吴忠市人民政府. 宁夏回族自治区吴忠市地名志[M]. 吴忠：吴忠市人民政府，1987.

平罗县志编纂委员会. 平罗县志[M]. 银川：宁夏人民出版社，1996.

平罗县文史组. 平罗文史资料（第二辑）[M]. 银川：宁夏新华印刷厂，1985.

平罗县档案局. 影像平罗[M]. 银川：宁夏人民出版社，2016.

石嘴山市志编纂委员会. 石嘴山市志[M]. 银川：宁夏人民出版社，2001.

永宁县党史县志办公室. 纳家户村志[M]. 银川：宁夏人民出版社，2011.

宁夏回族自治区统计局，国家统计局宁夏调查总队. 宁夏统计年鉴2020[M]. 北京：中国统计出版社，2020.

宁夏社会科学院. 宁夏生态文明建设报告（2020）[M]. 银川：宁夏人民出版社，2020.

国家林业局. 中国湿地资源：宁夏卷[M]. 北京：中国林业出版社，

2015.

吴良镛. 学术前沿议人居[J]. 城市规划, 2012, 36（5）: 9-12.

竺可桢. 中国近五千年来气候变迁的初步研究[J]. 考古学报, 1972, 37（1）: 15-38.

霍丽娜. 明清时期的宁夏集市及其发展[J]. 宁夏社会科学, 2008, 27（6）: 164-167.

陈明猷. 党项迁都兴州的深远意义——宁夏平原历史上的一次重大转机[J]. 宁夏社会科学, 1993, 12（4）: 55-61.

李陇堂. 黄河在宁夏城镇形成和分布中的作用[J]. 宁夏大学学报（自然科学版）, 2003, 24（2）: 134-137.

薛正昌. 宁夏沿黄城市带县制变迁与城市文化[J]. 西夏研究, 2013, 4（3）: 85-106.

刘景纯. 历史时期宁夏居住形式的演变及其与环境的关系[J]. 西夏研究, 2012, 3（3）: 96-119.

史金波. 黑水城出土西夏文卖地契研究[J]. 历史研究, 2012（2）: 45-67, 190-191, 193.

颜廷真, 陈喜波, 曹小曙. 略论西夏兴庆府城规划布局对中原风水文化的继承和发展[J]. 地域研究与开发, 2009, 28（2）: 75-78.

汪一鸣. 银川平原湖沼的历史变迁与今后利用方向[J]. 干旱区资源与环境, 1992, 6（1）: 47-57.

王引萍, 袁琳. 明代宁夏诗词与宁夏景观[J]. 兰州文理学院学报（社会科学版）, 2016, 32（3）: 1-5.

王薇, 冯柯. 清代"宁夏八景"中的景观构成特征与价值研究[J]. 建筑史, 2018, 53（12）: 178-187.

王超琼, 董丽. 明代宁夏镇园林植物景观特色研究[J]. 中国园林, 2016, 32（3）: 90-93.

韩志强. 试论银川古典园林的特色[J]. 中国园林, 1988, 4（9）: 16-17, 23.

钟侃. 宁夏青铜峡市广武新田北的细石器文化遗址[J]. 考古, 1962, 8（4）: 170-171.

宁笃学. 宁夏回族自治区中卫县古遗址及墓葬调查[J]. 考古, 1959, 5（7）: 329-331, 349.

宁夏回族自治区展览馆. 宁夏石咀山市西夏城址试掘[J]. 考古, 1981, 27（1）: 91-92, 83.

汪一鸣. 1000年来贺兰山地区生物多样性及其环境的变化[J]. 宁夏大学学报（自然科学版）, 2000, 21（3）: 260-264.

翟飞. 汉至北魏时期黄河银川平原段河道位置新探[J]. 宁夏大学学报（人文社会科学版）, 2018, 40（3）: 38-45.

翟飞. 隋唐宋元时期黄河银川平原段河道位置探究[J]. 西夏研究, 2018（4）: 121-128.

翟飞. 明代黄河银川平原段河道位置新探[J]. 人民黄河, 2020, 42（3）: 34-39, 72.

薛正昌. 明代宁夏军事建制与防御[J]. 西夏研究, 2014, 6（1）: 90-109.

张多勇, 张志扬. 西夏京畿镇守体系蠡测[J]. 历史地理, 2015, 29（1）: 329-348.

牛达生, 孙昌盛. 贺兰县拜寺沟西复遗址调查[J]. 文物, 1994, 45（9）: 21-29, 98.

汪一鸣. 历史时期黄河银川平原段河道变迁初探[J]. 宁夏大学学报（自然科学版）, 1984, 5（2）: 52-60.

汪一鸣. 试论宁夏秦渠的成渠年代——兼谈秦代宁夏平原农业生产[J]. 宁夏大学学报, 1981, 4（4）: 89-94.

侯仁之. 从人类活动的遗迹探索宁夏河东沙区的变迁[J]. 科学通报, 1964, 15（3）: 226-231.

马波. 历史时期河套平原的农业开发与生态环境变迁[J]. 中国历史地理论丛, 1992, 8（4）: 121-136.

刘翠溶. 中国环境史研究刍议[J]. 南开学报（哲学社会科学版）, 2006, 52（2）: 14-21.

杨新才. 关于古代宁夏引黄灌区灌

溉面积的推算[J]．中国农史，1999，18（3）：86-100．

鲁人勇．灵州西域道考略[J]．固原师专学报（社会科学版），1984，5（3）：81-86．

段诗乐，林箐．明长城宁夏镇军事聚落分布与选址研究[J]．风景园林，2021，28（6）：107-113．

常玮．明长城西北四镇军事聚落防御性空间研究——以中卫城为例[J]．建筑与文化，2015，12（5）：159-161．

乐玲，张萍．GIS技术支持下的北宋初期丝路要道灵州道复原研究[J]．云南大学学报（社会科学版），2017，16（5）：55-62．

李严，张玉坤，李哲．明长城防御体系与军事聚落研究[J]．建筑学报，2018，65（5）：69-75．

郭家龙，王惠民，乔倩．宁夏鸽子山遗址考古新发现[J]．西夏研究，2017，9（2）：2，129．

王向荣．中国城市的自然系统[J]．城乡规划，2020，12（5）：12-20．

杨蕤．西夏故都兴庆府复原的考古学观察[J]．草原文物，2014，14（1）：125-131，163．

许伟伟．西夏都城兴庆府建制小考[J]．西夏学，2011，6（1）：220-224．

暴鸿昌．明代藩禁简论[J]．江汉论坛，1989，32（4）：53-57．

段诗乐，林箐．区域水系影响下的明代宁夏镇城园林特征与风格研究[J]．中国园林，2021，37（3）：130-135．

马潇源．试论西夏皇家园林[J]．中国地名，2018，36（11）：40-41．

黄盛璋，汪前进．最早的一副西夏地图——《西夏地形图》新探[J]．自然科学史研究，1992，11（2）：177-187．

聂鸿音，史金波．西夏文本《碎金》研究[J]．宁夏大学学报（人文社会科学版），1995，17（2）：8-17．

王玉琴．浅议民国时期宁夏的商业及其特点[J]．宁夏师范学院学报，2010，31（5）：88-91，114．

孟凡人．西夏陵陵园形制布局研究[J]．故宫学刊，2012，10（1）：55-95．

汪一鸣，许成．论西夏京畿的皇家陵园[J]．宁夏社会科学，1987，6（2）：88-93．

牛达生．西夏陵园[J]．考古与文物，1982，3（6）：104-108．

余斌，余雷．“以形论变"——西夏王陵形制演进探讨[J]．宁夏社会科学，2019，28（2）：185-190．

张瑶，刘廷风．“四步法"释读西夏王陵遗址空间格局[J]．中国文化遗产，2021，18（6）：97-104．

艾冲．灵州治城的变迁新探[J]．中国边疆史地研究，2011，21（4）：125-133．

史金波．西夏时期的灵州[J]．西夏学，2017，12（1）：5-19．

张多勇，李并成．《西夏地形图》所绘交通道路的复原研究[J]．历史地理，2017，36（2）：247-269．

李文开，汪小钦，陈芸芝．银川平原湿地资源遥感监测[J]．宁夏大学学报（自然科学版），2016，37（1）：99-105．

毛鸿欣，贾科利，高曦文．1980—2018年银川平原土地利用变化时空格局分析[J]．科学技术与工程，2020，20（20）：8008-8018．

谭徐明．古代区域水神崇拜及其社会学价值——以都江堰水利区为例[J]．河海大学学报（哲学社会科学版），2009，11（1）：9-15．

余军．西夏王陵对唐宋陵寝制度的继承与嬗变——以西夏王陵三号陵园为切入点[J]．宋史研究丛论，2015，（1）：515-569．

岳云霄．清至民国时期宁夏平原的水利开发与环境变迁[D]．上海：复旦大学，2013．

赵鹏．明清时期宁夏中北部地区城镇地理研究[D]．兰州：西北师范大学，2012．

潘静．银川古城历史形态的演变特点及保护对策[D]．陕西：西安建筑科技大学，2007．

王刚. 银川平原人居环境发展演变及其聚落形态研究[D]. 绵阳：西南科技大学，2012.

任洁. 西汉长城防御体系研究——以阴山—河套地区为例[D]. 天津：天津大学，2017.

马志强. 变迁中的民间权威与乡土秩序——以吴村回族寺坊为个案[D]. 兰州：兰州大学，2019.

陈卫平. 贺兰山—银川盆地景观格局分析与景观规划[D]. 北京：北京林业大学，2008.

汪一鸣. 汉代宁夏引黄灌区的开发——两汉宁夏平原农业生产初探[C]//中国水利学会水利史研究会. 水利史研究会成立大会论文集. 北京：水利电力出版社，1984.

杨满忠. 西夏对宁夏古代城池的开发与建设[C]//中国史学会，宁夏大学. 中国历史上的西部开发——2005年国际学术研讨会论文集. 北京：商务印书馆，2007.

彭曦. 十年来考察与研究长城的主要发现与思考[C]//中国长城学会. 长城国际学术研讨会论文集. 长春：吉林人民出版社，1995.

2 政府文件、公众号等非正式出版物

口述宁夏. 好吃的宁夏大米，60年前，其水稻种植经历了怎样的变革[EB/OL]. （2020-01-23）[2024-10-18]. https://www.163.com/dy/article/F3JTT9LH0541AGHL.html.

汇图网. 宁夏贺兰山三关口明长城遗址[EB/OL]. （2022-12-03）[2024-10-18]. https://www.huitu.com/photo/show/20221203/154833330220.html.

汇图网. 宁夏盐池明长城遗址[EB/OL]. （2023-01-12）[2024-10-18]. https://www.huitu.com/photo/show/20230112/095438765203.html.

J. P. Koster. Ground and Aerial Views of China. [EB/OL]. （2023-01-20）[2024-10-18]. https://www.shuge.org/view/ground_and_aerial_views_of_china/.

天下老照片. 1936年宁夏城（今银川）老照片 西北重镇银川的民国印象[EB/OL]. （2020-06-03）[2024-10-18]. http://www.laozhaopian5.com/minguo/1369.html.

口述宁夏. 王立夫先生手绘老银川[[EB/OL]. （2016-04-12）[2024-10-18]. https://mp.weixin.qq.com/s?__biz=MzA3OTQzODY2MA==&mid=403816430&idx=1&sn=b7bb52e4344ae968eabdbdb01aa9e165&scene=21#wechat_redirect.

口述宁夏. 90年历史的银川中山公园，藏着的那些人和事[EB/OL]. （2020-04-07）[2020-10-18]. https://www.163.com/dy/article/F6VIJC7R0541AGHL.html.

口述宁夏. 宁夏老照片老银川人的"城湖"记忆[EB/OL]. （2020-03-05）[2020-10-18]. https://www.163.com/dy/article/F6VIJC7R0541AGHL.html.

口述宁夏. 银川西门桥 不得不说的往事[EB/OL]. （2016-07-08）[2022-10-18]. https://mp.weixin.qq.com/s?__biz=MzA3OTQzODY2MA==&mid=2652292725&idx=1&sn=d74c569ce08b0bdaf1b64f197c8f6b5b&chksm=8451105eb32699488ba6555865e92415c239bf91b981851c3d63cffd7caaced107b87be6586d&token=1243884296&lang=zh_CN&scene=21#wechat_redirect.

陈学仁. 中卫香山寺[EB/OL]. （2017-03-27）[2020-10-18]. https://www.meipian.cn/fujk9pg.

陈学仁. 常乐太青山老君台庙会[EB/OL]. （2017-03-12）[2020-10-18]. https://www.meipian.cn/eu2ji2m.

口述宁夏. 宁夏人文地理：中卫有个莫家楼[EB/OL]. （2017-03-19）[2020-10-18]. https://mp.weixin.qq.com/s/slSMJbm0PTl4ThwTsSxR1w.

天下老照片网. 1936年宁夏灵武县老照片[EB/OL]. （2022-08-05）[2022-

天下老照片网. 1936年的宁夏老照片[EB/OL]. （2020-03-25）[2022-10-18]. http://www.laozhaopian5.com/minguo/2065.html.

天下老照片网. 1936年的宁夏老照片[EB/OL]. （2020-03-25）[2022-10-18]. http://www.laozhaopian5.com/minguo/88.html.

人民日报. 宁夏石嘴山市推进贺兰山生态修复——矿山复青山　愿景变美景[EB/OL]. （2023-03-27）[2023-10-18]. http://www.forestry.gov.cn/main/586/20230327/082645356502462.html.

银川市统计局. 银川市2020年国民经济和社会发展统计公报[ER/OL]. （2021-04-22）[2023-10-19]. http://www.yinchuan.gov.cn/sshc/ycgk/jjshfzqk/stjj/xxgkml_2517/tjxx_7670/tjgb_7671/202104/t20210422_2795968.html.

国务院公报. 国务院关于《宁夏回族自治区国土空间规划（2021—2035年）》的批复[EB/OL]. （2023-08-17）[2023-10-18]. https://www.gov.cn/gongbao/2023/issue_10686/202309/content_6902581.html.

宁夏回族自治区水利厅. 《宁夏回族自治区河湖管理保护"十四五"规划》[EB/OL]. （2021-11-08）[2023-10-18]. https://slt.nx.gov.cn/xxgk_281/fdzdgknr/ghjh/slgh/202111/W020220225340792071935.pdf.

宁夏回族自治区水利厅. 宁夏引黄古灌溉区入选世界灌溉工程遗产名录[EB/OL]. （2017-10-11）[2023-10-18]. http://slt.nx.gov.cn/slxc/mtjj/202104/t20210409_2722717.html.

中国新闻网. 宁夏立法保护引黄古灌区世界灌溉工程遗产[EB/OL]. （2020-09-02）[2023-10-19]. https://baijiahao.baidu.com/s?id=1676624093664918894&wfr=spider&for=pc.

银川市人民政府. 银川市概况[EB/OL]. （2021-09-02）[2023-10-19]. http://www.yinchuan.gov.cn/xxgk/bmxxgkml/sjhwqj_2618/xxgkml_2621/tzzc/202109/t20210902_3001985.html.

银川新闻网. 大美山水展胸怀 民生福祉系心间——银川市自然资源局践行初心使命精彩回眸[EB/OL]. （2021-11-29）[2023-10-19]. https://www.ycen.com.cn/xwzx/sz/202111/t20211129_136360.html.

后记

  本书是"中国国土景观研究书系"中的一册，对国土景观的研究缘起于一系列大尺度景观实践引发的思考。自2000年起，研究团队在王向荣教授和林箐教授的带领下，于国土景观领域开展了一系列实践，先后完成杭州"西湖西进"和绍兴镜湖、萧山湘湖、济南大明湖、诸暨高湖等湖泊规划，由此对各类国土景观有了深入认知，从而推动了对不同地区的国土景观——地域景观的系统研究，并积累了大量的个案研究成果，为本课题的开展奠定了基础。2017年，研究团队开启了针对"灌区"这一特殊水利人居单元的深入探索，并将黄河流域古灌区确定为北方大型河谷灌区的典型研究案例。在往后的考察与研究中，这本书的视角与框架逐渐成型。

  宁夏平原与固有印象中缺水的西北地区并不相似：黄河汩汩流淌，纵横交错的人工灌渠将黄河水均匀地分配至平原各处，精心浇灌出一片绿意盎然的土地。在干旱少雨的自然条件下，生活在这片土地上的人们克服先天不利，持续地整理水利系统、发展灌溉农业、打通水陆交通、构筑防御工事、修筑美好家园、营建理想风景，将原本干旱的疏林草原改造为渠湖串联、阡陌纵横的人工绿洲。这是专属于中国人的坚韧与浪漫，顽强蓬勃的生命力穿越时空，直击人

后记

的内心。带着这份敬意与感动，我们投入了对宁夏平原传统地域景观的探索与研究，也完成了《宁夏平原传统地域景观研究》这本书的撰写与修改。

本书的完成得到许多学者与热心人士的支持帮助。感谢北京林业大学国土景观研究团队的老师和同学们在本书撰写过程中提供的帮助以及对书稿的审阅与建议，感谢郭巍教授为之付出的大量的精力及对本书的指导，感谢宁夏图书馆和台湾省"中央研究院"人社中心的工作人员为本研究提供大量的民国时期测绘图，感谢宁夏博物馆李鹏老师提供珍贵的历史资料与图片，感谢中国建筑工业出版社杜洁主任、李玲洁编辑在成书过程中给予的建设性意见与专业帮助，感谢帮助过我们的所有同事和朋友！

新时代的历史景观研究，为的是展望未来。我们相信这本书提供了一个有价值的议题，望各位同道不吝赐教，愿与大家共同探讨！

段诗乐

2024年9月

作者简介

段诗乐，内蒙古人，1993年生，苏州科技大学建筑与城市规划学院讲师，北京林业大学风景园林学博士，中国风景园林学会国土景观专委会青年委员。2021年获北京林业大学风景园林学工学博士学位，本书是在其博士论文基础上编纂修订完成。参与国家自然科学基金、教育部人文社科基金等课题8项，迄今在《中国园林》《风景园林》等期刊上发表论文10余篇，主持或参与规划设计项目20余项。

林箐，浙江人，1971年生，北京林业大学园林学院教授、博士生导师。中国风景园林学会理论与历史专业委员会副主任委员，中国建筑学会园林景观分会理事，中国勘察设计协会园林景观分会理事，《风景园林》杂志编委，北京多义景观规划设计事务所主持设计师。获第14届中国青年科技奖，作品获美国ASLA奖、IFLA APR设计奖、英国LI景观奖以及中国风景园林学会规划设计奖等多项专业奖项。

作者简介

王向荣,甘肃人,1963年生,北京林业大学园林学院教授、博士生导师。第四、五届中国风景园林学会副理事长,中国科协特聘风景园林规划与设计学首席科学传播专家,中国风景园林学会国土景观专业委员会主任委员、中国建筑学会园林景观分会副主任委员,第五届中国城市规划学会常务理事,住房和城乡建设部科技委园林绿化专业委员会委员,自然资源部高层次科技创新人才工程国土景观创新团队首席专家,国家林业和草原局风景园林工程技术研究中心主任,中国城镇化促进会城镇建设发展专业委员会专家委员,《中国园林》主编,《风景园林》创刊主编,北京多义景观规划设计事务所主持设计师。